辽宁省职业教育“十四五”规划教材

高等职业教育“十四五”规划教材

农业基础化学

第4版

徐丽芳　魏英男　杨　琴　主编

中国农业大学出版社

·北京·

内 容 简 介

本教材包含理论和实验两大部分。理论部分包括无机化学基础、定量分析、有机化学基础、三大营养物质共四个模块；实验部分包括化学实验基本操作、常量组分分析、微量组分分析等方面的20个实验。各院校可根据实际需求选择使用。本教材充分考虑高等职业院校教学特点，秉持"适度、够用、实用"的原则，内容科学严谨、深入浅出、图文并茂，注重融入思政育人元素。每个模块前以知识导图形式呈现本模块主要内容，节前有学习目标，节后有习题并附参考答案。理论部分配有课件、微课及在线自测练习，实验部分配有基本操作视频，以方便教师教学和学生学习。读者可扫描封底及书中二维码，登录中国农业大学出版社在线教学服务平台获取相关数字资源。

本教材是辽宁省职业教育"十四五"规划教材，主要适合高等职业院校化学课程教学使用。

图书在版编目(CIP)数据

农业基础化学/徐丽芳，魏英男，杨琴主编. -- 4版. --北京：中国农业大学出版社，2024.7（2025.5重印）

ISBN 978-7-5655-3082-1

Ⅰ.①农… Ⅱ.①徐…②魏…③杨… Ⅲ.①农业化学—高等职业教育—教材 Ⅳ.①S13

中国国家版本馆CIP数据核字(2023)第192661号

书　　名 农业基础化学　第4版

作　　者 徐丽芳　魏英男　杨　琴　主编

策划编辑 张　玉　　　**责任编辑** 郭建鑫

封面设计 李尘工作室

出版发行 中国农业大学出版社

社　　址 北京市海淀区圆明园西路2号　　　**邮政编码** 100193

电　　话 发行部 010-62733489，1190　　　读者服务部 010-62732336

编辑部 010-62732617，2618　　　出　版　部 010-62733440

网　　址 http://www.caupress.cn　　　**E-mail** cbsszs@cau.edu.cn

经　　销 新华书店

印　　刷 运河(唐山)印务有限公司

版　　次 2024年7月第4版　　2025年5月第3次印刷

规　　格 185 mm×260 mm　　16开本　　15印张　　378千字　　插页1

定　　价 47.00元

第4版编写人员

主　编　徐丽芳（辽宁农业职业技术学院）
　　　　　魏英男（辽宁农业职业技术学院）
　　　　　杨　琴（江西农业工程职业学院）

副主编　张海涛（辽宁农业职业技术学院）
　　　　　李国秀（杨凌职业技术学院）
　　　　　刘　迪（辽宁农业职业技术学院）
　　　　　苏晓田（辽宁农业职业技术学院）
　　　　　高　涵（辽宁农业职业技术学院）
　　　　　刘立英（辽宁农业职业技术学院）

参　编　吴文桃（江西农业工程职业学院）
　　　　　李　鹤（江西农业工程职业学院）
　　　　　崔利辉（杨凌职业技术学院）
　　　　　李艳丽（沈阳桃李股份有限公司）
　　　　　刘嘉琳（辽宁农业职业技术学院）
　　　　　邵　敏（辽宁农业职业技术学院）

第3版编写人员

主　编　徐丽芳（辽宁农业职业技术学院）
魏英男（辽宁农业职业技术学院）
杨　琴（江西农业工程职业学院）

副主编　张海涛（辽宁农业职业技术学院）
李国秀（杨凌职业技术学院）
刘　迪（辽宁农业职业技术学院）

参　编　苏晓田（辽宁农业职业技术学院）
吴文桃（江西农业工程职业学院）
李　鹤（江西农业工程职业学院）
崔利辉（杨凌职业技术学院）
李艳丽（沈阳桃李股份有限公司）
宋淑梅（辽宁农业职业技术学院）
邵　敏（辽宁农业职业技术学院）

第4版前言

党的二十大报告提出“加快建设农业强国，扎实推动乡村产业、人才、文化、生态、组织振兴”。新时期农业的高质量发展离不开职业教育，农业基础化学是高等职业院校学生学习农业新技术、新知识的重要基础课程。

《农业基础化学》(第 3 版)出版以来，得到了广大高职院校教师和学生的一致肯定，并入选辽宁省职业教育“十四五”规划教材。为进一步提高教材质量，在中国农业大学出版社的支持下，采纳了部分一线教师的意见和建议，按照“十四五”职业教育国家规划教材建设的要求，我们再次对教材进行了更新、完善。

《农业基础化学》(第 4 版) 保持原有的体例结构，在篇幅上变化不大，仍按无机化学基础、定量分析、有机化学基础、三大营养物质和实验操作五大模块编排。无机化学基础包含溶液和胶体、化学平衡与电解质溶液；定量分析主要介绍容量分析的四大滴定法和仪器分析中的吸收分光光度法；有机化学基础主要介绍烃，醇、酚、醚，醛、酮、醌，羧酸及其衍生物的命名、性质及应用；三大营养物质主要介绍蛋白质、糖类和脂类的结构、性质及其在人体内的代谢；实验操作部分包括化学实验基本操作、常量组分分析、微量组分分析等方面的 20 个实验，使用者可根据实际需求进行选择。修订主要体现在文字、内容更新及数字资源的增加方面。针对第 3 版中存在的错误和疏漏进行了认真修改，确保内容科学严谨；更新了部分“阅读与提高”“思政园地”等拓展学习内容，力求内容与时俱进，推进党的二十大精神进教材、进课堂、进头脑；增加了微课、演示实验视频等新的视频学习资源和在线自测练习，丰富了线上教学资源。

本教材由徐丽芳、魏英男、杨琴主编，具体分工如下：模块一及模块二的第一至第三节由徐丽芳和苏晓田编写；模块四由魏英男和刘立英编写；模块三由杨琴和高涵编写；模块五由张海涛编写；模块二的第四至第六节由李国秀编写；附录及部分拓展学习内容由刘迪编写；吴文桃、李鹤、崔利辉、李艳丽、刘嘉琳和邵敏参与了教材部分内容的整理工作；教材中二维码内容主要由徐丽芳、魏英男和高涵提供；全书由徐丽芳统稿。

本教材在修订过程中得到了许多院校的领导及老师们的大力支持，在此一并表示感谢！因时间和编者水平所限，书中难免存在错误或不妥之处，恳请读者多提宝贵意见，以便再版时修订完善。

编　者

2024 年 3 月

第3版前言

《农业基础化学》(第 2 版)于 2011 年 3 月出版,至今已有 10 年时间,被多所高等职业院校采用。为进一步提高教材质量,在中国农业大学出版社的支持下,在广泛征求一线教师意见和建议的基础上,我们对此教材进行了再次修订。

《农业基础化学》(第 3 版)分理论和实验两部分。理论部分共四个模块,包括无机化学基础、定量分析、有机化学基础、三大营养物质;实验部分包括化学实验基本操作、常量组分分析、微量组分分析等共 20 个实验,使用者可根据实际需要加以选择。本教材充分考虑职业院校学生特点,内容"适度、够用、实用",适时融入思政育人元素,注重内容的科学严谨、深入浅出、图文并茂。每个模块前以知识导图形式呈现本模块主要内容,节前有学习目标,节后有习题,书后附参考答案。理论部分配有课程 PPT,实验部分配套了基本操作视频(读者可扫描书中二维码获取数字教学资源),方便教师教学和学生学习。

本教材的编写分工如下:

文字部分:徐丽芳编写模块一及模块二的第一至第三节,魏英男编写模块四,杨琴编写模块三,张海涛编写模块五,李国秀编写模块二的第四至第六节,刘迪编写附录,李艳丽、崔利辉、吴文桃、李鹤参与编写课后习题及参考答案。

PPT 部分:徐丽芳负责模块一、二、三,魏英男负责模块四,苏晓田负责版面设计及制作。

视频部分:张海涛和魏英男负责拍摄视频,邵敏、宋淑梅为视频拍摄准备相关仪器及药品。

全书由徐丽芳和魏英男统稿。在编写和修订过程中得到了许多学院的领导及老师们的大力支持与帮助,在此一并表示感谢!

由于作者时间和精力有限,书中难免存在错误或不妥之处,恳请读者多提宝贵意见,以便再版时修订完善。

编　者

2021 年 1 月

目　录

模块一

无机化学基础

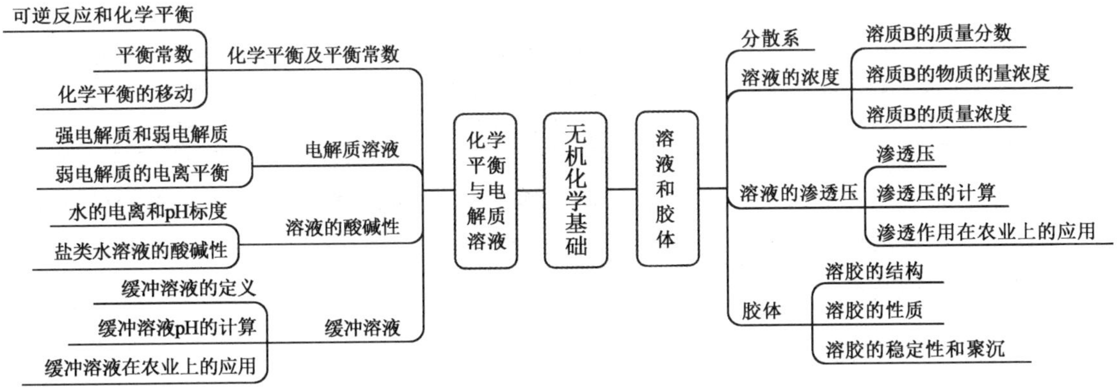

第一节　溶液和胶体

【学习目标】

知识目标：

1. 能列举常用的三种溶液浓度的表示方法及计算公式，熟练说明公式中各物理量的含义。

2. 能说明产生渗透压的条件及渗透的实质。

3. 能在胶团结构示意图上标出各部分名称；能说出溶胶稳定的原因及促使溶胶聚沉的方法。

能力目标：

1. 灵活运用公式完成溶液配制与稀释的相关计算。

2. 运用渗透压的原理解释农业生产、生活中的某些现象。

3. 根据需要采用恰当的方法促使溶胶聚沉。

素质目标：

具有严谨求实、实事求是的科学态度；通过渗透平衡认识对立统一规律。

二维码 1-1　溶液和胶体课程 PPT

一、分散系

一种或几种物质分散在另一种物质中所形成的体系称为分散体系，简称分散系。分散系中被分散的物质叫分散质或分散相，而容纳分散质的物质称为分散剂或分散介质。例如，氯化钠溶于水所形成的氯化钠溶液，水滴分散在空气中形成的云雾，其中氯化钠和水滴为分散质，水和空气为分散剂。

根据分散质粒子的大小，可以把分散系分为粗分散系，胶体分散系和分子、离子分散系三类(表 1-1)。

表 1-1　分散系的分类

项目	粗分散系(浊液)	胶体分散系(胶体)	分子、离子分散系(溶液)
粒子的直径	$>10^{-7}$ m	$10^{-9}\sim10^{-7}$ m	$<10^{-9}$ m
某些性质	不透明、不稳定；不能透过滤纸或半透膜	透明、不均匀、较稳定；能透过滤纸，但不能透过半透膜	透明、均匀、稳定；能透过滤纸或半透膜
实例	泥浆、牛奶、农药乳剂	硅酸溶胶、淀粉溶液	食盐水、蔗糖水

一种或几种物质分散到另一种物质里，形成均一的、稳定的混合物，称作溶液。溶液由溶质和溶剂组成。溶剂可以是水、汽油、酒精等。最常见的是以水为溶剂的溶液，其与农业和生物科学有着密切的联系。

二、溶液的浓度

溶液的浓度是指一定量的溶液或溶剂中所含溶质的量，可以用不同的方法来表示，其中比较常用的表示方法有三种：溶质的质量分数、溶质的物质的量浓度、溶质的质量浓度。

(一)溶质 B 的质量分数

溶质 B 的质量与溶液的质量之比称为 B 的质量分数，用 w_B来表示。

$$w_B=\frac{m_B}{m}$$

二维码 1-2　溶液浓度的表达方式(微课)

式中：m_B为溶质 B 的质量，SI 单位为 kg；m 为溶液的质量，SI 单位为 kg。质量分数的 SI 单位为 1。例如，将 10 g 氢氧化钠溶于 90 g 水中即得 $w(NaOH)=0.1$(或 10%)的氢氧化钠水溶液。

(二)溶质 B 的物质的量浓度

1. 物质的量

物质是由分子、原子或离子等微粒构成的，为了将这些肉眼看不见的、难以称量的微粒与可称量的物质联系起来，引入了一个新的物理量——物质的量。

物质的量是国际单位制中 7 个基本物理量之一，符号为 n，单位是摩尔(mol)。一定量的粒子集体中如果含有阿伏伽德罗常数(N_A，约为 6.02×10^{23})个粒子，它的物质的量就是 1 mol。

例如，1 mol H 约含有 6.02×10^{23} 个氢原子；1 mol H_2O 约含有 6.02×10^{23} 个水分子，

1.204×10^{24}个氢原子，6.02×10^{23}个氧原子；1 mol NaCl 约含有 6.02×10^{23}个钠离子和 6.02×10^{23}个氯离子。

使用摩尔表示物质的量时，应该用分子式或化学式指明粒子的种类。

化学方程式中各物质的化学计量数之比，等于各物质的粒子数之比，也等于各物质的物质的量之比。

	N_2	+	$3H_2$	=	$2NH_3$
粒子数之比	1	∶	3	∶	2
	N_A	∶	$3N_A$	∶	$2N_A$
物质的量之比	1 mol	∶	3 mol	∶	2 mol=1∶3∶2

2. 摩尔质量

1 mol 物质所具有的质量称为该物质的摩尔质量，用符号 M 来表示，单位是 $g\cdot mol^{-1}$。

当单位为 $g\cdot mol^{-1}$时，任何原子（或分子）的摩尔质量，数值上等于该原子（或分子）的相对原子（或分子）质量，任何离子的摩尔质量，数值上等于组成该离子的各原子的相对原子质量之和。例如，$M(H)=1\ g\cdot mol^{-1}$；$M(C)=12\ g\cdot mol^{-1}$；$M(CO_2)=44\ g\cdot mol^{-1}$；$M(H_2SO_4)=98\ g\cdot mol^{-1}$；$M(H^+)=1\ g\cdot mol^{-1}$；$M(SO_4^{2-})=96\ g\cdot mol^{-1}$。

物质的量（n）、质量（m）和摩尔质量（M）之间的关系：

$$n=\frac{m}{M}$$

【例 1-1】 已知 $M(NaOH)=40\ g\cdot mol^{-1}$，请问 80 g NaOH 的物质的量是多少？

解：$n=\frac{m}{M}=\frac{80\ g}{40\ g\cdot mol^{-1}}=2\ mol$

答：80 g NaOH 的物质的量是 2 mol。

【例 1-2】 已知 $M(NaCl)=58.5\ g\cdot mol^{-1}$，请问 0.2 mol NaCl 的质量是多少？

解：$m=n\times M=0.2\ mol\times58.5\ g\cdot mol^{-1}=11.7\ g$

答：0.2 mol NaCl 的质量是 11.7 g。

3. 物质的量浓度

（1）物质的量浓度是指单位体积溶液中所含溶质 B 的物质的量，用符号 c_B表示。

$$c_B=\frac{n_B}{V}$$

式中：n_B为溶质 B 的物质的量，SI 单位为 mol；V 为溶液的体积，SI 单位为 m^3；物质的量浓度 c_B 的 SI 单位为 $mol\cdot m^{-3}$，常用单位为 $mol\cdot L^{-1}$。

在使用浓度单位时必须注明所表示物质的基本单元。例如，$c(KMnO_4)=0.10\ mol\cdot L^{-1}$与 $c\left(\frac{1}{5}KMnO_4\right)=0.10\ mol\cdot L^{-1}$的两种溶液，二者物质的量浓度数值虽然相同，但是它们所表示的 1 L 溶液中所含 $KMnO_4$的质量是不同的，分别为 15.8 g 和 3.16 g。

【例 1-3】 500 mL 氢氧化钠溶液中含 2 g NaOH，求该溶液中 NaOH 的物质的量浓度。

解：查附录二可知 $M(NaOH)=40\ g\cdot mol^{-1}$。2 g NaOH 的物质的量为：

$$n(\mathrm{NaOH})=\frac{m(\mathrm{NaOH})}{M(\mathrm{NaOH})}=\frac{2\ \mathrm{g}}{40\ \mathrm{g \cdot mol^{-1}}}=0.05\ \mathrm{mol}$$

溶液中 NaOH 的物质的量浓度为：

$$c(\mathrm{NaOH})=\frac{n(\mathrm{NaOH})}{V}=\frac{0.05\ \mathrm{mol}}{0.5\ \mathrm{L}}=0.1\ \mathrm{mol \cdot L^{-1}}$$

答：该溶液中 NaOH 的物质的量浓度为 $0.1\ \mathrm{mol \cdot L^{-1}}$。

【例 1-4】 配制 100 mL $3\ \mathrm{mol \cdot L^{-1}}$ 的 KCl 溶液，需要 KCl 的质量是多少？

解：100 mL $3\ \mathrm{mol \cdot L^{-1}}$ 的 KCl 溶液中 KCl 的物质的量为：

$$n(\mathrm{KCl})=c(\mathrm{KCl})\times V=3\ \mathrm{mol \cdot L^{-1}}\times 0.1\ \mathrm{L}=0.3\ \mathrm{mol}$$

查附录二可知，$M(\mathrm{KCl})=74.6\ \mathrm{g \cdot mol^{-1}}$。0.3 mol KCl 的质量为：

$$m(\mathrm{KCl})=n(\mathrm{KCl})\times M(\mathrm{KCl})=0.3\ \mathrm{mol}\times 74.6\ \mathrm{g \cdot mol^{-1}}=22.4\ \mathrm{g}$$

答：需要 KCl 的质量是 22.4 g。

【例 1-5】 要与 25 mL $0.1\ \mathrm{mol \cdot L^{-1}}$ 的氢氧化钠溶液完全反应，需要多少毫升 $0.2\ \mathrm{mol \cdot L^{-1}}$ 的盐酸溶液？

解：设需要 $0.2\ \mathrm{mol \cdot L^{-1}}$ 盐酸的体积为 V，则有

$$\begin{array}{ccccc} \mathrm{NaOH} & + & \mathrm{HCl} & = & \mathrm{NaCl}+\mathrm{H_2O} \\ 1 & & 1 & & \\ 0.1\ \mathrm{mol \cdot L^{-1}}\times 0.025\ \mathrm{L} & & 0.2\ \mathrm{mol \cdot L^{-1}}\times V & & \end{array}$$

$$\frac{1}{0.1\ \mathrm{mol \cdot L^{-1}}\times 0.025\ \mathrm{L}}=\frac{1}{0.2\ \mathrm{mol \cdot L^{-1}}\times V}$$

$$V=0.0125\ \mathrm{L}=12.5\ \mathrm{mL}$$

答：需要 12.5 mL $0.2\ \mathrm{mol \cdot L^{-1}}$ 的盐酸溶液。

【例 1-6】 将 10 mL $18\ \mathrm{mol \cdot L^{-1}}$ 的浓硫酸进行稀释，可得 $0.5\ \mathrm{mol \cdot L^{-1}}$ 的稀硫酸多少毫升？

解：设稀释前硫酸溶液的浓度和体积为 c_1、V_1，稀释后为 c_2、V_2。稀释前后硫酸的物质的量没有变化，则

$$c_1\times V_1=c_2\times V_2$$

$$18\ \mathrm{mol \cdot L^{-1}}\times 10\ \mathrm{mL}=0.5\ \mathrm{mol \cdot L^{-1}}\times V_2$$

$$V_2=360\ \mathrm{mL}$$

答：可得 $0.5\ \mathrm{mol \cdot L^{-1}}$ 的稀硫酸 360 mL。

【例 1-7】 配制 250 mL $0.1\ \mathrm{mol \cdot L^{-1}}$ 的盐酸溶液，需要浓盐酸（溶质的质量分数为 37%、密度为 $1.19\ \mathrm{g \cdot cm^{-3}}$）多少毫升？

解：查附录二可知 $M(\mathrm{HCl})=36.5\ \mathrm{g \cdot mol^{-1}}$。设所需盐酸溶液的体积为 V，根据题意可列：

$$0.1\ \mathrm{mol \cdot L^{-1}}\times 0.25\ \mathrm{L}\times 36.5\ \mathrm{g \cdot moL^{-1}}=1.19\ \mathrm{g \cdot cm^{-3}}\times V\times 37\%$$

$$V=2.1\ \mathrm{mL}$$

答：需要溶质的质量分数为37%、密度为1.19 $g\cdot cm^{-3}$的浓盐酸2.1 mL。

(2)溶质的物质的量浓度与溶质的质量分数之间的换算：

$$c_B=\frac{1\ 000\ \rho w_B}{M_B}$$

【例1-8】 溶质的质量分数为98%、密度为1.84 $g\cdot cm^{-3}$的浓硫酸中，H_2SO_4的物质的量浓度是多少？

解：查附录二可知，$M(H_2SO_4)=98\ g\cdot mol^{-1}$。

$$c(H_2SO_4)=\frac{1\ 000\rho w}{M}=\frac{1\ 000\times1.84\times98\%}{98}=18.4\ mol\cdot L^{-1}$$

答：浓硫酸中H_2SO_4的物质的量浓度是18.4 $mol\cdot L^{-1}$。

（三）溶质B的质量浓度

溶质B的质量与溶液体积之比称为溶质B的质量浓度，用ρ_B表示：

$$\rho_B=\frac{m_B}{V}$$

式中：m_B为溶质B的质量，SI单位为kg；V为溶液的体积，SI单位为m^3；质量浓度的SI单位为$kg\cdot m^{-3}$，常用单位为$g\cdot L^{-1}$。例如，2 L溶液中含有3 g CH_3COOH，则$\rho(CH_3COOH)=1.5\ g\cdot L^{-1}$。

【思政园地】

揠苗助长，得不偿失

2018年6月的一天，营口一农资店老板正在忙着售卖农药，突然闯进一位农民，说他家的大棚葡萄受到药害，吵闹着要求赔偿。原来一个月前，他从这家农资店购买了葡萄着色剂，当时正赶上厂家业务员在现场讲解，该业务员告诉他可以适当加大浓度。按包装上说明，一瓶药应兑水200 kg，可业务员说一瓶药可兑水50 kg（即浓度扩大到原来的4倍）也不会产生药害，而且葡萄上色快，可以提前上市。该农民按照业务员说的浓度施药，葡萄大量掉粒，损失惨重。后来经过了解得知，该农民为了让自家葡萄提早上市，卖上好价钱，在按业务员的建议喷洒着色剂的同时，又加入了乙烯利。葡萄大量掉粒的主要原因在于该农民混合用药，却没减少每种药剂的用量，而业务员凭经验告诉老农可加大剂量却并未强调不能和其他药剂混用，也应承担一定责任。可见，在农业生产上要注重科学管理，违规操作会面临减产的风险。对于农资销售人员来说，必须为农民提供科学全面的指导，以免让农民蒙受无法挽回的损失。

三、溶液的渗透压

（一）渗透压

溶液的渗透压可用如图1-1所示的装置来说明。用一种特殊的膜（如火棉胶、羊皮纸等）

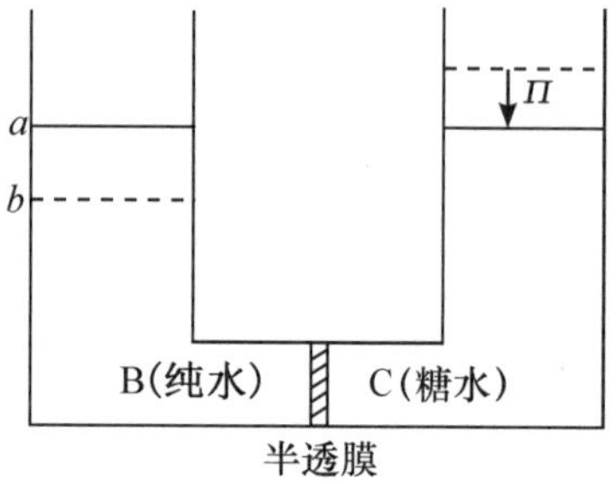

图 1-1　渗透压示意图

将水和蔗糖溶液隔开。这种只让某些分子和离子扩散进出的薄膜叫半透膜。动物的膀胱、肠衣以及植物的根、茎细胞都具有半透膜的特性。图示装置中左边装纯水，右边装糖水，并使两边液面 a、c 等高。假设半透膜两侧都有相同数目的分子与膜接触，但在糖水一侧有一部分是不能透过半透膜的糖分子，这时水分子在单位时间内从纯水进入糖水的数目，要比从糖水进入纯水的数目多。其结果是水透过半透膜进入糖水中，使得糖水的体积增大，液面升高到 d。纯水液面下降到 b。这种溶剂分子通过半透膜进入溶液的过程称为渗透。

随着渗透作用的进行，溶液液面不断升高。若要保持溶液液面不上升，必须施予溶液一定压力，如图 1-1 中的 Π，使单位时间内溶剂分子从两个相反方向穿过半透膜的数目相等，即达到渗透平衡。因此，渗透压就是阻止溶剂通过半透膜进入溶液所需施予溶液的最小额外压力。

渗透作用不仅发生在有半透膜隔开的纯溶剂和溶液之间，也可以发生在有半透膜隔开的两种不同浓度的溶液之间，所以渗透作用必须具备两个条件：一是有半透膜存在；二是半透膜两侧溶液浓度不同。如果半透膜两侧溶液的渗透压相等，则称为等渗溶液。如果不相等，则渗透压高的称为高渗溶液，渗透压低的称为低渗溶液。

(二)渗透压的计算

稀溶液的渗透压与浓度、温度的关系可以用下式表示：

$$\Pi = c_B RT$$

式中：Π 为溶液的渗透压，单位为 Pa；c_B 为溶液的物质的量浓度，单位为 $mol \cdot L^{-1}$；R 为摩尔气体常数，为 $8.314\ J \cdot mol^{-1} \cdot K^{-1}$；$T$ 为体系的温度，单位为 K。

(三)渗透作用在农业上的应用

人体和高等动物体内有许多薄膜，如细胞膜、血球膜、毛细血管壁等，它们都具有半透膜的性质，并不停地进行渗透，从而使血液、细胞液、组织液等具有一定的渗透压。人体血液的平均渗透压为 780.2 kPa，在进行静脉注射或静脉输液时，要根据不同情况选用不同渗透压的溶液，尤其要注意使用等渗溶液，如 0.9%的生理盐水及 5%的葡萄糖溶液即为人体血液的等渗溶液。静脉输液时，如果溶液的渗透压小于血浆的渗透压，水就会通过红细胞膜向细胞内渗透，导致细胞膨胀甚至破裂，发生“溶血”现象；反之，血红细胞内的水会通过细胞膜渗透出来，导致红细胞皱缩，发生“胞浆分离”现象。

渗透现象在植物生长过程中有着非常重要的作用，植物细胞液的渗透压一般是 101 kPa 的 4～20 倍。原生质是一种很容易透过水而几乎不能透过溶解于细胞液中的物质的半透膜。水进入细胞中产生相当大的压力，能使细胞膨胀，这就是植物的根、茎、叶、花瓣等具有一定弹性的原因。植物所需水分由根部输送到高达几米或十几米的顶端，也是通过渗透作用来完成的。只有当土壤溶液的渗透压低于细胞液的渗透压时，植物才能不断地从土壤中吸取水分和养分，供给本身的生长发育。如果土壤溶液的渗透压高于细胞液的渗透压，则植物细胞内的水分会向土壤渗透，导致植物枯萎。农业生产上改造盐碱地的压碱洗盐及给作物均匀施肥、及时浇水就是根据这个原理实施的。

实验室常用等渗溶液配制各种细胞悬浮液及培养微生物。各种微生物的生长都需要周围环境有一个最适宜的渗透压。大多数微生物细胞渗透压为 304～1 778 kPa。含糖量在 60%～65%的糖渍品的渗透压为 3 647～4 052 kPa,因而能阻止大多数微生物引起的食品变质。盐腌食品能使微生物细胞生理脱水而发生“质壁分离”;降低水分活度会使微生物不能正常生活。因此,果品加工中常用盐腌、糖渍方法保存食品。

“反渗技术”也是渗透作用的一个实例。所谓“反渗技术”就是在渗透压较大的溶液一边加上比其渗透压还要大的压力,迫使溶剂从高浓度处向低浓度处扩散,从而达到浓缩溶液的目的。对一些不能或不适合在高温条件下浓缩的物质可以利用“反渗技术”在常温下进行浓缩。比如速溶咖啡和速溶茶的制作、海水的淡化等。

【阅读与提高】

水肿与血浆渗透压

人体血浆的渗透压的 70%～80%是由白蛋白形成的。当白蛋白缺乏、血浆渗透压降低时,血浆中水分向组织液中渗透,组织间隙水分滞留过多,就会造成水肿。长期营养缺乏、某些慢性疾病、胃肠疾病、肾病等都会影响白蛋白摄入量,而造成水肿。

四、胶体

分散质粒子直径在 10^{-9}～10^{-7} m 的分散系,称作胶体分散系。胶体分散系可以分为溶胶和高分子溶液两类。这里主要介绍溶胶的结构和性质。

(一)溶胶的结构

人们根据大量的实验事实,提出了溶胶胶团的双电层结构。现以 AgI 溶胶($AgNO_3$ 过量)为例来说明溶胶胶团的双电层结构。

1. 胶团的组成及结构

在 AgI 溶胶中,每个分散质粒子是由大量的 AgI 分子聚集而成的固体颗粒(直径为 10^{-9}～10^{-7} m),它们处于胶体粒子的核心,称为胶核。胶核是固相,具有很大的表面积和表面能,因而具有较强的吸附能力。它将选择性地吸附与其组成有关的 Ag^+ 而带正电荷,Ag^+ 称为电位离子,即能使胶粒带电的离子。由于整个溶胶是电中性的,所以溶液中还存在着与电位离子电性符号相反的反离子。反离子分成两部分,一部分反离子受电位离子的吸引而被束缚在固相表面形成吸附层;另一部分反离子在吸附层外面向分散剂中扩散开去,构成了扩散层。胶核和吸附层一起构成胶粒,由于胶粒中反离子所带的电荷比电位离子所带的电荷少,所以胶粒是带电离子,其电性由电位离子决定。胶粒与扩散层组成胶团,胶团中胶粒离子与反离子所带电荷总数相等,符号相反,故胶团是电中性的。$AgNO_3$ 过量时形成的 AgI 溶胶的胶团结构可用图 1-2 表示。

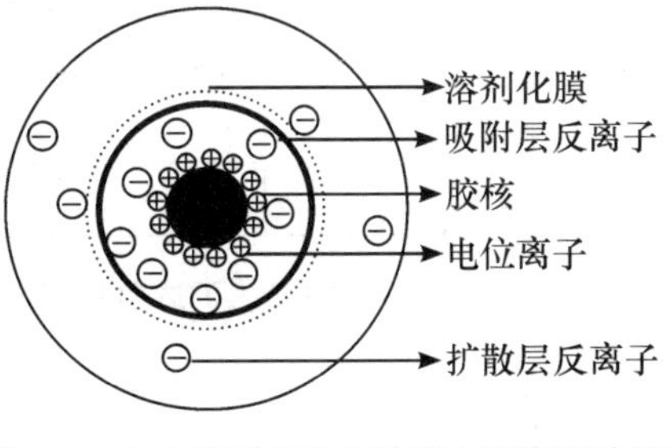

图 1-2 AgI 胶团结构示意图(硝酸银过量)

2. 胶团结构示意式

AgI 溶胶的胶团结构也可写为：

$$[(AgI)_m \cdot nAg^+ \cdot (n-x)NO_3^-]^{x+} \cdot xNO_3^-$$

胶核　电位离子　反离子　反离子

吸附层（电位离子、反离子）　扩散层（反离子）

胶粒（胶核、吸附层）

胶团（胶粒、扩散层）

如果 KI 过量，那么其胶团结构式为：

$$[(AgI)_m \cdot nI^-(n-x)K^+]^{x-} \cdot xK^+$$

同理，加热煮沸 $FeCl_3$ 溶液制备的 $Fe(OH)_3$ 溶胶、在亚砷酸溶液中通入 H_2S 制备的 As_2S_3 溶胶和硅酸负溶胶的胶团结构式可分别表示如下：

$$\{[Fe(OH)_3]_m \cdot nFeO^+ \cdot (n-x)Cl^-\}^{x+} \cdot xCl^-$$

$$[(As_2S_3)_m \cdot nHS^- \cdot (n-x)H^+]^{x-} \cdot xH^+$$

$$[(H_2SiO_3)_m \cdot nHSiO_3^- \cdot (n-x)H^+]^{x-} \cdot xH^+$$

(二)溶胶的性质

1. 丁达尔效应

在暗室中，当一束光线透过溶胶时，在与入射光垂直的方向观察，可以看到在光的通路上出现一个发亮的光柱，这种现象称为丁达尔(Tyndall)效应。如图 1-3 所示。

丁达尔效应，是由于胶体粒子对光的散射而形成的。因为胶体粒子的直径小于入射光的波长，当光照射到胶体粒子上时，光波绕过粒子向各个方向散射出去，散射出来的光称为散射光。真溶液无此现象，因此可以用丁达尔效应鉴别溶胶和真溶液。

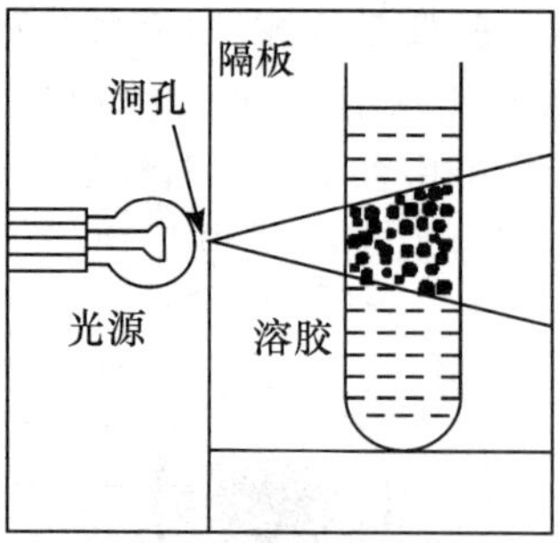

图 1-3　丁达尔效应

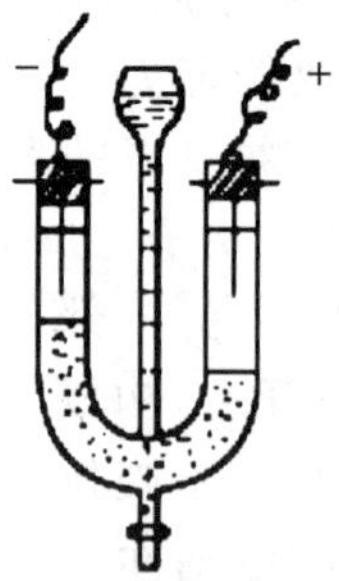

图 1-4　电泳管

2. 电泳

如图 1-4 所示，在电泳管中，先装入浓度较小的电解质溶液(如稀盐酸溶液)，再向中间的漏斗中徐徐加入红棕色的 $Fe(OH)_3$ 溶胶。由于 $Fe(OH)_3$ 溶胶密度较大，电解质溶液被等量挤到电泳管两侧的上层，并在两种液体的交界处有一清晰的界面。把电极插入两侧玻璃管的溶液中，接通直流电源后，可以看到在阳极一侧的红棕色界面逐渐下降，阴极一侧的红棕色界面逐渐升高。这说明 $Fe(OH)_3$ 溶胶粒子带正电，在电场中向阴极移动。像这种在外电场作用下，溶胶粒子在分散剂中做定向移动的现象，称为电泳。

电泳现象说明溶胶粒子是带电的。胶粒带正电荷的溶胶，称为正溶胶；胶粒带负电荷的溶胶，称为负溶胶。胶粒带电的原因主要有两个：

（1）吸附作用　有些胶体粒子是通过胶粒选择性地吸附了与其组成有关的离子而带电的。如用 $FeCl_3$ 水解制备的 $Fe(OH)_3$ 溶胶：

$$FeCl_3 + 3H_2O = Fe(OH)_3 + 3HCl$$

水解是分级进行的，二级水解过程会产生 FeO^+。

$$FeCl_3 + 2H_2O = Fe(OH)_2Cl + 2HCl$$
$$Fe(OH)_2Cl = FeO^+ + Cl^- + H_2O$$

$Fe(OH)_3$ 溶胶便选择性地吸附 FeO^+ 而带正电。

（2）电离作用　有些溶胶是通过表面基团的电离作用而带电荷的。如硅胶是由许多硅酸分子缩合而成的，表面上的硅酸分子可电离出 H^+、$HSiO_3^-$、SiO_3^{2-} 等，其中，H^+ 进入溶液中，SiO_3^{2-}、$HSiO_3^-$ 则留在表面上而使胶粒带负电：

$$H_2SiO_3 \rightleftharpoons H^+ + HSiO_3^-$$
$$HSiO_3^- \rightleftharpoons H^+ + SiO_3^{2-}$$

（三）溶胶的稳定性和聚沉

1. 溶胶的稳定性

溶胶相当稳定，放置很长时间也不会沉降。溶胶稳定的主要原因有：

（1）胶粒带电　由于胶粒带同种电荷，相互排斥，很难接近凝聚成较大的颗粒，因此不会发生沉降。

（2）溶剂化作用　胶粒中的电位离子和反离子都能跟水结合成水合离子，使胶粒表面形成一层水化膜，在该水化膜的保护下，胶粒间就很难直接接触，从而阻止了胶粒的聚集。

2. 溶胶的聚沉

溶胶的稳定性是相对的。一旦溶胶稳定的条件受到破坏，胶粒就会合并变大，最后从分散剂中沉淀分离出来，这个过程称为溶胶的聚沉。使溶胶聚沉的方法通常有：

（1）加电解质　在溶胶中加入少量电解质后，溶胶中反离子浓度增大，胶粒把更多的反离子吸引到吸附层内，使得扩散层变薄，并且中和了胶粒所带的电荷，因此，胶粒之间的排斥力减小，胶粒相互碰撞时会结合成大颗粒而沉降。

电解质使溶胶聚沉起主要作用的是与胶粒带相反电荷的离子，并且离子价态越高，聚沉能力越强。例如，K_2SO_4 对 $Fe(OH)_3$ 溶胶的聚沉能力要比 KCl 强。

（2）加入相反电荷的溶胶　将两种电性相反的溶胶混合时，也会发生聚沉。这种聚沉作用称为溶胶的相互聚沉,明矾净水就是利用这个原理。明矾[$KAl(SO_4)_2 \cdot 12H_2O$]溶解于水中,水解形成带正电的氢氧化铝溶胶,而水中悬浮的黏土粒子是带负电荷的,两种胶体相互吸引而聚沉,从而使水变清。土壤中存在的胶体物质既有带正电荷的氢氧化铝溶胶、氢氧化铁溶胶,也有带负电荷的硅酸溶胶,它们之间相互聚集,对于土壤团粒结构的形成起着一定的作用。

(3)加热　加热能增加胶粒的运动速率,胶粒互相碰撞的机会增多,同时也降低了胶核对电位离子的吸附作用,减少了胶粒所带的电荷,即减弱了溶胶的主要稳定因素,促使溶胶聚沉。

(4)加入少量的高分子溶液　在溶胶中加入适量的高分子溶液,高分子化合物高度水化的链状分子吸附在胶粒表面,可阻止胶粒之间和胶粒与电解质离子之间的直接接触,从而降低溶胶对电解质的敏感性,显著地增强溶胶的稳定性,这种作用称为高分子溶液对溶胶的保护作用。在溶胶中加入很少量的高分子溶液以至高分子不足以覆盖胶粒的表面时,反而会使胶粒聚集到高分子四周,降低溶胶的稳定性,使溶胶更易发生聚沉,这种作用称为高分子溶液对溶胶的敏化作用。高分子溶液对溶胶的保护作用在生理过程中具有重要的意义。例如,健康人的血液中所含的碳酸镁、磷酸钙等难溶盐,都以溶胶状态存在,并且被血清蛋白等高分子物质保护着。当发生某些疾病时,保护物质在血液里的含量就会减少,会使溶胶发生聚沉而堆积在身体的某部分,使新陈代谢发生障碍,可在肾脏、肝脏等部位形成结石。

【阅读与提高】

高分子溶液与溶胶

相对分子质量大于100 000的物质(如橡胶、蛋白质、纤维素等)溶于水或其他溶剂中所得的溶液称为高分子溶液。生物界普遍存在的天然高分子如蛋白质、核酸、多糖等,其单分子就能达到胶体颗粒大小,因而表现出不能通过半透膜、有丁达尔效应等胶体的性质。因此,可以利用聚丙烯酰胺凝胶电泳的方法对动物进行血清蛋白的定性和定量测定,也用此法分离和鉴定种子的同工酶、蛋白质、核酸的种类及其含量,进而确定其品种的纯度和真实性。但高分子溶液与溶胶也有区别,例如,溶胶是多相体系,而高分子溶液是均相体系,因而比溶胶稳定,黏度较大;高分子的溶解过程是可逆的。

习　题

一、填空题

1.分散系是一种或几种物质分散在另一种物质中所形成的体系。分散系中被分散的物质称为________,容纳分散质的物质称为________。

2.根据分散质粒子的大小,可将分散系分为粗分散系、________和________。

3.溶液由溶质和溶剂组成。碘酒溶液中溶质是________,溶剂是________。

4.配制200 g 16%的NaCl溶液,需要NaCl ________ g。

5.物质的量是一个物理量,其单位是________。

6.已知$2KMnO_4+5H_2C_2O_4+3H_2SO_4=2MnSO_4+K_2SO_4+10CO_2\uparrow+8H_2O$,与2 mol

$KMnO_4$ 完全反应，需要________ mol $H_2C_2O_4$；与 0.4 mol $KMnO_4$ 完全反应，需要________ mol $H_2C_2O_4$。

7. 已知 $M(NaOH)=40\ g\cdot mol^{-1}$，20 g NaOH 的物质的量为________ mol，0.2 mol NaOH 的质量是________ g。

8. 将 2 mol 碳酸钠溶解于水，配制成 4 L 溶液，则碳酸钠的物质的量浓度为________。

9. 现将 4 g NaOH 溶解于水，配制成 2 L 溶液，则 $c(NaOH)=$________。

10. 200 mL 硫酸钾溶液中，含有 0.1 mol K^+，$c(K_2SO_4)=$________。

11. 将 250 mL 0.4 $mol\cdot L^{-1}$ 的 Na_2CO_3 溶液稀释至 500 mL，则稀释后 $c(Na_2CO_3)=$________。

12. 250 mL 乙酸溶液中含有 1.2 g 乙酸，则该溶液中乙酸的质量浓度为________ $g\cdot L^{-1}$。

13. 产生渗透压的必备条件是：________和________。

14. 胶体分散系分散质颗粒直径范围为________。

15. 已知 AgI 溶胶（KI 过量）的胶团结构式为 $[(AgI)_m\cdot nI^-(n-x)K^+]^{x-}\cdot xK^+$，则胶核是________，电位离子是________，反离子是________。该溶胶在电泳时向________极迁移。

16. 溶胶稳定的原因主要有________和________。

二、选择题

1. 下列说法中，正确的是（　　）。

A. 在温度不变，水分不蒸发的条件下，蔗糖溶液的浓度保持不变

B. 冰水混合物是溶液

C. 把食盐溶液倒掉一半后溶液变稀了

2. 现有①NaCl、②$CaCl_2$、③$FeCl_3$ 三种溶液，它们的浓度均为 0.2 $mol\cdot L^{-1}$，按三种溶液中 Cl^- 的物质的量浓度大小排列正确的是（　　）。

A. ①>②>③　　B. ②>①>③　　C. ③>②>①

3. 欲配制 3 $mol\cdot L^{-1}$ 的盐酸溶液 600 mL，需要 12 $mol\cdot L^{-1}$ 的浓盐酸的体积为（　　）。

A. 15 mL　　B. 150 mL　　C. 200 mL

4. 只有土壤溶液的渗透压（　　）植物根细胞的渗透压植物才能正常生长。

A. 高于　　B. 低于

5. 可用于鉴别胶体与真溶液的是（　　）。

A. 电泳　　B. 布朗运动　　C. 丁达尔效应

6. 明矾净水中采用的促使溶胶凝聚的方法是（　　）。

A. 加热　　B. 加电解质　　C. 混合带相反电荷的两种溶胶

三、简答题

1. 为什么人和动物静脉输液时必须用等渗溶液？试用学过的知识回答。

2. 作物施肥过量会产生什么现象？为什么？

3. 促进胶体凝聚的方法有哪些？

四、计算题

1. 已知 $2NaOH+H_2SO_4=Na_2SO_4+2H_2O$。现有 20 mL 0.5 $mol\cdot L^{-1}$的 NaOH 溶液，欲使其完全反应，需要 0.2 $mol\cdot L^{-1}$的 H_2SO_4溶液多少毫升？

2. 配制 250 mL 0.1 $mol \cdot L^{-1}$ 的 NaOH 溶液，需要 NaOH 多少克？

3. 配制 500 mL 0.5 $mol \cdot L^{-1}$ 的 HCl 溶液，需要溶质的质量分数为 37%、密度为 1.19 $g \cdot cm^{-3}$ 的浓盐酸多少毫升？

4. 将 200 mL 0.2 $mol \cdot L^{-1}$ 的 HCl 溶液与 400 mL 0.5 $mol \cdot L^{-1}$ 的 HCl 溶液混合，求混合后溶液的浓度。

二维码 1-3　模块一在线自测练习(一)

第二节　化学平衡与电解质溶液

【学习目标】

知识目标：

1. 理解化学平衡的概念和平衡常数的意义。知道浓度、温度对化学平衡状态的影响。

2. 理解电解质的概念，知道强电解质、弱电解质的区别。认识弱电解质在水溶液中存在电离平衡，了解电离平衡常数的意义。认识溶液的酸碱性及 pH，掌握检测溶液 pH 的方法。

二维码 1-4　化学平衡与电解质溶液课程 PPT

3. 理解盐类水解的概念，认识盐类水解的原理和影响盐类水解的主要因素。掌握盐溶液 pH 的计算方法。

4. 理解缓冲溶液的概念，知道缓冲溶液的性质。

能力目标：

1. 能熟练判断浓度及温度变化后化学平衡的移动方向；会创造条件，使化学平衡向需要的方向移动。

2. 能进行溶液 pH 的简单计算，能正确测定溶液的 pH，能根据需要调控溶液的 pH。能举例说明溶液 pH 的调控在农业生产和科学研究中的作用。

3. 能运用盐水解及缓冲溶液知识分析和解决农业生产、生活中有关的实际问题。

素质目标：

具有严谨求实、实事求是的科学态度。

一、化学平衡及平衡常数

(一) 可逆反应和化学平衡

化学反应一般可分为不可逆反应和可逆反应两种类型。例如，以二氧化锰作催化剂，氯酸钾受热分解放出氧气的反应就是不可逆反应。但大多数反应是可逆的。例如，在高温条件下 CO 与 H_2O 生成 CO_2 与 H_2 的反应。在 CO 与 H_2O 反应生成 CO_2 与 H_2 的同时，也进行着 CO_2 与 H_2 作用生成 CO 与 H_2O 的反应过程。

$$CO + H_2O \rightleftharpoons CO_2 + H_2$$

像这种在同一条件下，既能按反应方程式从左向右进行（称为正反应），又能按反应方程式从右向左进行（称为逆反应）的反应，称为可逆反应。

当 CO 与 H_2O 混合后，由于开始时 CO 与 H_2O 的浓度很大，因此正反应速率很快。随着反应的进行，反应物 CO 与 H_2O 不断消耗，浓度不断降低，正反应速率不断减慢。与此同时，CO_2 与 H_2 的浓度不断增加，逆反应速率不断加快。在某一时刻，必定会出现正、逆反应速率相等的情况，在这种情况下，四种气体的浓度都不再改变。可逆反应中正、逆反应速率相等时体系所处的状态，称为化学平衡。化学平衡是一个动态平衡，是有条件的相对平衡。化学平衡可以从正、逆反应的两个方向建立。在一定温度下，可逆反应无论从正反应开始，还是从逆反应开始，最后均能达到化学平衡状态。

（二）平衡常数

平衡常数是衡量平衡状态的一种数量标志。仍以 CO 与 H_2O 的反应为例：

$$CO + H_2O \rightleftharpoons CO_2 + H_2$$

不论以 CO 和 H_2O 为起始物质进行反应，还是以 CO_2 与 H_2 为起始物质进行反应，也不论它们的起始浓度如何，达到平衡时，只要温度一定，CO_2 和 H_2 浓度的乘积与 CO 和 H_2O 浓度的乘积之比是一个常数，称为浓度平衡常数，可表示为：

$$K_c = \frac{c(CO_2)c(H_2)}{c(CO)c(H_2O)}$$

对任何一个可逆反应：

$$mA + nB \rightleftharpoons pC + qD$$

在一定温度下达到平衡状态时，反应物和产物的平衡浓度之间保持如下关系

$$K_c = \frac{c^p(C)c^q(D)}{c^m(A)c^n(B)}$$

式中：$c(A)$、$c(B)$、$c(C)$、$c(D)$ 分别表示各相应物质在平衡状态时的浓度，即各物质的平衡浓度。K_c 是以平衡浓度表示的平衡常数，简称平衡常数。上式称为平衡常数的数学表达式，它可叙述为：**在一定温度下，可逆反应达到平衡时，产物浓度（以化学式的计量数为指数）的乘积与反应物浓度（以化学式的计量数为指数）的乘积之比值为一常数。**平衡常数是某一可逆反应的特性常数，与反应温度有关，与浓度无关。

平衡常数的大小表明了在一定条件下反应进行的程度（反应的限度）。平衡常数越大，表示达到平衡时生成物浓度越大，而反应物浓度越小，也就是正反应进行得越完全。平衡状态下，化学反应的限度最大。

应用化学平衡常数表达式时应注意：同一可逆反应，方程式书写的方式不同，其平衡常数不同，但有一定关系；书写平衡常数表达式时，对有纯固体或纯液体参加的反应，它们的浓度不写在平衡常数表达式内；在稀溶液中进行的反应，如反应有水参加，因稀溶液中水的浓度基本不变，故不必写在平衡常数表达式中。

（三）化学平衡的移动

化学平衡是相对的、有条件的、暂时的动态平衡。当外界条件改变时，旧的平衡会被破坏，

新的平衡会被重新建立，各组分的浓度会发生相应的变化。因外界条件变化使可逆反应从一种平衡状态向另一种平衡状态转变的过程，称为化学平衡的移动。研究化学平衡的目的，就是当外界条件变化时，能判断出化学平衡移动的方向，并且会创造条件，使化学平衡向需要的方向移动。这里主要讨论浓度和温度对化学平衡的影响。

1. 浓度对化学平衡的影响

以合成氨的反应为例：

$$N_2+3H_2 \rightleftharpoons 2NH_3$$

$$Q_c=\frac{c^2(NH_3)}{c(N_2)c^3(H_2)}$$

式中：$c(NH_3)$、$c(N_2)$、$c(H_2)$ 分别表示可逆反应在任一状态下相应组分的浓度，Q_c 称为浓度商，与平衡常数不同，Q_c 不是常数。Q_c 的大小与浓度有关。

在一定温度下，可逆反应达到平衡时，$Q_c=K_c$；当增大反应物（N_2 或 H_2）浓度或减小产物浓度时，$Q_c<K_c$，反应自发地向正反应方向进行，平衡发生移动，直到 $Q_c=K_c$，建立新的平衡体系；反之，当增大生成物浓度或减小反应物浓度时，$Q_c>K_c$，反应自发地向逆反应方向进行，平衡也会发生移动。可见 $Q_c=K_c$ 是可逆反应达到平衡状态的标志。在一定温度下，改变反应物的浓度，平衡常数虽然没有改变，但可逆反应的平衡点将发生改变，某种物质的转化率也会随之改变。

2. 温度对化学平衡的影响

平衡常数与温度有关。对于吸热反应，平衡常数随温度升高而增大，因此，升高温度时平衡向正反应方向移动；对于放热反应，平衡常数随温度升高而减小，升高温度时平衡向逆反应方向移动。可见，温度对化学平衡的影响与反应热有关。升高温度，平衡向吸热方向移动；降低温度，平衡则向放热方向移动。

法国化学家吕·查德归纳总结出一条关于平衡移动的普遍规律：当体系达到平衡后，若改变平衡状态的任一条件，平衡则向着能减弱或消除这种改变的方向移动。这条规律称为吕·查德原理，即化学平衡移动原理。

二、电解质溶液

在水溶液中或熔融状态下能够导电的化合物称为电解质。酸、碱、盐都是电解质，它们在水溶液中能够电离出自由移动的离子。根据电解质在水溶液中电离程度的大小，可分为强电解质和弱电解质。

（一）强电解质和弱电解质

1. 强电解质

在水溶液中能全部电离成离子的电解质是强电解质。强酸、强碱和大部分的盐类都是强电解质。在强电解质溶液中只有离子，没有电解质分子，电离方程式用等号。例如：

$$NaCl = Na^+ + Cl^-$$

$$HCl = H^+ + Cl^-$$

2. 弱电解质

在水溶液中只有部分电离成离子的电解质为弱电解质。弱酸、弱碱及少数盐类是弱电解质。弱电解质在水溶液中只有一小部分分子电离成离子，溶液中存在少量的离子和大量的弱电解质分子，常用可逆的电离方程式表示。例如：

$$HAc \rightleftharpoons H^+ + Ac^-$$

（二）弱电解质的电离平衡

弱电解质水溶液中，离子和分子可以达到动态平衡，称为电离平衡。

1. 一元弱酸弱碱的电离平衡

设 HB 为一元弱酸的通式，其电离平衡式为（略去电荷）：

$$HB \rightleftharpoons H^+ + B^-$$

电离平衡是化学平衡的一种，HB 的电离平衡常数表达式为：

$$K_a = \frac{c(H^+)c(B^-)}{c(HB)}$$

式中：K_a表示弱酸的电离常数。

设 MOH 为一元弱碱的通式，其电离平衡式（略去电荷）及电离平衡常数表达式为：

$$MOH \rightleftharpoons M^+ + OH^-$$

$$K_b = \frac{c(M^+)c(OH^-)}{c(MOH)}$$

式中：K_b表示弱碱的电离常数。

K_a、K_b统称为弱电解质的电离常数，它是化学平衡常数的一种，故与温度有关，与电解质的浓度无关。但由于弱电解质电离时反应热不大，故温度对 K_a、K_b影响不大，一般不影响其数量级。所以，室温范围内可忽略温度对 K_a、K_b的影响。同温时，使用同类型的两种弱电解质（HAc 与 HCN 等属于一元弱酸、H_2S 与 H_2CO_3等属于二元弱酸）的 K_a或 K_b值可以比较弱电解质的相对强弱，例如 25 ℃ 时，$K_a(HAc)=1.8\times10^{-5}$，$K_a(HCN)=6.2\times10^{-10}$，虽然 HAc 和 HCN 都是弱酸，但通过电离常数的比较，可知 HCN 是比 HAc 更弱的酸。

根据 K_a和 K_b可以计算一定浓度下弱电解质溶液中的 $c(H^+)$和 $c(OH^-)$。

当 $c/K_a \geqslant 380$ 或 $c(H^+) \leqslant 5\%c$ 时，可以近似计算一元弱酸液中的 $c(H^+)$：

$$c(H^+) = \sqrt{K_a c}$$

同理可以近似计算一元弱碱溶液中的 $c(OH^-)$：

$$c(OH^-) = \sqrt{K_b c}$$

二维码 1-5　乙酸铵提高乙酸溶液 pH

例如：在试管 1 及试管 2 中按标号顺序加入试剂：①10 mL 1 $mol\cdot L^{-1}$ HAc，②2 滴甲基橙（pH＜3.1 为红色；pH＝3.1～4.4 为橙色；pH＞4.4 为黄色）。溶液呈红色，证明 HAc 溶液的 pH＜3.1。继续在试管 2 中加入少量固体 NH_4Ac。振荡试管 2 并与试管 1 比较，试管 2 中溶液的红色渐渐褪去，最后变成黄色，说明此时溶液的 pH＞4.4，即在 HAc 溶液中加 NH_4Ac 后使其酸性降低。这种现象可以用化学平衡移动原理加以解释。

$$NH_4Ac = NH_4^+ + Ac^- \quad (a)$$

$$HAc \rightleftharpoons H^+ + Ac^- \quad (b)$$

$$NH_3 \cdot H_2O \rightleftharpoons NH_4^+ + OH^- \quad (c)$$

由于 NH_4Ac 完全电离为 NH_4^+ 和 Ac^-，使试管 2 中的 Ac^- 总浓度增加，根据化学平衡移动原理，(b)式向左移动，结果 H^+ 浓度减小，pH 升高。

同理，向 $NH_3 \cdot H_2O$ 溶液中加入少量的 NH_4Ac 固体后，因增加了溶液中的 NH_4^+ 总浓度，(c)式向左移动，因此 OH^- 浓度降低，pOH 升高，pH 降低。

在弱酸或弱碱溶液中加入一种含有相同离子的盐后，弱酸或弱碱溶液中 $c(H^+)$ 和 $c(OH^-)$ 的计算公式分别为：

$$c(H^+) = K_a \frac{c_{酸}}{c_{盐}} \qquad c(OH^-) = K_b \frac{c_{碱}}{c_{盐}}$$

2. 多元弱酸弱碱的电离平衡

H_2CO_3、H_2S、H_3PO_4 等含有一个以上可置换的氢原子的酸称多元酸。多元酸的电离是分步进行的，每一步电离都有一个电离常数 K_a，以 H_2CO_3 为例来说明二元弱酸在溶液中分步电离的情况：

$$H_2CO_3 \rightleftharpoons H^+ + HCO_3^- \qquad K_{a1} = \frac{c(HCO_3^-)c(H^+)}{c(H_2CO_3)} = 4.2 \times 10^{-7}$$

$$HCO_3^- \rightleftharpoons H^+ + CO_3^{2-} \qquad K_{a2} = \frac{c(CO_3^{2-})c(H^+)}{c(HCO_3^-)} = 5.6 \times 10^{-11}$$

K_{a1} 和 K_{a2} 分别表示 H_2CO_3 的一、二级电离常数，通常二元弱酸的 $K_{a1} \gg K_{a2}$，这是因为，从带负电荷的 HCO_3^- 中电离出带正电荷的 H^+ 比从中性分子 H_2CO_3 中电离更难。因 $K_{a1} \gg K_{a2}$，一级电离产生的 H^+ 大大超过二级电离产生的 H^+，且一级电离产生的 H^+ 对二级电离起抑制作用，故在近似计算多元弱酸水溶液的 pH 时，可以忽略二级电离，认为 $c(HCO_3^-) \approx c(H^+)$；根据二级电离常数表达式，二元酸根的浓度近似等于 K_{a2}，如饱和 CO_2 水溶液中 $c(CO_3^{2-}) \approx 5.6 \times 10^{-11}$。可见多元酸的强弱主要取决于 K_{a1} 的大小，多元弱酸中的 $c(H^+)$ 主要由第一级电离决定，计算时可按一元弱酸处理。

$Fe(OH)_3$、$Cu(OH)_2$ 等多元弱碱的电离平衡与弱酸相似，也分步电离，如 $Fe(OH)_3$ 的电离：

$$Fe(OH)_3 \rightleftharpoons [Fe(OH)_2]^+ + OH^-$$

$$[Fe(OH)_2]^+ \rightleftharpoons [Fe(OH)]^{2+} + OH^-$$

$$[Fe(OH)]^{2+} \rightleftharpoons Fe^{3+} + OH^-$$

三、溶液的酸碱性

（一）水的电离和 pH 标度

1. 水的离子积

纯水是极弱的电解质，它能微弱地电离出 H^+ 和 OH^-：

$$H_2O \rightleftharpoons H^+ + OH^-$$

其平衡常数表达式为：

$$K_w = c(H^+) \cdot c(OH^-)$$

K_w 称为水的离子积，其大小与温度有关。在 25 ℃时，测得纯水中：

$$c(H^+) = c(OH^-) = 1.00 \times 10^{-7}\ \text{mol} \cdot \text{L}^{-1}$$

故：

$$K_w = 1.00 \times 10^{-7} \times 1.00 \times 10^{-7} = 1.00 \times 10^{-14}$$

由于水的电离吸收大量的热，故加热可以促进水的电离，K_w 也增大，如 100 ℃时水的离子积为 1.00×10^{-12}。在室温下计算时，可认为 $K_w = 1.00 \times 10^{-14}$。

2. 溶液的 pH 标度

在纯水中，每电离出一个 H^+ 必然产生一个 OH^-；并且，任何溶液必须是电中性的，即溶液中正电荷总数等于负电荷总数，当只有 H^+ 和 OH^- 两种离子存在时，必然有 $c(H^+) = c(OH^-)$。在酸性或碱性溶液中，与纯水不同，$c(H^+) \neq c(OH^-)$。但是，水的离子积 K_w 是不变的，故可利用 K_w 计算溶液中的 $c(H^+)$ 或 $c(OH^-)$。

【例 1-9】 求 25 ℃时 0.1 $\text{mol} \cdot \text{L}^{-1}$ 盐酸溶液中 H^+ 和 OH^- 浓度。

解：盐酸溶液是强电解质溶液。

$$c(H^+) = c(HCl) = 0.1\ \text{mol} \cdot \text{L}^{-1}$$

$$c(OH^-) = \frac{K_w}{c(H^+)} = 1.0 \times 10^{-13}\ \text{mol} \cdot \text{L}^{-1}$$

答：此盐酸溶液中 H^+ 和 OH^- 的浓度分别为 0.1 $\text{mol} \cdot \text{L}^{-1}$、$1.0 \times 10^{-13}\ \text{mol} \cdot \text{L}^{-1}$。

当水溶液中的 $c(H^+)$ 或 $c(OH^-)$ 非常小时，常用 pH 来表示水溶液的酸碱度。pH(或 pOH)为 H^+(或 OH^-)浓度的负对数。即

$$\text{pH} = -\lg c(H^+) \qquad \text{或} \qquad \text{pOH} = -\lg c(OH^-)$$

符号“p”表示以 10 为底的负对数。也可以用到其他方面，如：

$$\text{p}K_a = -\lg K_a \qquad \text{p}K_b = -\lg K_b$$

由于溶液中有：

$$c(H^+)c(OH^-) = 1.00 \times 10^{-14}$$

故：

$$\text{pH} + \text{pOH} = 14$$

常温下，溶液的酸碱性与溶液中 H^+ 和 OH^- 浓度及 pH 的关系如下：

酸性溶液：	$c(H^+) > 1.0 \times 10^{-7}\ \text{mol} \cdot \text{L}^{-1}$	$c(H^+) > c(OH^-)$	$\text{pH} < 7.0$
中性溶液(或纯水)：	$c(H^+) = 1.0 \times 10^{-7}\ \text{mol} \cdot \text{L}^{-1}$	$c(H^+) = c(OH^-)$	$\text{pH} = 7.0$
碱性溶液：	$c(H^+) < 1.0 \times 10^{-7}\ \text{mol} \cdot \text{L}^{-1}$	$c(H^+) < c(OH^-)$	$\text{pH} > 7.0$

pH 的应用范围一般为 0～14，即 H^+ 浓度为 $1 \sim 1 \times 10^{-14}\ \text{mol} \cdot \text{L}^{-1}$。浓度大于 1 $\text{mol} \cdot \text{L}^{-1}$ 的强酸强碱直接用 $c(H^+)$ 或 $c(OH^-)$ 表示溶液的酸碱性更为方便。

测定溶液 pH 的方法很多。常用酸碱指示剂、pH 试纸粗测溶液的 pH；精确测定时用酸度计。

(二)盐类水溶液的酸碱性

盐是酸碱中和反应的产物,例如:

$$HCl + NaOH = NaCl + H_2O$$

由此给人一种错误的印象,认为盐的溶液是中性的,事实上并非如此,盐类水溶液的酸碱性由盐的分子组成决定,表 1-2 列举了几种盐溶液的 pH。

表 1-2　几种盐溶液的 pH

盐的种类	典型示例	溶液的 pH
强酸强碱形成的盐	NaCl	7.0
强酸弱碱形成的盐	0.1 mol·L^{-1} NH_4Cl	5.2
弱酸强碱形成的盐	0.1 mol·L^{-1} NaAc	8.9
弱酸弱碱形成的盐	NH_4Ac	7.0
	NH_4F	6.4

1. 盐类的水解

盐分子中既不含 H^+ 也不含 OH^-,为什么不同盐的水溶液有不同的酸碱性呢?这是由于盐电离产生的离子与水电离产生的 H^+ 或 OH^- 作用,生成了弱酸或弱碱,引起了水的电离平衡移动,从而改变了溶液中的 H^+ 或 OH^- 的浓度。盐的离子与溶液中水电离出的 H^+ 或 OH^- 作用,生成弱电解质的反应,称为盐的水解反应。由于形成盐的酸和碱的相对强弱不同,水解程度不同,盐类水溶液的酸碱性不同。

(1)强碱弱酸盐的水解　以 NaAc 为例:

$$\begin{array}{rcl} NaAc & = & Na^+ + Ac^- \\ & & \qquad\quad + \\ H_2O & \rightleftharpoons & OH^- + H^+ \\ & & \qquad\quad \updownarrow \\ & & \qquad\quad HAc \end{array}$$

由于 Ac^- 与 H^+ 结合生成弱电解质 HAc,减少了 $c(H^+)$,使 H_2O 的电离平衡向右移动,当两个平衡重新建立时,$c(OH^-)$增大,故溶液显碱性。

NaAc 与水作用的实质是:

$$Ac^- + H_2O \rightleftharpoons HAc + OH^-$$

平衡时:

$$K_h = \frac{c(HAc)c(OH^-)}{c(Ac^-)} = \frac{K_w}{K_a}$$

一定温度下,K_w、K_a 是常数,故 K_h 也是常数,称为盐的水解平衡常数。水解平衡后,$c(OH^-)$可用下式计算:

$$c(OH^-) = \sqrt{K_h c} = \sqrt{\frac{K_w}{K_a}c}$$

根据公式可知，形成盐的酸越弱，K_a越小，则 K_h越大，溶液的碱性越强；盐的浓度越大，其溶液的碱性越强。

(2)强酸弱碱盐的水解 以 NH_4Cl 为例：

$$\begin{array}{rcl} NH_4Cl & \longrightarrow & Cl^- + NH_4^+ \\ & & \quad\quad + \\ H_2O & \rightleftharpoons & H^+ + OH^- \\ & & \quad\quad\quad \Updownarrow \\ & & \quad\quad NH_3 \cdot H_2O \end{array}$$

由于 NH_4^+ 与 OH^- 结合生成弱电解质 $NH_3 \cdot H_2O$，减少了 $c(OH^-)$，使 H_2O 的电离平衡向右移动，当两个平衡重新建立时，溶液中 $c(H^+)>c(OH^-)$，溶液显酸性。

NH_4Cl 水解反应的实质是：

$$NH_4^+ + H_2O \rightleftharpoons NH_3 \cdot H_2O + H^+$$

与强碱弱酸盐水解情况类似，可得：

$$c(H^+)=\sqrt{K_h c}=\sqrt{\frac{K_w}{K_b}c}$$

上式表明，形成盐的碱越弱，K_b越小，则 K_h越大，溶液的酸性越强；盐的浓度越大，其溶液的酸性越强。

(3)弱酸弱碱盐的水解 以 NH_4Ac 为例：

$$\begin{array}{rcccc} NH_4Ac & \longrightarrow & NH_4^+ & + & Ac^- \\ & & + & & + \\ H_2O & \rightleftharpoons & OH^- & + & H^+ \\ & & \Updownarrow & & \Updownarrow \\ & & NH_3 \cdot H_2O & & HAc \end{array}$$

$$K_h=\frac{K_w}{K_a K_b}$$

所以 NH_4Ac 水解反应的实质及其水溶液中 $c(H^+)$的计算公式是：

$$NH_4^+ + Ac^- + H_2O \rightleftharpoons NH_3 \cdot H_2O + HAc$$

$$c(H^+)=\sqrt{\frac{K_a}{K_b}K_w}$$

由上式可知，弱酸弱碱盐水溶液的酸碱性与盐的初始浓度无关，而与组成盐的弱酸和弱碱的相对强弱有关。若 $K_a>K_b$，水溶液呈酸性；若 $K_a<K_b$，水溶液呈碱性；若 $K_a=K_b$，水溶液呈中性。对 NH_4Ac 溶液来说，因 $K_a \approx K_b$，pH=7。用同样的方法可以计算出 NH_4F($K_a=6.6\times10^{-4}$) 的水溶液的 pH 为 6.4。

对于强酸强碱形成的盐，如 NaCl，Na^+ 和 Cl^- 都不能和水电离产生的 OH^- 和 H^+ 作用，故这类盐不发生水解，水溶液呈中性。

(4)多元弱酸强碱盐的水解　与多元弱酸的电离相对应，多元弱酸强碱盐是分级水解的，例如：Na_2CO_3（H_2CO_3的 $K_{a1}=4.2\times10^{-7}$，$K_{a2}=5.6\times10^{-11}$）的水解过程及水解常数为：

$$CO_3^{2-}+H_2O \rightleftharpoons HCO_3^-+OH^- \qquad K_{b1}=\frac{K_w}{K_{a2}}=1.8\times10^{-4}$$

$$HCO_3^-+H_2O \rightleftharpoons H_2CO_3+OH^- \qquad K_{b2}=\frac{K_w}{K_{a1}}=2.4\times10^{-8}$$

可见，$K_{b1}\gg K_{b2}$，所以多元弱酸强碱盐的水解只考虑第一级水解，可根据一级水解计算溶液的 $c(OH^-)$。即

$$c(OH^-)=\sqrt{K_{b1}c}=\sqrt{\frac{K_w}{K_{a2}}c}$$

例如：0.10 mol·L^{-1} Na_2CO_3水溶液：$c(OH^-)=4.2\times10^{-3}$ mol·L^{-1}。

【阅读与提高】

理论上如何判断多元弱酸的酸式盐水溶液的酸碱性

可根据组成盐的各离子在水溶液中的电离和水解两种趋势来判断，如 NaH_2PO_4 在水溶液中呈酸性。因为由 $H_2PO_4^-$ 电离生成 HPO_4^{2-} 和 H^+ 的电离常数（K_{a2}）大于由 $H_2PO_4^-$ 水解生成 H_3PO_4 和 OH^- 的水解常数（K_{b3}），因此 NaH_2PO_4 呈酸性，同理，Na_2HPO_4 呈碱性，$NaHCO_3$ 呈碱性。

2. 影响盐类水解的因素

(1)盐类本性　盐类本身的性质是影响盐的水解程度的内因，盐水解后生成的弱酸、弱碱越弱，且难溶于水，或是生成在水中溶解度很小的气体，则水解程度越大。例如，Al_2S_3水解后生成难溶的 $Al(OH)_3$ 和 H_2S 气体，所以 Al_2S_3 的水解程度很大，几乎完全水解。

$$2Al^{3+}+3S^{2-}+6H_2O \rightleftharpoons 2Al(OH)_3\downarrow+3H_2S\uparrow$$

(2)盐的浓度　盐的浓度越小，水解程度越大。将水玻璃（Na_2SiO_3溶液）稀释，可促使其水解，析出硅酸沉淀。

(3)温度　盐的水解是吸热反应，加热可以促进水解。热的碱水（Na_2CO_3 溶液），因 $c(OH^-)$ 大，故去污能力强；在胶体实验中，向热水中滴加 $FeCl_3$溶液可以制得 $Fe(OH)_3$溶胶。在分析化学和无机制备中常采用升温使水解完全，达到分离和合成的目的。

(4)酸度　盐的水解可改变溶液的酸度，通过控制溶液的酸度可以促进或抑制盐的水解。例如，实验室配制 $FeCl_3$ 和 $SnCl_2$时常用盐酸溶液来溶解，就是因为盐酸可以抑制盐的水解，以免出现沉淀。

$$FeCl_3+3H_2O \rightleftharpoons Fe(OH)_3\downarrow+3HCl$$
$$SnCl_2+H_2O \rightleftharpoons Sn(OH)Cl\downarrow+HCl$$

3. 盐类水解和 pH 在农业上的应用

(1)pH 与动植物的生长发育　动物的生长发育与 pH 有密切的关系。健康猪、马、乳牛血液的 pH 分别为 7.85～7.95、7.20～7.60、7.36～7.50。家畜患病时，血液的 pH 常发生改

变，例如，患脓毒症和肺炎时，血液的 pH 增大。血液 pH 对酶的活性和激素的作用也有一定的影响。静脉注射液的 pH 必须与血液的 pH 相似，否则会引起酸中毒或碱中毒现象。在人工授精时，牛精液稀释液的 pH 常需控制在 6.20～6.40。因此，在动物生理和病理的研究工作中经常需要测定 pH。

不同的农作物的生长也有其最适宜的 pH。水稻、玉米、大豆、小麦等主要农作物生长最适宜的 pH 为 6～7。我国北方和沿海地区土壤含碳酸盐较多，由于水解使土壤盐碱化。这些地区土壤 pH 有的高达 10.5，不利于作物生长，同时在碱性条件下，土壤中许多微量元素（如 Fe、Cu、Zn、Mn 等）转变成难溶氢氧化物或碱式碳酸盐，植物不能吸收，降低了这些营养元素的有效性。施用 $(NH_4)_2SO_4$ 可改良盐碱地，但在正常土壤中长期施用铵态氮肥时，易引起土壤板结硬化，导致农作物品质下降。我国南方土壤含铁量较高，铁盐水解使土壤显酸性，一些土壤 pH 低至 2.0，这也不利于作物生长，常施用石灰来改良土壤。

(2)盐类水解与肥效和药效　碳酸氢铵在 30 ℃以上就分解为水、二氧化碳和氨气。施用碳酸氢铵、碳酸铵等肥料要适当深埋，一方面是防止水解产生二氧化碳和氨气，降低肥效；另一方面铵态氮肥深施可以增强土壤对铵离子的吸收，提高其肥效。

兽医使用 NH_4Cl 和 $NaHCO_3$ 分别治疗碱中毒、酸中毒，原因是：

$$NH_4^+ + H_2O \rightleftharpoons NH_3 \cdot H_2O + H^+$$

$$HCO_3^- + H_2O \rightleftharpoons H_2CO_3 + OH^-$$

NH_4^+ 水解后产生的 H^+ 可以中和碱，生成的 $NH_3 \cdot H_2O$ 合成尿素由肾排出。HCO_3^- 水解后产生的 OH^- 可以中和酸，生成的 H_2CO_3 在肺部以 CO_2 形式呼出，Cl^-、Na^+ 是动物体内含量较多的两种离子，可以通过代谢排出。

许多医药则因盐类水解而失效。例如，铜、汞、银、铁盐在医药上常用于杀毒、灭菌、止血剂，这些药物极易水解成氢氧化物沉淀而失效。

弱酸弱碱盐的阴阳离子都水解，这一类盐水解程度大，因而在潮湿空气中长期放置易吸湿、水解，固体药品会变成水溶液，所以 $(NH_4)_2S$、NH_4Ac、$(NH_4)_2CO_3$、NH_4SCN 等弱酸弱碱盐类化学药品要密封保存。

四、缓冲溶液

(一)缓冲溶液的定义

在化学实验中，常需要控制溶液的 pH，使之在外加少量酸、碱或其他试剂时，溶液的 pH 基本不变。在许多天然体系中，也需要保持其环境在一定的 pH 下，才能使各种反应和活动正常进行。如大多数植物在 pH>9 和 pH<3.5 的土壤中都不能生长；动物血液 pH 也必须维持在一个相对恒定的范围才能保证正常的生理活动，一个健康人血液 pH 通常是 7.35～7.45，如果 pH 低于 7.30 或高于 7.50 就会发生酸碱中毒，而 pH 降到 7.00 以下或升至 7.80 以上，人就有死亡的可能。那么，人吃了含酸或碱的食物后，pH 为什么保持基本不变呢？关键在于，血液中有一种酸性物质能与加入的碱反应，同时又有一种碱性物质能与加入的酸反应，然而同时存在于血液中的两类物质一定不会彼此中和，这说明二者必定是一种弱酸及其盐或弱碱及其盐所形成的体系。把溶液的这种能对抗外来少量强酸、强碱或稍加稀释，而使其 pH 基本不变的作用称为缓冲作用。具有缓冲作用的溶液称为缓冲溶液。缓冲溶液一般由两种

成分构成，分别为抗酸成分和抗碱成分，合称缓冲体系（缓冲对）。常见缓冲对有如下三种类型：

(1)弱酸及其盐　HAc-NaAc，H_2CO_3-$NaHCO_3$混合液。

(2)弱碱及其盐　$NH_3 \cdot H_2O$-NH_4Cl混合液。

(3)多元弱酸的酸式盐及其次级盐　NaH_2PO_4-Na_2HPO_4混合液。

(二)缓冲溶液 pH 的计算

根据缓冲溶液的概念，可应用在弱酸或弱碱溶液中加入一种含有相同离子的盐后溶液 $c(H^+)$和 $c(OH^-)$的计算公式来计算缓冲溶液的 pH 或 pOH：

$$c(H^+)=K_a\frac{c_{酸}}{c_{盐}} \qquad c(OH^-)=K_b\frac{c_{碱}}{c_{盐}}$$

$$pH=pK_a+\lg\left(\frac{c_{盐}}{c_{酸}}\right) \qquad pOH=pK_b+\lg\left(\frac{c_{盐}}{c_{碱}}\right)$$

式中：$c_{酸}$、$c_{碱}$、$c_{盐}$分别是形成缓冲溶液的弱酸、弱碱、弱酸盐或弱碱盐的浓度。

二维码 1-6　缓冲溶液对抗外来少量强酸

根据计算可知，在 90 mL 纯水中加入 10 mL 0.010 mol·L^{-1} HCl 后，加酸前后 pH 分别为 7.00 和 3.00，改变 4 个 pH 单位；而在 90 mL HAc-NaAc 缓冲溶液（HAc 和 NaAc 的浓度都为 0.10 mol·L^{-1}）中加 10 mL 0.010 mol·L^{-1} HCl 后，加酸前后 pH 分别为 4.74 和 4.73，仅仅改变了 0.01 个 pH 单位。再次证明，缓冲溶液能够对抗外界少量强酸。

影响缓冲溶液 pH 的主要因素是构成缓冲对的 pK_a或 pK_b，即取决于缓冲对的种类；次要因素是缓冲对的浓度比或体积比（所使用缓冲对的原始浓度相同时，缓冲对的浓度比等于体积比）。理论和实验都证明，某缓冲溶液有效的 pH 范围是：$pH=pK_a\pm1$，即缓冲对的浓度比的范围为 1/10～10。因此，配制一定 pH 的缓冲溶液，应选择 $pK_a=pH\pm1$ 的弱酸及其盐以及 $pK_b=pOH\pm1$ 的弱碱及其盐。

【例 1-10】　如何配制 1 L pH ＝5.00 的缓冲溶液？

解：查表知 HAc(CH_3COOH) 的 $pK_a=4.74$，在 $pK_a=pH\pm1$ 范围内，为了计算方便，取原始浓度相同的 HAc 和 NaAc 溶液。根据

$$pH=pK_a+\lg(V_{盐}/V_{酸})$$

有：

$$5.00=4.74+\lg(V_{盐}/V_{酸})$$

$$\lg(V_{盐}/V_{酸})=0.26 \qquad (V_{盐}/V_{酸})=1.8$$

根据题意知 $V_{酸}+V_{盐}=1\ 000$ mL，经过计算可得：

$$V_{酸}=360\ mL \qquad V_{盐}=1\ 000\ mL-360\ mL=640\ mL$$

答：将相同浓度的 HAc 溶液 360 mL 和 NaAc 溶液 640 mL 混合在一起即可配制成 1 L pH ＝5.00 的缓冲溶液。

【例 1-11】　如何配制 1 L pH ＝ 9.00 的缓冲溶液？

解：查表知 HCN 的 $pK_a=9.21$，符合 $pK_a=pH\pm1$ 的条件，但 HCN 有剧毒，应避免使用。可考虑选用弱碱及其盐构成的缓冲对。$pOH=14.00-9.00=5.00$，查表知 $NH_3 \cdot H_2O$ 的 $pK_b=4.74$，在 $pK_b=pOH\pm1$ 范围内。所以，可选用同浓度的 $NH_3 \cdot H_2O$ 和 NH_4Cl 溶液。

$$pOH=14.00-9.00=4.74+\lg(V_{盐}/V_{碱})$$
$$\lg(V_{盐}/V_{碱})=0.26$$

其余解法同例 1-10。

答:将相同浓度的 $NH_3 \cdot H_2O$ 溶液 360 mL 和 NH_4Cl 溶液 640 mL 混合在一起即可配制成 1 L pH=9.00 的缓冲溶液。

缓冲溶液的缓冲能力与缓冲对的总浓度($c_{酸}+c_{盐}$)或($c_{碱}+c_{盐}$)有关,总浓度越大,缓冲能力越强。当缓冲对的总浓度一定时,在缓冲对的浓度比($c_{盐}/c_{酸}$)或($c_{盐}/c_{碱}$)为 1 的时候,缓冲溶液的缓冲能力最大。但在实际工作中,在缓冲能力允许的情况下,通常使用较稀的缓冲溶液,既可节省药品,又可避免因过多的试剂产生杂质,影响后面的操作。

(三)缓冲溶液在农业上的应用

1. 血液的缓冲作用

动物、植物体液都有最适宜生存、生长的 pH 环境。人体血液 pH=7.35~7.45,最适合细胞代谢和机体生存,其中有许多缓冲对(H_2CO_3-$NaHCO_3$、Na_2HPO_4-NaH_2PO_4、血红蛋白-血红蛋白盐、血浆蛋白-血浆蛋白盐),以 H_2CO_3-$NaHCO_3$ 含量最多、最重要。当食用的酸性食物进入人体血液时,H_2CO_3 增多,H_2CO_3 经碳酸酐酶的作用分解为 CO_2 和 H_2O,CO_2 分压升高,可刺激呼吸中枢,使肺的呼吸作用增强,呼出更多的 CO_2。

$$HCO_3^- + H^+ \rightleftharpoons H_2CO_3$$

当食用碱性食物,进入人体血液的 HCO_3^- 增多,需由肾脏排出体外。

$$H_2CO_3 + OH^- \rightleftharpoons HCO_3^- + H_2O$$

每人每天消耗 O_2 约 600 L,产生大量 CO_2,其酸量相当于 2 L 浓 HCl,除由肺呼出 CO_2 及由肾排酸的渠道排出体外以外,均应归功于血液的缓冲作用。

2. 土壤的缓冲性能

土壤具有保持其酸碱度的能力,相关的控制机制有几种,其中之一便是土壤具有缓冲作用。土壤为什么具有缓冲性能呢?

(1)土壤胶体上有交换性阳离子存在,这是土壤产生缓冲作用的主要原因。当土壤溶液中 H^+ 增加时,胶体表面的交换性盐基离子与溶液中的 H^+ 交换时,使土壤溶液中 H^+ 的浓度基本不变:

$$\boxed{土壤胶粒}\,M + H^+ \rightleftharpoons \boxed{土壤胶粒}\,H + M^+$$

M 代表盐基离子(Ca^{2+}、Mg^{2+}、Na^+、K^+ 等)。当土壤溶液中加入 MOH,离解产生 M^+ 和 OH^-,由于 M^+ 与胶体上 H^+ 交换,则转入溶液中的 H^+ 立即同 OH^- 生成弱电解质 H_2O,土壤溶液的 pH 变化甚微。

$$\boxed{土壤胶粒}\,H + MOH \rightleftharpoons \boxed{土壤胶粒}\,M + H_2O$$

上述两个离子间的交换过程遵循等电荷交换的规律。土壤缓冲能力的大小与土壤的阳离子交换量有关。土壤的阳离子交换量越大,其缓冲能力越强。因土壤有机质含量高的土壤阳离子交换量大,黏土比沙土的阳离子交换量大得多,故黏土及有机质含量高的土壤比沙土缓冲能力强。

(2)土壤中氨基酸等两性物质的存在是土壤具有缓冲作用的另一个原因。相关反应如下：

$$R-\underset{NH_2}{\underset{|}{CH}}-COOH + H^+ \rightleftharpoons R-\underset{NH_3^+}{\underset{|}{CH}}-COOH$$

$$R-\underset{NH_2}{\underset{|}{CH}}-COOH + OH^- \rightleftharpoons R-\underset{NH_2}{\underset{|}{CH}}-COO^- + H_2O$$

(3)土壤溶液中的弱酸及其盐类的存在也使土壤具有缓冲作用。如碳酸、硅酸、磷酸、腐殖酸及其他有机酸及其相应的盐类构成一个良好的缓冲体系。例如碳酸及其盐的缓冲作用：

$$H_2CO_3 + 2OH^- \rightleftharpoons CO_3^{2-} + 2H_2O$$

$$CO_3^{2-} + 2H^+ \rightleftharpoons H_2CO_3$$

缓冲性能是土壤的一种重要性质，土壤的缓冲作用可以稳定土壤溶液，使其 pH 变化保持在一定范围内。如果土壤没有这种能力，那么微生物和根系的呼吸、肥料的加入、有机质分解等都将引起土壤 pH 的激烈变化，影响土壤养分的有效性。如 $pH<5$ 时，Fe^{3+}、Al^{3+} 多，磷酸根易与它们形成不溶性沉淀造成磷素固定；$pH>7$ 则发生明显的钙对磷的固定；$pH=6\sim7$ 的土壤中磷的有效性最大。

有机质含量高的肥沃土壤缓冲能力、自调能力都强，能为高产作物协调土壤环境条件，抵制不利因素的发展。所谓肥土“饱得、饿得”，能自调土温，自调反应，其机理之一就是肥沃土壤缓冲能力强。相反，有机质贫乏的沙土，缓冲性很小，自调能力低，“饿不得、饱不得”，经不起温度和反应条件的变化。对这类土壤通过多施有机肥、掺混黏土等办法，既可培肥土壤，又可提高其缓冲性能。

【阅读与提高】

酸碱质子理论

该理论认为，任何能给出质子(即氢离子)的物质都是酸，如 HCO_3^-、HAc、NH_4^+、H_2O 等；任何能接受质子的物质都是碱，如 HCO_3^-、Ac^-、NH_3、H_2O 等。根据酸碱质子理论，酸给出质子后就成为碱，碱接受质子后就成为酸。酸碱之间的反应，其实质都是质子传递过程。酸与碱互为对方存在的条件，这种既互相联系又互相转化的关系称为共轭关系，可表达为：

$$酸 \rightleftharpoons 质子 + 碱$$

例如：

$$H_2CO_3 \rightleftharpoons H^+ + HCO_3^-$$

$$HCO_3^- \rightleftharpoons H^+ + CO_3^{2-}$$

$$HAc \rightleftharpoons H^+ + Ac^-$$

$$NH_4^+ \rightleftharpoons H^+ + NH_3$$

$$H_3O^+ \rightleftharpoons H^+ + H_2O$$

根据酸碱质子理论，强酸容易失去质子，生成的酸根即为其共轭碱。酸越强，它们的共轭碱就越弱。缓冲溶液中的缓冲对就是共轭酸碱对，因为缓冲对有着相互依存的关系，因此缓冲液具有抵抗外来少量强酸、强碱的作用，且缓冲对之间不会发生中和反应。

【补充知识】

一、元素及相关概念

二维码 1-7 模块一补充知识课程 PPT

(一)元素和元素符号

1. 元素

元素是具有相同核电荷数(即核内质子数)的一类原子的总称。目前发现的元素有 100 多种,其中非金属元素 22 种,其余为金属元素。

2. 元素周期表

元素周期表是根据核电荷数从小至大排序的化学元素列表,共有 7 个横行,18 个纵行。每一个横行称为一个周期,每一个纵行称为一个族(8,9,10 三个纵行共同组成一个族)。7 个周期可分成短周期(1、2、3)和长周期(4、5、6、7);16 个族为 7 个主族(A),7 个副族(B),1 个Ⅷ族,1 个 0 族。

元素周期表上对金属元素、非金属元素用不同的颜色做了区分。通过元素周期表可获取元素名称、元素符号、相对原子质量、原子序数等信息(见书后插页)。

3. 元素符号

按国际上的规定,用元素的拉丁文名称的第一个大写字母(或再附加一个小写字母)表示元素,如用 C 表示碳元素,Ca 表示钙元素,这种符号称为元素符号。

元素符号既可用来表示一种元素,也可用来表示该元素的一个原子。如"C"既能表示碳元素,又能表示碳元素的一个原子(表 1-3)。

表 1-3 一些常见元素的名称、符号和相对原子质量

元素名称	元素符号	相对原子质量	元素名称	元素符号	相对原子质量	元素名称	元素符号	相对原子质量
氢	H	1	铝	Al	27	铁	Fe	56
氦	He	4	硅	Si	28	铜	Cu	63.5
碳	C	12	磷	P	31	锌	Zn	65
氮	N	14	硫	S	32	碘	I	127
氧	O	16	氯	Cl	35.5	钡	Ba	137
氟	F	19	钾	K	39	铂	Pt	195
钠	Na	23	钙	Ca	40	金	Au	197
镁	Mg	24	锰	Mn	55	汞	Hg	201

在实际应用中,常在元素符号上附加一些其他标记,用来表示一些特定的含义(表 1-4)。

(二)生物体内的元素

动植物体内的元素有 50 多种。

在人体中含量超过 0.01%的元素,称为常量元素(O、C、H、N、Ca、P、K、S、Na、Cl、Mg);含量在 0.01%以下的元素,称为微量元素(如 Fe、Co、Cu、Zn、Cr、Mn、Mo、F、I、Se 等)。11 种常

量元素约占人体质量的 99.71%。

表 1-4　与元素符号有关的其他符号及其含义

符号	含义
Cl	氯元素；一个氯原子
2Cl	2 个氯原子
Cl_2	氯气的分子式；1 个氯气分子；1 个氯气分子由 2 个氯原子构成
$\overset{-1}{Cl}$	氯元素的化合价是 −1 价
Cl^-	带有一个单位负电荷的氯离子

在动物体中，C、H、O、N 约占 95%，矿质元素约占 5%。动物体必需的矿质元素中，有 7 种常量矿质元素（Ca、P、Na、K、Cl、Mg、S），12 种微量矿质元素（Fe、Cu、Co、Zn、Mn、Se、I、Mo、F、Cr、Sn、Si）。

植物体必需的营养元素有 16 种，其中 9 种为大量元素（C、H、O、N、P、K、Ca、Mg、S），7 种为微量元素（Fe、Mn、Cu、Zn、B、Mo、Cl）。

（三）物质的分类

1. 纯净物与混合物

根据物质组成是否单一，可以把物质分为纯净物和混合物。由两种或多种物质混合而成的物质称为混合物（如空气）。只由一种物质组成的物质称为纯净物（如氧气、氯化钠等）。

2. 单质和化合物

根据组成元素的异同，纯净物可分为单质和化合物。由同种元素组成的纯净物称为单质。按性质的差异，单质分为金属单质（如铁）和非金属单质（如氧气）。由不同种元素组成的纯净物称为化合物。按组成的差异，化合物可分为无机化合物（酸、碱、盐等）和有机化合物（烃及其衍生物等）。

二、酸、碱、盐

（一）常见的酸、碱、盐

1. 常见的酸

（1）盐酸（HCl）　纯净的浓盐酸为无色液体，有刺激性气味，有酸味；工业品浓盐酸因含有杂质而带黄色。浓盐酸易挥发，在空气里会形成白雾。常用的浓盐酸溶质的质量分数为 37%～38%，密度为 1.19 $g \cdot cm^{-3}$。

（2）硫酸（H_2SO_4）　纯净的硫酸是没有颜色、黏稠、油状的液体，不易挥发。浓硫酸有吸水性和脱水性，有强烈的腐蚀性。常用的浓硫酸溶质的质量分数为 98%，密度为 1.84 $g \cdot cm^{-3}$。

二维码 1-8　浓硫酸和水（微课）

2. 常见的碱

（1）氢氧化钠（NaOH）　纯净的氢氧化钠是白色固体，极易溶于水，溶解时放出大量的热；易潮解，有强烈的腐蚀性；俗称苛性钠、火碱或烧碱。

(2)氢氧化钙[$Ca(OH)_2$]　氢氧化钙是白色粉末状物质，微溶于水，它的溶液俗称石灰水，有腐蚀性。农业上可用于降低土壤的酸性、配制波尔多液和石硫合剂。

3. 常见的盐

(1)氯化钠(NaCl)　用于调味和腌渍蔬菜、鱼、肉、蛋等。生理盐水是0.9%的氯化钠溶液。

(2)碳酸钠(Na_2CO_3)　白色粉末状物质，易溶于水，显碱性。在工业上称为纯碱。

(3)硫酸铜($CuSO_4$)　无水硫酸铜是一种白色固体，能溶于水，水溶液呈蓝色。硫酸铜晶体($CuSO_4 \cdot 5H_2O$)呈蓝色，俗称蓝矾、胆矾。

农业生产中常用的化肥见表1-5。除了尿素外，其余均属于盐类。凡只含一种可标明含量的营养元素的化肥称为单元肥料，它们是氮肥、磷肥、钾肥。凡含有氮、磷、钾三种营养元素中的两种或三种且可标明其含量的化肥，称为复合肥料或混合肥料。

表1-5　农业上常用的化肥

名称	化学式	名称	化学式
尿素	$CO(NH_2)_2$	磷酸二氢铵	$NH_4H_2PO_4$
碳酸氢铵	NH_4HCO_3	磷酸氢二铵	$(NH_4)_2HPO_4$
硝酸铵	NH_4NO_3	氯化钾	KCl
硫酸铵	$(NH_4)_2SO_4$	硫酸钾	K_2SO_4
氯化铵	NH_4Cl	硝酸钾	KNO_3

(二)酸碱盐的定义与命名

1. 酸

在水溶液中能够电离出H^+和酸根离子的化合物，称为酸。根据分子中是否含有氧元素，可分为含氧酸(H_2CO_3)和无氧酸(H_2S)；根据分子中可以电离出的氢离子的数量，可分为一元酸(HNO_3)、二元酸(H_2SO_4)和多元酸(H_3PO_4)。根据在水溶液中的电离程度，可分为强酸和弱酸。

含氧酸根据除氢、氧以外的第三种元素称为"某酸"，如H_2CO_3称为碳酸、H_2SO_4称为硫酸；无氧酸称为"氢某酸"，如H_2S称为氢硫酸。

$$HCl = H^+ + Cl^- \qquad H_2SO_4 = 2H^+ + SO_4^{2-}$$

2. 碱

在水溶液中能够电离出OH^-和金属离子的化合物，称为碱。根据分子中可以电离出的氢氧根离子的数量，可分为一元碱(NaOH)、二元碱[$Ca(OH)_2$]和多元碱[$Fe(OH)_3$]；根据在水溶液中的电离程度，可分为强碱和弱碱。

碱的命名为"氢氧化某"或"氢氧化亚某"。如$Fe(OH)_3$称为氢氧化铁，$Fe(OH)_2$称为氢氧化亚铁。

$$NaOH = Na^+ + OH^- \qquad Ca(OH)_2 = Ca^{2+} + 2OH^-$$

3. 盐

在水溶液中能够电离出金属离子和酸根离子的化合物，称为盐。盐的分类及命名见表1-6。

$$NaCl = Na^+ + Cl^- \qquad Na_2CO_3 = 2Na^+ + CO_3^{2-}$$

表 1-6 盐的分类与命名

盐的分类	举例	
	化学式	名称
正盐	Na_2SO_4 Na_2S	硫酸钠 硫化钠
酸式盐	$NaHSO_4$ $NaHS$	硫酸氢钠 硫氢化钠
碱式盐	$Cu_2(OH)_2CO_3$	碱式碳酸铜

含氧酸的正盐称“某酸某”，酸式盐称“某酸氢某”；无氧酸的正盐称“某化某”，酸式盐称“某氢化某”。

（三）酸、碱、盐之间的化学反应

（1）酸、碱溶液与酸碱指示剂的作用。无色的酚酞试液遇酸不变色，遇碱变红色。

（2）酸跟碱起中和反应，生成盐和水。

$$NaOH+HCl=NaCl+H_2O$$
$$2NaOH+H_2SO_4=Na_2SO_4+2H_2O$$

（3）酸能跟某些盐起反应，生成另一种酸和另一种盐。

$$HCl+AgNO_3= HNO_3+AgCl\downarrow$$
$$H_2SO_4+BaCl_2=2HCl+BaSO_4\downarrow$$

（4）碱能跟某些盐起反应，生成另一种碱和另一种盐。

$$2NaOH+CuSO_4=Cu(OH)_2\downarrow+Na_2SO_4$$

（5）盐跟另一种盐反应，生成另外两种盐。

$$AgNO_3+NaCl=AgCl\downarrow+NaNO_3$$
$$BaCl_2+Na_2SO_4=BaSO_4\downarrow+2NaCl$$

【阅读与提高】

人体必需的 14 种微量元素及其作用

地球上存在 92 种稳定的化学元素，分布在岩石圈、水圈及大气圈中。用现代分析测试技术分析表明，人体至少含 37 种化学元素。在人体中含量高于 0.01%的元素称为常量元素，它们约占人体质量的 99.71%。含量低于 0.01%的元素称为微量元素，其中 14 种微量元素是人和动物所必需的。目前，世界卫生组织（WHO）确认的 14 种必需微量元素有锌、铜、铁、碘、硅、铬、钴、锰、钼、钒、氟、镍、锶、锡。微量元素在人体中的主要功能是：①在酶系统中起特异的活化中心作用。微量元素使酶蛋白的亚单位保持在一起，或把酶作用的化学物质结合于酶的活性中心。铁、铜、锌、钴、锰、铝等能和巯基、氨基、羟基等配位基或分子基因相配合，形成配合物，存在于蛋白质的侧链上。②在激素和维生素中起特异的生理作用。某些微量元素是激素或维生素的成分和重要的活性部分，如缺少这些微量元素，就不能合成相应的激素或维生素，机体的生理功能就必然会受到影响。如甲状腺激素中的碘和维生素 B_{12} 中的钴都是这类微量元素。③输送元素的作用。某些微量元素在体内有输送普通元素的作用。如铁是血红蛋白中氧的携带者，没有铁就不能合成血红蛋白，氧就无法输送，组织细胞就不能进行新陈代谢，机体就不能生存。④调节体液渗透压和酸碱平衡。微量元素在体液内与钾、钠、钙、镁等离子协同，可起调节渗透压和体液酸碱度的作用，保持人体的生理功能正常进行。⑤影响核酸代谢。核酸是遗传信息的携带者，核酸中含有相当多的铬、铁、锌、锰、铜、镍等微量元素，这些微量元素可以影响核酸的代谢。因此，微量元素在遗传中起着重要的作用。⑥防癌、抗癌作用。有些微量元素，有一定的防癌、抗癌作用。如铁、硒等对胃肠道癌有拮抗作用；镁对恶性淋巴病和慢性白血病有拮抗作用；锌对食管癌、肺癌有拮抗作用；碘对甲状腺癌和乳腺癌有拮抗作用。

习　题

一、填空题

1. 在一定条件下，下列反应达到化学平衡：

$$2HI(g) \rightleftharpoons H_2(g) + I_2(g) \text{（正反应为吸热反应）}$$

如果升高温度，平衡混合物的颜色________；如果加入一定量的 H_2，平衡混合物的颜色________。

2. K_a、K_b 统称为弱电解质的电离常数，是化学平衡常数的一种，与________有关，与________无关。

3. 某溶液中 $c(H^+)=1\times10^{-5}\ mol\cdot L^{-1}$，则该溶液的 pH 为________；某溶液中 $c(OH^-)=1\times10^{-3}\ mol\cdot L^{-1}$，则该溶液的 pH 为________。

4. 在配制 $FeCl_3$ 溶液时，为了防止发生水解，可以加入少量的________。

5. 在 $NH_3\cdot H_2O$-NH_4Cl 溶液中，________是抗酸成分，________是抗碱成分。

6. 血液中含有许多缓冲对，其中含量比较多的是________。

二、选择题

1. 下列物质中，属于强电解质的是(　　)。

A. $NH_3\cdot H_2O$　　B. NH_4HCO_3　　C. CH_3COOH

2. 现有三种溶液：①0.1 $mol\cdot L^{-1}$ 的盐酸②0.1 $mol\cdot L^{-1}$ 的硫酸③0.1 $mol\cdot L^{-1}$ 的乙酸，按 H^+ 浓度由小到大排列正确的是(　　)。

A. ③<①<②　　B. ②<①<③　　C. ①<③<②

3. 已知：$K(HAc)=1.8\times10^{-5}$、$K(HCN)=6.2\times10^{-10}$、$K(HF)=6.6\times10^{-4}$，下列哪种酸的酸性最弱？(　　)

A. HAc　　B. HCN　　C. HF

4. 下列两种溶液，酸性较强的是(　　)。

A. pH=2 的溶液　　B. pH=5 的溶液

5. 比较 pH：0.1 $mol\cdot L^{-1}$ 的 HCl 溶液(　　)0.1 $mo\cdot L^{-1}$ 的 HAc 溶液。

A. 大于　　B. 等于　　C. 小于

6. 向 $NH_3 \cdot H_2O$ 溶液中加入少量的 NH_4Ac 固体，其溶液的 pH(　　)。

A. 升高　　B. 降低　　C. 基本不变

7. 向 HAc 溶液中加入少量的 NH_4Ac 固体，其溶液的 pH (　　)。

A. 升高　　B. 降低　　C. 基本不变

8. 欲配制 pH＝10 的缓冲溶液，应选择缓冲对(　　)；如配制 pH＝5 的缓冲溶液，应选择缓冲对(　　)。

A. HAc-NaAc　　B. $NH_3 \cdot H_2O$-NH_4Cl　　C. NaH_2PO_4-Na_2HPO_4

9. 下列盐溶液中，呈酸性的是(　　)，呈碱性的是(　　)，呈中性的是(　　)。

A. Na_2CO_3溶液　　B. $(NH_4)_2SO_4$溶液　　C. KCl 溶液

三、简答题

1. 当人体吸入较多量的一氧化碳时，就会引起一氧化碳中毒，这是由于一氧化碳和血液里的血红蛋白结合，使血红蛋白不能很好地跟氧气结合，人因缺少氧气而窒息，甚至死亡。这个反应可表示如下：

$$\text{血红蛋白-}O_2 + CO \rightleftharpoons \text{血红蛋白-}CO + O_2$$

试运用化学平衡知识，简述抢救一氧化碳中毒患者时应采取哪些措施。

2. 牙齿的损坏实际上是牙釉质[$Ca_5(PO_4)_3OH$]溶解的结果。在口腔中存在着如下反应：

$$Ca_5(PO_4)_3OH \rightleftharpoons 5Ca^{2+}(aq) + 3PO_4^{3-}(aq) + OH^-(aq)$$

当糖附着在牙齿上发酵时，会产生 H^+，试运用化学平衡知识说明经常吃甜食对牙齿的影响。

3. 为什么兽医上可用 NH_4Cl、$NaHCO_3$ 治疗碱中毒和酸中毒？试用盐水解的知识加以回答。

4. 健康人血液的 pH 范围恒定在 7.35～7.45，不因食入碱性食物或酸性食物而改变，为什么？

四、计算题

1. 计算下列溶液中各种离子的浓度：

(1)0.1 $mol \cdot L^{-1}$的 K_2SO_4；　　(2)0.2 $mol \cdot L^{-1}$的 $BaCl_2$；

(3)0.1 $mol \cdot L^{-1}$的 HNO_3；　　(4)0.2 $mol \cdot L^{-1}$的 KOH。

2. 计算下列溶液的 pH：

(1)0.005 $mol \cdot L^{-1}$ H_2SO_4溶液；　　(2)0.01 $mol \cdot L^{-1}$ KOH 溶液；

(3)0.10 $mol \cdot L^{-1}$ $NH_3 \cdot H_2O$ 溶液；　　(4)0.10 $mol \cdot L^{-1}$ HAc 溶液；

(5)0.20 $mol \cdot L^{-1}$ NaAc 溶液；　　(6)0.20 $mol \cdot L^{-1}$ NH_4Cl 溶液。

3. 欲配制 250 mL 的 pH＝5.0 的缓冲溶液，则在 125 mL 1.0 $mol \cdot L^{-1}$ NaAc 溶液中应加 6.0 $mol \cdot L^{-1}$ HAc 和水各多少毫升？

二维码 1-9　模块一在线自测练习(二)

模块二

定 量 分 析

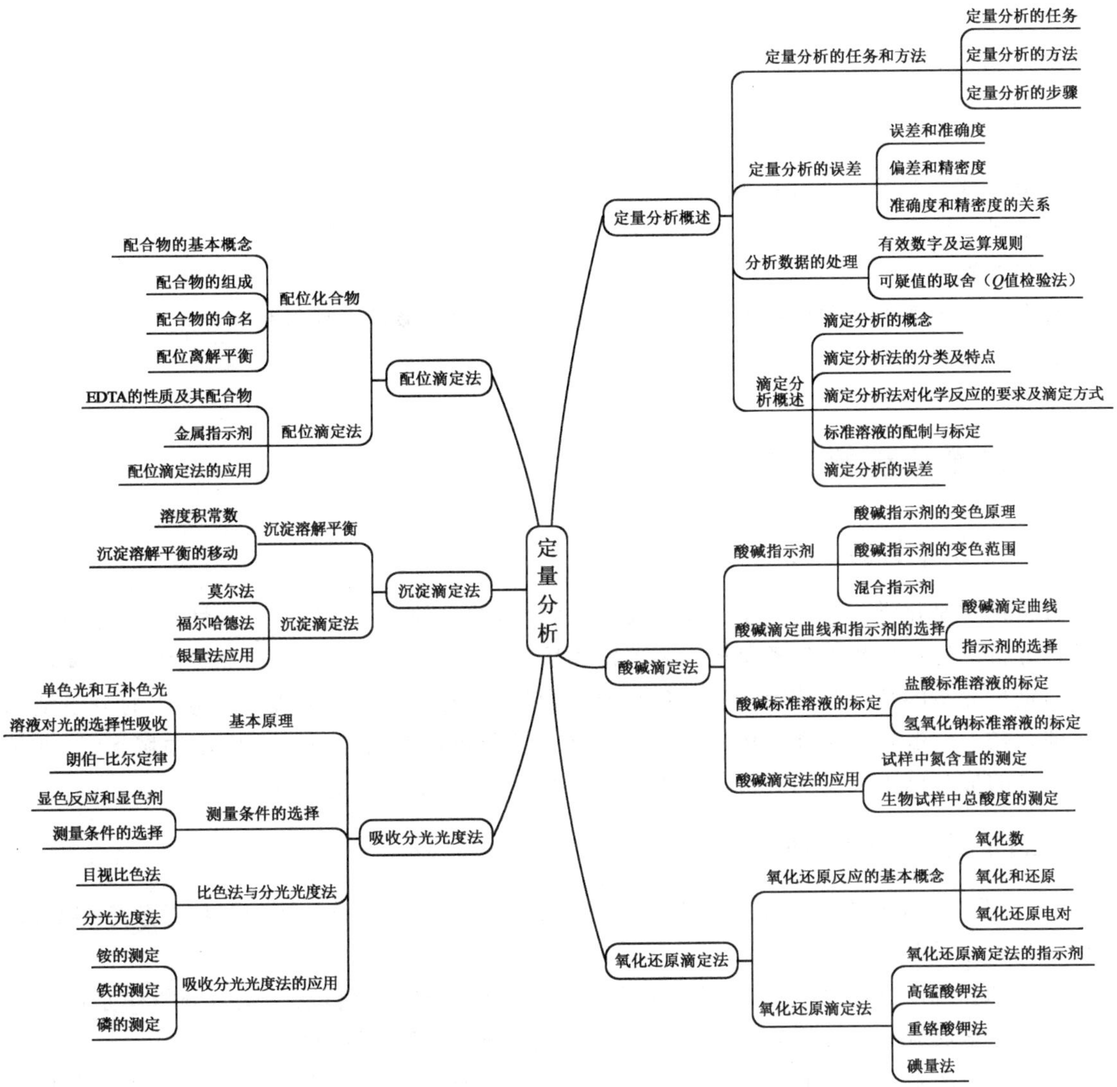
定量分析
定量分析概述
定量分析的任务和方法
定量分析的任务
定量分析的方法
定量分析的步骤
定量分析的误差
误差和准确度
偏差和精密度
准确度和精密度的关系
分析数据的处理
有效数字及运算规则
可疑值的取舍（Q值检验法）
滴定分析概述
滴定分析的概念
滴定分析法的分类及特点
滴定分析法对化学反应的要求及滴定方式
标准溶液的配制与标定
滴定分析的误差
酸碱滴定法
酸碱指示剂
酸碱指示剂的变色原理
酸碱指示剂的变色范围
混合指示剂
酸碱滴定曲线和指示剂的选择
酸碱滴定曲线
指示剂的选择
酸碱标准溶液的标定
盐酸标准溶液的标定
氢氧化钠标准溶液的标定
酸碱滴定法的应用
试样中氮含量的测定
生物试样中总酸度的测定
氧化还原滴定法
氧化还原反应的基本概念
氧化数
氧化和还原
氧化还原电对
氧化还原滴定法
氧化还原滴定法的指示剂
高锰酸钾法
重铬酸钾法
碘量法
配位滴定法
配位化合物
配合物的基本概念
配合物的组成
配合物的命名
配位离解平衡
配位滴定法
EDTA的性质及其配合物
金属指示剂
配位滴定法的应用
沉淀滴定法
沉淀溶解平衡
溶度积常数
沉淀溶解平衡的移动
沉淀滴定法
莫尔法
福尔哈德法
银量法应用
吸收分光光度法
基本原理
单色光和互补色光
溶液对光的选择性吸收
朗伯-比尔定律
测量条件的选择
显色反应和显色剂
测量条件的选择
比色法与分光光度法
目视比色法
分光光度法
吸收分光光度法的应用
铵的测定
铁的测定
磷的测定

第一节　定量分析概述

二维码 2-1　定量分析概述课程 PPT

【学习目标】

知识目标：

1. 了解定量分析的任务及方法。理解误差和偏差、准确度和精密度的意义及表示方法。

2. 理解有效数字的意义，掌握有效数字修约、计算和可疑值取舍判断方法。

3. 了解滴定分析的基本概念，熟悉滴定分析的方法和反应条件。熟知减小滴定分析误差的方法。

4. 掌握基准物质必备的条件，了解标准溶液的配制与标定方法。

能力目标：

1. 能判断误差的类别，熟练说出减小偶然误差的方法。

2. 会记录实验数据并对数据进行正确处理。会运用 Q 值检验法对可疑值进行取舍。

3. 能根据溶质的性质选择标准溶液的配制方法。

素质目标：

1. 知道常见废弃物的收集方法，树立"绿色化学"思想，形成环境保护意识。

2. 形成实事求是、严谨细致的科学态度，具有创新意识。

一、定量分析的任务和方法

（一）定量分析的任务

分析化学是化学学科的一个重要分支，根据分析的目的和任务可分为定性分析、定量分析和结构分析。定性分析的任务是检出和鉴定物质有哪些组分（元素、离子、原子团、官能团或化合物），定量分析的任务是测定物质中各组分的含量，结构分析的任务是研究物质的分子结构和晶体结构。一般是在定性分析的基础上进行定量分析。对农业行业的应用领域来说，常见试样所含的成分已由大量的分析得到确定。因此，这里主要讨论定量分析。

（二）定量分析的方法

（1）根据分析对象的化学属性分为无机分析和有机分析。无机分析的分析对象是无机物；有机分析的分析对象是有机物。

（2）根据分析时所依据的物质性质分为化学分析法和仪器分析法。化学分析法是以物质所发生的化学反应为基础的分析方法。主要有滴定分析法和质量分析法。

仪器分析法是以物质的物理性质或物理化学性质为基础、利用特定仪器为手段的分析方法。主要包括光学分析法、电化学分析法、色谱分析法等。在仪器分析法中，本书将重点介绍光学分析法中的分光光度法。

(3)根据试样的用量分为常量分析、半微量分析、微量分析和超微量分析(表 2-1)。

表 2-1 各种分析方法的试样用量

分类名称	所需试样质量/mg	所需试样体积/mL
常量分析	100～1 000	>10
半微量分析	10～100	1～10
微量分析	0.1～10	0.01～1
超微量分析	<0.1	<0.01

(4)根据被测组分的含量分为常量组分分析、微量组分分析和痕量组分分析。被测组分含量>1%的分析称为常量组分分析,含量在 0.01%～1%的分析称为微量组分分析,含量<0.01% 的分析称为痕量组分分析。

(三)定量分析的步骤

1. 取样

所取试样必须具有代表性和均匀性,即所分析的试样能代表整批物料的平均组成。通常是从大批物料中的不同部位选取多个取样点采样,将各点取得的样品粉碎之后混合均匀,再取少量混匀的样品作为分析试样进行分析。

2. 试样的分解

通常先将试样分解制成溶液再进行分析。可采用水溶、酸溶、碱溶或熔融等方法分解试样。若试样组分较简单而且彼此不干扰,经分解制成溶液后,可直接测定。若共存的其他组分对待测组分的测定有干扰,则必须先设法除去干扰组分。

3. 测定方法的选择

根据被测组分的性质、含量和对分析结果准确度的要求,选择合适的分析方法进行测定。常量组分通常采用化学分析法,而微量组分需要采用仪器分析法进行测定。

4. 数据处理及分析结果的评价

对分析过程中测得的原始数据,进行综合分析及处理,得出分析结果,并对分析结果的准确性做出评价。

二、定量分析的误差

(一)误差和准确度

定量分析的任务是测定试样中有关组分的含量。分析结果与真实值的接近程度称为准确度。分析结果与被测组分的真实含量越接近,准确度就越高。但在实际测定中,由于受分析方法、仪器、试剂、操作等因素的限制,分析结果不可能和真实值完全一致。测量值与真实值之间的差值称为误差。在分析过程中,必须了解误差产生的原因及规律,采取有效措施,把误差减小到最低程度,从而提高分析结果的准确度。

根据误差的性质和产生的原因,可将误差分为系统误差和偶然误差。

1. 系统误差

系统误差是在测定过程中由于某些确定的、经常性的、不可避免的原因产生的误差。它对分析结果的影响比较固定，具有单向性，即分析结果总是比真实值大或是比真实值小。在相同条件下，重复测定会重复显示系统误差。因此，系统误差是可测的，所以又叫可测误差。

(1)系统误差的主要来源

①方法误差。由于分析方法不完善所造成的误差。例如，滴定分析中，反应不完全、滴定终点与化学计量点不符、发生其他副反应等造成的误差均属于系统误差。

②仪器误差。由于仪器本身不够精确引起的误差，如天平灵敏度过低、滴定分析仪器刻度不准确等。

③试剂误差。由于试剂不纯所造成的误差。例如，所用蒸馏水中含有被测组分或干扰物质等。

④操作误差。操作误差一般指正常操作情况下，操作人员主观因素所造成的误差。例如滴定管读数时总是偏高或偏低，对终点判断提前或推迟等。

(2)系统误差的校正

系统误差可采用对照试验、校准仪器、空白试验和选择合适的测定方法等措施加以校正。

①对照试验。常用已知准确含量的标准试样代替试样，在完全相同的条件下进行测定，从而估计系统误差，同时引入校正系数来校正分析结果。

$$校正系数=\frac{标准试样含量}{标准试样分析结果}$$

也可用国家颁布的标准方法或公认的经典方法与所拟订的方法进行对照，或不同实验室、不同分析人员分析同一试样并相互对照。

②空白试验。在不加待测组分的情况下，按分析方法所进行的试验称空白试验。空白试验所测得的值叫空白值。空白试验可以检验和减免由于试剂、蒸馏水不纯，或仪器带入的杂质所引起的误差，从试样的分析结果中扣除空白值，就可以得到比较准确的结果。空白值一般不应很大，否则应采用提纯试剂或改用适当试剂和选用适当仪器的方法来减小空白值。

③校准仪器。仪器不准所引起的误差，可通过校准仪器来减免。如移液管和容量瓶的相互校准、滴定管的体积校准，砝码的质量校准等。在精密测定时，仪器应校准。一般情况下，正常出厂的仪器都经过检验，在一般分析工作中不必频繁校准。

④选择合适的分析方法。在选择分析方法时，必须根据分析对象、样品情况及对分析结果的要求来选择合适的分析方法。例如，滴定分析法灵敏度不太高，不适合测定低含量组分，但测定高含量组分时，却可得到准确的分析结果。

2. 偶然误差

偶然误差是由一些不易预测的偶然因素所引起的误差。例如测量时环境的温度、气压的微小波动、仪器性能的微小变化等引起的误差。这类误差对分析结果的影响不固定，时大时小，时正时负，难以预测和控制，所以又叫不可测误差。在消除系统误差之后，对同一试样进行多次重复测定，便会发现偶然误差的分布遵从如下统计规律：

①正、负误差出现的概率相等，且绝对值相等而符号相反的误差以同等机会出现。

②小误差出现次数占大多数，而大误差出现次数较少。特别大的正、负误差出现的概率非常小。

上述规律可用图 2-1 的曲线表示，这个对称的曲线称为正态分布曲线。图中横轴代表误差，纵轴代表误差发生的频率。实际工作中常用算术平均值作为分析结果，其理论根据就是上述规律的第一点。由偶然误差的性质可知，在减免了系统误差的情况下，测定次数越多，则分析结果的算术平均值越接近真实数值。因此，偶然误差可以用多次测定取平均值的方法减免。在定量分析中，通常要求平行测定 3 次或 4 次。

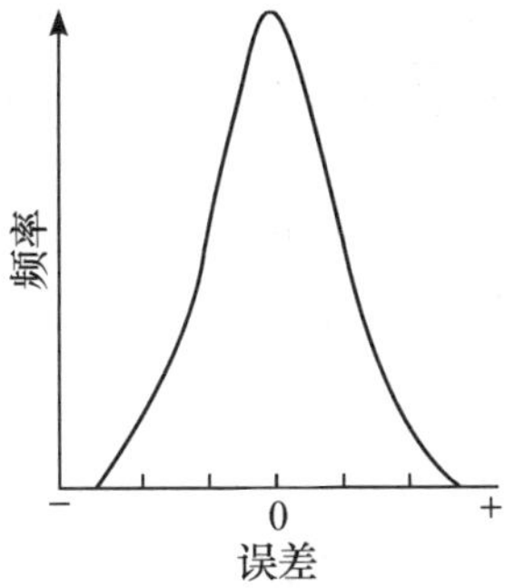

图 2-1　偶然误差正态分布曲线

应该注意的是，由于操作者工作上的粗枝大叶，不遵守操作规程，而引入的许多操作错误，例如，器皿不洁净、试液丢损、试剂加错、看错砝码、读错刻度、记录及计算上错误等，这些不在上述误差的讨论之列，全都属于不应有的过失，会对结果带来严重影响，必须避免。已经发现的错误结果必须舍去。为此，分析工作者必须理解方法原理，熟练操作技术，严肃认真地按照操作规程操作，以便提高测定结果的准确性。

二维码 2-2　误差与偏差(微课)

3. 误差的表示方法

误差可用绝对误差和相对误差来表示。

(1)绝对误差　绝对误差(E)是测量值(X)与真实值(T)之差。表达式为：

$$E=X-T$$

$X>T$ 时为正误差，表示分析结果偏高；$X<T$ 时为负误差，表示分析结果偏低。

(2)相对误差　相对误差是绝对误差与真实值的比值，一般用百分数表示。表达式为

$$E_r=\frac{E}{T}\times 100\%$$

【例 2-1】　用万分之一分析天平称量两份试样，分别是 1.754 2 g 和 0.175 3 g。设两份试样的真实质量分别是 1.754 3 g 和 0.175 4 g，比较两个数据的准确度。

解：由绝对误差的计算公式得：

$$E_1=1.754\ 2-1.754\ 3=-0.000\ 1(\text{g})$$
$$E_2=0.175\ 3-0.175\ 4=-0.000\ 1(\text{g})$$

由相对误差的计算公式得：

$$E_{r1}=\frac{-0.000\ 1}{1.754\ 3}\times 100\%=-0.006\%$$

$$E_{r2}=\frac{-0.000\ 1}{0.175\ 4}\times 100\%=-0.06\%$$

答：数据 1.754 2 g 的准确度更高。

由例 2-1 可知，两份试样的绝对误差相等，但相对误差不同。当被测定的真实值较大时，相对误差较小，测定的准确度较高。反之，被测定的真实值较小时，相对误差较大，测定的准确度较低。所以，常采用相对误差来表示测定结果的准确度。

(二)偏差和精密度

实际分析中，“真实值”并不知道，为了提高分析结果的可靠性，往往通过多次平行测定，取

平均值作为分析结果。多次平行测定(同一人对同一样品在相同条件下进行多次测定)结果相接近的程度称为精密度。精密度通常用偏差、平均偏差和标准偏差来表示。

1. 偏差

偏差是指单次测定结果与平均值之差。偏差越小,表示精密度越高;偏差越大,则表示精密度越低。偏差可分为绝对偏差(简称偏差)和相对偏差。

$$绝对偏差:d=X_i-\overline{X}$$

$$相对偏差:d_r=\frac{d}{\overline{X}}\times100\%$$

式中:d 为偏差;X_i为个别测定结果;$\overline{X}$ 为各测定结果的平均值;d_r为相对偏差。

2. 平均偏差

可用平均偏差衡量一组数据的精密度。平均偏差($\overline{d}$)是指各次偏差的绝对值的平均值:

$$\overline{d}=\frac{|d_1|+|d_2|+\cdots+|d_n|}{n}=\frac{\sum_{i=1}^{n}|d_i|}{n}$$

式中:n 为测定次数。取绝对值是为了避免正、负偏差相互抵消。

相对平均偏差($\overline{d}_r$)则是平均偏差占平均值的百分数。相对平均偏差更能反映分析结果的精密度。

$$\overline{d}_r=\frac{\overline{d}}{\overline{X}}\times100\%$$

【例 2-2】 用质量法测定硅酸盐中 SiO_2 的质量分数,测定 5 次得到下列数据:37.40%、37.20%、37.30%、37.50%、37.30%,试计算其平均偏差和相对平均偏差。

解:计算过程如下表:

测定次数 (n)	测得值/%	平均值($\overline{X}$)/%	各次测定的偏差(d_i)/%
1	37.40		+0.06
2	37.20		−0.14
3	37.30	37.34	−0.04
4	37.50		+0.16
5	37.30		−0.04

$$\overline{d}=\frac{0.06+0.14+0.04+0.16+0.04}{5}=\frac{0.44\%}{5}=0.088\%$$

$$\overline{d}_r=\frac{0.088\%}{37.34\%}\times100\%=0.24\%$$

答:5 次测定结果的平均偏差和相对平均偏差分别为 0.088%和 0.24%。

3. 标准偏差

对于更精密的测定,当一批测定值分散程度较大时,平均偏差难以反映数据的精密度,因此应该用数理统计的方法处理数据,这时,精密度用标准偏差(S)来表示。标准偏差又称均方根偏差。当测定次数不多($n\leqslant 20$)时，标准偏差 S 为：

$$S=\sqrt{\frac{d_1^2+d_2^2+\cdots+d_n^2}{n-1}}=\sqrt{\frac{\sum_{i=1}^{n}d_i^2}{n-1}}$$

在一组测定中，S 值越小，表示各数据之间吻合程度越高，精密度越高。假设某个测定值偏离平均值较大，则 d_i 增大，S 值也相应增大，故精密度较低。例如，有甲、乙两组数据，各次测定的偏差分别是：

甲组：−0.4，0.3，0.2，−0.2，0.2，−0.3，0，0.1，0.4

乙组：−0.6，−0.2，0，0.1，0.1，0.1，0.7，−0.1，−0.2

$$\bar{d}_{甲}=0.24 \qquad \bar{d}_{乙}=0.24$$

两组数据的平均偏差相同，但可以明显地看出，乙组中有两个(−0.6 和 0.7)较大的偏差，说明乙组数据离散程度较大。故用算术平均偏差反映不出这两组数据的精密度，如果用标准偏差(S)来表示时，它们的标准偏差分别为：

$$S_{甲}=\sqrt{\frac{\sum_{i=1}^{n}d_i^2}{n-1}}=\sqrt{\frac{0.4^2+0.3^2+\cdots+0.4^2}{9-1}}=0.28$$

$$S_{乙}=\sqrt{\frac{\sum_{i=1}^{n}d_i^2}{n-1}}=\sqrt{\frac{(-0.7)^2+0.2^2+\cdots+(-0.2)^2}{9-1}}=0.40$$

标准偏差表明，甲组数值的精密度较好。这说明表示精密度用标准偏差比平均偏差要好，因为将单次测定的偏差平方之后，较大的偏差更显著地被反映出来，能如实地反映实验数据的分散程度。

在估计测量数据的精密度时，也常用相对标准偏差来表示，相对标准偏差也叫变动系数，用 S_r表示：

$$S_r=\frac{S}{\overline{X}}\times 100\%$$

用 S_r 可以更好地比较不同测定中所得数据的精密度。

【例 2-3】 用原子吸收分光光度法测定某土壤样品中 Zn 含量 7 次，所得结果分别为：69.63，71.21，71.38，70.87，71.23，71.19，72.03。求相对平均偏差和相对标准偏差。

解：

$$\overline{X}=\frac{69.63+71.21+71.38+70.87+71.23+71.19+72.03}{7}=71.08$$

$d_1=-1.44$ $d_2=0.14$ $d_3=0.31$ $d_4=-0.20$ $d_5=0.16$ $d_6=0.12$ $d_7=0.96$

故：

$$\bar{d}=\frac{|d_1|+|d_2|+|d_3|+|d_4|+|d_5|+|d_6|+|d_7|}{7}=0.48$$

$$\overline{d}_r=\frac{0.48}{71.08}\times100\%=0.68\%$$

$$S=\sqrt{\frac{\sum_{i=1}^{n}d_i^2}{n-1}}=0.73$$

$$S_r=\frac{S}{\overline{X}}\times100\%=\frac{0.73}{71.08}\times100\%=1.0\%$$

答:该组数据的相对平均偏差为 0.68%,相对标准偏差为 1.0%。

(三)准确度和精密度的关系

二维码 2-3　准确度与精密度(微课)

系统误差是定量分析中误差的主要来源,它影响分析结果的准确度;偶然误差影响分析结果的准确度和精密度。所以,在分析和计算过程中,如果未消除系统误差,即使分析结果有很高的精密度,也不能说明准确度高,即单从精密度看,不考虑系统误差,仍得不出正确的结论。只有在消除了系统误差之后,精密度高的分析结果,才是既准确又精密的。例如,某试样用 4 种方法在 4 个实验室进行测定,分别获得 4 组数据,如图 2-2 所示。图中第①组数据比较集中,平均值与真实值接近,准确度与精密度都很高,说明系统误差和偶然误差都很小;第②组数据比较集中,精密度好,偶然误差小,但平均值偏离真实值较远,说明系统误差大,准确度低;第③组数据分散,说明精密度很差,偶然误差大,平均值接近真实值是正、负误差抵消的结果;第④组数据分散,平均值偏离真实值大,说明系统误差和偶然误差都很大,精密度和准确度都比较差。

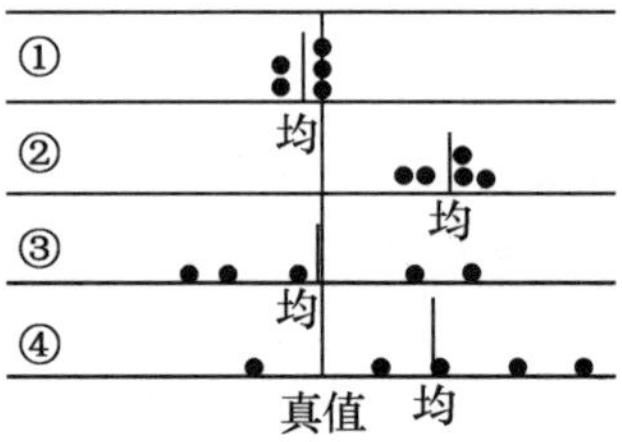

图 2-2　准确度与精密度关系示意图

可见,精密度高是准确度高的先决条件,准确度高一定要求精密度高。有时分析结果的精密度高,但准确度并不高,这就要考虑可能出现了系统误差。这说明数据有高的精密度不一定能保证有高的准确度。

三、分析数据的处理

(一)有效数字及运算规则

1. 有效数字

有效数字是指分析过程中实际能测到的数字。有效数字不仅表示数值的大小,而且反应测量仪器的精密程度及数据的可靠程度。在记录数据和计算结果时,所保留的数字中,包括所有的准确数字和最后一位"可疑数字"。例如,记录由 50 mL 滴定管中放液 21.34 mL 的数据,21.34 这四位数字中,前三位均根据滴定管刻线读出,是准确的,最后一位则是根据液面在滴定管两刻线间的位置估计出的,不甚准确,约有±0.01 mL 的误差,样品的实际体积是在误差范围内的某一值。

有效数字位数的保留，应根据仪器的准确度确定，所以根据有效数字最后一位是如何保留的，可大致判断测定的绝对误差及所用仪器的准确度，根据有效数字位数，可大致判断测定相对误差的大小。如由有效数字 0.427 0 g，可知测定的绝对误差约±0.000 2 g，相对误差约±0.05%，所用仪器为万分之一分析天平。若将之错记为 0.427 00 g，则会被误认为绝对误差约±0.000 02 g，相对误差约±0.005%，是用十万分之一天平称得；若将之错记为 0.427 g，则会被误认为绝对误差约±0.002 g，相对误差约±0.5%，是用千分之一天平称得。可见若有效数字位数保留不当，会人为地使测定的准确度提高或降低。

有效数字的位数可用下列几个数据说明：

1.000 8	43 283	五位有效数字
0.100 0	10.87%	四位有效数字
0.003 82	2.45×10^{-6}	三位有效数字
47	0.004 2	二位有效数字
0.05	3×10^{-4}	一位有效数字

在以上数据中，“0”所起的作用是不同的，其作为普通数字用，就是有效数字，作为定位数字用则不是有效数字。

分析化学中常遇到倍数或分数的关系，它们为非测数据，可视为无限多位的有效数字。pH、lg$K$ 等对数值，其有效数字的位数仅取决于小数部分数字的位数，这是因为其整数部分只说明该数的方次。例如 pH=2.68，即 $c(H^+)=2.1\times10^{-3}$ mol·L^{-1}，其有效数字为两位，而不是三位。

二维码 2-4　有效数字的修约与运算(微课)

2. 有效数字的运算规则

(1)记录测定结果时，只保留一位可疑数字。

(2)当有效数字位数确定后，多余的位数应舍弃。舍弃方法：一般采用“四舍六入五留双”的原则。所谓“五留双”的意思为，若尾数为 5 或 5 后的数为 0，5 前面为偶数时则舍去尾数，5 前面为奇数时则入；若 5 后面数字不为 0 时则入。例如，将下列数据修约为三位有效数字：

4.174 ⟶ 4.17	4.175 ⟶ 4.18	4.175 1 ⟶ 4.18
4.176 ⟶ 4.18	4.185 ⟶ 4.18	4.185 1 ⟶ 4.19

(3)数字的加减运算　几个数据相加减时，其和或差的有效数字的保留，应以绝对误差最大(即小数点后位数最少)的数据为依据，将多余的数字修约后再进行运算。

例如，0.012 1、25.64、1.065 1 三个数相加，先修约再相加，则为：

$$0.012\,1+25.64+1.065\,1=0.01+25.64+1.07=26.72$$

如果不管各数的准确度如何，而一律相加则为：

$$0.012\,1+25.64+1.065\,1=26.717\,2$$

这样的运算式是不符合计算法则的，人为地提高了数据精密度。

(4)数字的乘除运算　当几个数据相乘除时，其积或商的有效数字的位数，一般应与相对误差最大(即有效数字位数最少)的数据相同。即所求得的积或商的准确度不应小于所有数据中准确度最差者。

例如，0.012 1、25.64、1.065 1 三个数相乘，先修约再相乘，则为：

$$0.0121\times25.64\times1.0651=0.0121\times25.6\times1.07=0.331$$

(5)表示准确度和精密度时，一般只取一位，或最多取两位有效数字。

(二)可疑值的取舍(Q 值检验法)

在平行测定所得数据中，常有个别数据与其他数据相差较远，这种与其他测定值差异较大的数值称可疑值。可疑值的取舍对平均值的影响较大，当数据少时影响更大，只有在确知实际测定过程中有错误时才能舍弃，否则，就要根据误差理论的规定决定可疑值的取舍。对于少数几次测量中出现的可疑值，多用 Q 值检验法。此法包括以下 4 个步骤：

(1)求出测量值的极差(即最大值与最小值的差)；

(2)求出可疑值与其邻近值差的绝对值；

(3)用可疑值与其邻近值之差的绝对值除以极差，得到舍弃商 Q；

(4)查 Q 值表(表 2-2)，如果计算的 Q 值大于或等于表中的 Q 值，就可以把可疑值舍弃，否则应予以保留。

表 2-2　$Q_{0.90}$ 值表

测定次数	3	4	5	6	7	8	9	10
$Q_{0.90}$	0.94	0.76	0.64	0.56	0.51	0.47	0.44	0.41

【例 2-4】 用基准物质 Na_2CO_3 测定盐酸溶液的物质的量浓度，平行做了 4 次，其结果为：0.101 4、0.101 2、0.101 9 和 0.101 6 mol·L^{-1}，试确定 0.101 9 是否应该舍弃。

解：先求出 Q 值

$$Q=\frac{X_{疑}-X_{邻}}{X_{最大}-X_{最小}}=\frac{0.1019-0.1016}{0.1019-0.1012}=0.43$$

查表可知 $n=4$，$Q_{0.90}=0.76$，$Q<Q_{0.90}$，所以 0.101 9 不应该舍去。

四、滴定分析概述

(一)滴定分析的概念

滴定分析是将一种已知准确浓度的试剂溶液滴加到被测物质的溶液中，直到所加试剂与被测物质按化学计量关系恰好完全反应为止。根据所加试剂溶液的浓度和体积，即可求出被测物质的含量。

这种已知准确浓度的试剂称为标准溶液。将标准溶液经滴定管滴加到被测物质溶液中的过程称为“滴定”。当加入的标准溶液与被测物质恰好定量反应完全时，称反应达到了化学计量点。化学计量点一般借助于指示剂的颜色变化来确定，这一变色状态，称为滴定终点，简称终点。因为指示剂有一定的变色范围，滴定终点和化学计量点不一定恰好符合，由此造成的分析误差称为终点误差。

(二)滴定分析法的分类及特点

1.滴定分析法的分类

根据所用标准溶液和被测物质反应类型的不同,滴定分析法可分为四类:酸碱滴定法、氧化还原滴定法、配位滴定法和沉淀滴定法。

2.滴定分析法的特点

滴定分析法主要用来测定物质中的常量组分,准确度较高,相对误差在±0.1%至±0.2%之间。滴定分析法使用的仪器设备比较简单,操作简便、快速,应用广泛。

(三)滴定分析法对化学反应的要求及滴定方式

1.滴定分析法对化学反应的要求

(1)反应必须定量完成99.9%以上,即反应按一定的化学计量关系进行,这是定量计算的基础。

(2)反应必须迅速完成。滴定反应要求在瞬间完成。对反应速率较慢的反应,有时可用加热或加入催化剂等方法来加快反应速率。

(3)有比较简便可靠的确定终点的方法,如有适当的指示剂。

2.常用的滴定方式

(1)直接滴定法　如果滴定反应符合滴定分析对化学反应的要求,就可以用标准溶液直接滴定被测物质,这类滴定方式称为直接滴定法。如用盐酸标准溶液滴定氢氧化钠溶液。

(2)返滴定法　当反应进行得较慢或被测物是固体时,可在被测物质中定量加入过量的某种标准溶液,待反应完全后,用另一种标准溶液滴定剩余的前一种标准溶液,这种滴定方式称为返滴定法或回滴法。例如,用盐酸滴定固体碳酸钙,可先加入定量、过量的盐酸标准溶液,待盐酸和碳酸钙反应后,再用氢氧化钠标准溶液返滴剩余的盐酸。反应式如下:

$$CaCO_3 + 2HCl(\text{过量}) = CaCl_2 + CO_2\uparrow + H_2O$$

$$HCl(\text{剩余}) + NaOH = NaCl + H_2O$$

(3)置换滴定法　对于不按确定的反应式进行的反应,可以先用适当试剂与被测物质发生置换反应,得到另一生成物,再用标准溶液滴定生成物,这种滴定方式称为置换滴定法。如硫代硫酸钠不能直接滴定待测的重铬酸钾及其他强氧化剂,因这些强氧化剂不仅能将 $S_2O_3^{2-}$ 氧化为 $S_4O_6^{2-}$,还会将部分 $S_2O_3^{2-}$ 氧化为 SO_4^{2-},因此没有一定的化学计量关系。但是,如果在 $K_2Cr_2O_7$ 酸性溶液中加入过量 KI,使产生一定量的 I_2,就可以用 $Na_2S_2O_3$ 标准液滴定,其反应式为:

$$Cr_2O_7^{2-} + 6I^- + 14H^+ = 2Cr^{3+} + 3I_2 + 7H_2O$$

$$I_2 + 2Na_2S_2O_3 = 2NaI + Na_2S_4O_6$$

(4)间接滴定法　有时被测物质不能直接与标准溶液起反应或反应完全程度低,但却能和另外一种可以与标准溶液直接作用的物质起反应,则可以采用间接滴定法进行滴定。如 Ca^{2+} 不能直接与氧化剂作用,可用 $C_2O_4^{2-}$ 使其沉淀为 CaC_2O_4,分离后再用 H_2SO_4 溶解沉淀,便得到与 Ca^{2+} 等物质的量结合的 $H_2C_2O_4$。最后用 $KMnO_4$ 标准溶液滴定 $H_2C_2O_4$,从而间接计算出 Ca^{2+} 的含量。其反应如下:

$$Ca^{2+} + C_2O_4^{2-} = CaC_2O_4\downarrow$$

$$CaC_2O_4 + H_2SO_4 = CaSO_4 + H_2C_2O_4$$

$$2MnO_4^- + 5H_2C_2O_4 + 6H^+ = 2Mn^{2+} + 10CO_2\uparrow + 8H_2O$$

可见，返滴定、置换滴定和间接滴定等方法大大扩展了滴定分析的应用范围。

(四)标准溶液的配制与标定

1. 标准溶液的配制

标准溶液的配制通常采用直接配制法和间接配制法两种方法。

(1)直接配制法　直接称取一定量的纯物质，溶解后定量转移到一定体积的容量瓶中，稀释至刻度。根据称出物质的质量和容量瓶的容积即可算出标准溶液的准确浓度，这种方法称为直接配制法。

用于直接配制标准溶液的物质称为基准物质。基准物质必须具备下列条件：

①纯度高。一般要求纯度在 99.9%以上，杂质含量少到可以忽略不计。

②组成恒定。组成与化学式完全相符。若含结晶水，则含量应固定，并符合化学式。

③稳定性高。在配制和贮存中不会发生变化，例如烘干时不分解，称量时不吸湿，不吸收空气中的 CO_2，在空气中不被氧化等。

用于滴定分析的基准物质一般要求具有较大的摩尔质量，这样称取的物质质量较大，称量时的相对误差较小。

滴定分析中，常用的基准物质有硼砂($Na_2B_4O_7 \cdot 10H_2O$)、邻苯二甲酸氢钾($KHC_8H_4O_4$)、无水碳酸钠(Na_2CO_3)、$CaCO_3$、金属锌、$K_2Cr_2O_7$、NaCl 等。

(2)间接配制法　不符合基准物质条件的试剂，不能用直接法配制标准溶液。只能先配成接近所需浓度的溶液，再用基准物质或另一种标准溶液来测定它的准确浓度，这种方法称为间接配制法。

2. 标准溶液浓度的标定

间接配制法配制的标准溶液，可用基准物质或另一种标准溶液来测定其准确浓度，这一操作过程称为标定。因此，间接配制法也称为标定法。

(1)用基准物质标定　称取一定量的基准物质，溶解后用待标定的溶液滴定，然后根据待标定的溶液所消耗的体积和基准物质的质量即可求出该溶液的准确浓度。大多数标准溶液都是通过这种方法测定其准确浓度的。

(2)与标准溶液进行比较　准确吸取一定量的待标定溶液，用一种标准溶液滴定，或者反过来，准确吸取一定量的标准溶液，用待标定溶液滴定。根据滴定终点时两种溶液消耗的体积及标准溶液的浓度，就可计算出待标定溶液的准确浓度。显然，这种方法不如直接标定的方法好，因为标准溶液的浓度不准确就会直接影响待标定溶液浓度测定的准确性。

标定好的标准溶液应妥善保存。对 $AgNO_3$、$KMnO_4$ 等见光易分解的标准溶液，应贮存于棕色瓶中，并放置于暗处。对不稳定的溶液还要注意定期标定。

(五)滴定分析的误差

滴定分析的误差一般要求控制在±0.1%以内。要达到这样的准确度，必须了解滴定过程中可能出现的误差及减免方法。滴定分析中的误差主要有以下 3 个来源。

1. 称量误差

分析天平每次读数有 ±0.000 1 g 的误差，每份试样要读数两次，则称量的绝对误差为 ±0.000 2 g。称量的相对误差则取决于试样的称取质量 m。

$$称量相对误差\ E_r=\frac{\pm 0.000\,2}{m}\times 100\%$$

如果要求称量的相对误差在±0.1%以内，则称取试样质量至少应为：

$$m=\frac{\pm 0.000\,2}{\pm 0.1\%}=0.2(\text{g})$$

2. 体积误差

滴定管读数有±0.01 mL 的误差，每次滴定都需要读数两次，有±0.02 mL 的误差。读数不准引起的相对误差的大小取决于标准溶液的使用体积 V。

$$读数相对误差=\frac{\pm 0.02}{V}\times 100\%$$

如果要求相对误差在±0.1%以内，则标准溶液用量至少应为

$$V=\frac{\pm 0.02}{\pm 0.1\%}=20(\text{mL})$$

因此，滴定分析中标准溶液用量一般应在 20～30 mL。

3. 方法误差

主要为确定终点而产生的误差，一般有以下几个方面：

指示剂指示的终点与化学计量点不符合。正确选择指示剂就可以减小这种误差。同时，溶液是逐滴加入的，不可能正好在化学计量点结束滴定，因此，在接近化学计量点时要半滴半滴地加入。

指示剂消耗标准溶液。指示剂本身为弱酸或弱碱、氧化剂或还原剂，滴定中要消耗一定量的标准溶液。因此，指示剂的用量一般不宜太多。

某些杂质在滴定过程中会消耗标准溶液或产生副反应。在滴定前应采用掩蔽、分离等方法加以消除。

某些系统误差在标定和测定时会同时出现，则可以在一定程度上抵消其影响。因此，应尽可能地使标定和测定工作在相同条件下进行。

习　题

一、填空题

1. 定量分析中，测定值与真实值的接近程度称为________，用误差表示。根据误差的性质和产生的原因，误差分为________和________。

2. 在相同的测定条件下，多次平行测定结果相互接近的程度称为________，用________来表示。

3. 分析过程中实际能测量到的数字称为________。在记录数据和计算结果时，可疑数字的位数是________位。

4. 滴定分析法中，已知准确浓度的试剂溶液称为________。将标准溶液经滴定管滴加到被测物质溶液中的过程称为________。

5. 根据标准溶液和被测物质反应类型的不同，滴定分析法可分为________滴定法、________滴定法、________滴定法和________滴定法。

6. 能用于滴定分析的化学反应其反应完成程度必须在________以上。

7. 配制标准溶液的方法有两种，即________和________。

8. 基准物质的必备条件是________、________、________。

9. 按“四舍六入五留双”将下列数据修约成3位有效数字。

2.133→________ 2.135→________ 2.137→________ 2.145→________。

二、选择题

1. 常量组分分析是指组分在试样中的相对含量(　　)。

A. >1%　　B. 0.01%～1%　　C. <0.01%

2. 滴定分析法属于(　　)。

A. 化学分析法　　B. 仪器分析法

3. 下列数据中有效数字位数最多的是(　　)。

A. 0.090 2　　B. 0.090 20　　C. 0.009 02

4. 下列误差不属于系统误差的是(　　)。

A. 方法误差　　B. 仪器误差　　C. 试剂误差

D. 滴定至终点时滴定管尖嘴部分出现气泡引起的误差

5. 能引起偶然误差的是(　　)。

A. 滴定管刻度均匀性差

B. 天平零点有微小波动

C. 滴定分析时不小心将标准溶液滴到锥形瓶外

6. 用万分之一电子天平称量时，下列数据记录正确的是(　　)。

A. 35.424 g　　B. 35.424 5 g　　C. 35.424 50 g

7. 在进行滴定分析时，消耗标准溶液体积记录正确的是(　　)。

A. 23.2 mL　　B. 23.21 mL　　C. 23.213 mL

8. 下列物质中，可采用直接法配制标准溶液的是(　　)。

A. $K_2Cr_2O_7$　　B. NaOH　　C. 盐酸

三、简答题

1. 下列数据各包括几位有效数字？

(1)0.072　(2)36.080　(3)4.4×10^{-3}　(4)35.6%　(5)0.01%

2. 有人用分光光度法测定某药物中主要成分的含量，称量此药物0.050 g，最后计算其主要成分的含量是96.24%，问此结果是否合理？应如何表示？

3. 为什么不能用直接法配制盐酸标准溶液？

四、计算题

1. 用氧化还原滴定法测定$FeSO_4\cdot7H_2O$中铁的质量分数为20.01%、20.03%、20.04%、20.05%。计算分析结果的平均值、平均偏差、相对平均偏差。

2. 根据有效数字运算规则，计算下列各式：

(1)$7.462+0.032\,87-5.02$

(2)$0.032\,5\times5.103\times60.06\div139.08$

(3)$1.276\times4.17+1.7\times10^{-4}-0.002\,176\times0.012\,1$

3. 四次平行测定某试样中铜的质量分数结果为25.48%，25.61%，25.13%，25.82%，用Q值检验法判断是否应将25.13%或25.82%舍去。

第二节　酸碱滴定法

二维码 2-5　酸碱滴定法课程 PPT

【学习目标】

知识目标：

1. 理解酸碱指示剂的变色原理，认识常见的酸碱指示剂。
2. 理解酸碱滴定曲线的含义及意义，知道选择指示剂的依据，理解临近滴定终点时需要以半滴为单位加入标准溶液的原因。
3. 掌握盐酸及氢氧化钠标准溶液的配制与标定方法，掌握样品中氮含量及有机酸含量的测定方法。

能力目标：

1. 会标定盐酸及氢氧化钠标准溶液并能计算其准确浓度。
2. 能运用酸碱滴定法测定样品中某一组分含量。

素质目标：

1. 知道常见废弃物的收集方法，树立“绿色化学”思想，形成环境保护意识。
2. 形成实事求是、严谨细致的科学态度，具有创新意识。

以酸碱反应为基础的滴定分析法，称为酸碱滴定法。酸碱滴定法被广泛地应用于生产实践，许多工业产品如烧碱、纯碱、硫酸铵和碳酸氢铵等，一般采用酸碱滴定法测定其主要成分的含量。在农业方面，土壤和肥料中氮、磷含量的测定，以及饲料、农产品品质的评定等，也经常用到酸碱滴定法。

一、酸碱指示剂

（一）酸碱指示剂的变色原理

借助于颜色的改变来指示溶液 pH 的物质称为酸碱指示剂。酸碱指示剂是一类结构复杂的有机弱酸或弱碱，其共轭酸碱对具有不同的颜色。当溶液 pH 改变时，共轭酸碱对相互转化，从而引起溶液的颜色发生变化。以弱酸型指示剂（用 HIn 表示）为例，它在溶液中有如下电离平衡：

$$\underset{\text{酸式色}}{HIn} \rightleftharpoons H^+ + \underset{\text{碱式色}}{In^-}$$

当溶液中 $c(H^+)$ 增大时，电离平衡向左移动而呈现酸式色；当溶液中 $c(H^+)$ 降低时，电离平衡向右移动而呈现碱式色。可见溶液中 $c(H^+)$ 的改变会使指示剂的颜色发生变化。

（二）酸碱指示剂的变色范围

仍以弱酸型指示剂（HIn）为例，进一步讨论指示剂颜色的变化与溶液酸度的关系。当弱酸型指示剂在溶液中达到电离平衡时：

$$pH = pK(HIn) - \lg\left[\frac{c(HIn)}{c(In^-)}\right]$$

式中：$K(HIn)$ 为指示剂的电离常数。$c(H^+)$ 发生改变，$c(HIn)/c(In^-)$ 比值随之发生改变，溶液颜色也逐渐发生改变。由于人眼辨别颜色的能力有限，只能在一定浓度比范围内看到指示剂的颜色变化。一般说来，当 $c(HIn)/c(In^-) \geqslant 10$ 时，$pH \leqslant pK(HIn)-1$，看到酸式色；当 $c(HIn)/c(In^-) \leqslant 1/10$ 时，$pH \geqslant pK(HIn)+1$，看到碱式色。

当溶液的 pH 由 $pK(HIn)-1$ 变化到 $pK(HIn)+1$，或由 $pK(HIn)+1$ 变化到 $pK(HIn)-1$ 时，人们才能明显地观察到指示剂颜色的变化。所以 $pH=pK(HIn)\pm1$ 就是指示剂变色的 pH 范围，称指示剂的理论变色范围。

当 $c(HIn)/c(In^-)=1$ 时，溶液呈混合色，此时，$pH=pK(HIn)$，称为指示剂的理论变色点。

应当指出的是，指示剂的实际变色范围与理论计算结果之间是有差别的。这是由于人眼对各种颜色的敏感程度不同，加之两种颜色之间相互掩盖所造成的。例如，甲基橙的理论变色范围为 2.4～4.4，但实际测定时变色范围为 3.1～4.4，这是人眼辨别红色比黄色更敏感的缘故。

指示剂的变色范围越窄越好，因为 pH 稍有改变，指示剂就可立即由一种颜色变成另一种颜色，即指示剂变色敏锐，有利于提高测定结果的准确度。常用的酸碱指示剂列于表 2-3 中。

表 2-3　常用的酸碱指示剂

指示剂	变色范围 pH	颜色变化	pK(HIn)	质量浓度	用量/(滴/10 mL试液)
百里酚蓝	1.2～2.8	红至黄	1.7	0.1%的 20%乙醇溶液	1～2
	8.0～9.6	黄至蓝	8.9	0.1%的 20%乙醇溶液	1～4
甲基橙	3.1～4.4	红至黄	3.4	0.05%的水溶液	1
溴酚蓝	3.0～4.6	黄至紫	4.1	0.1%的 20%乙醇溶液（或其钠盐的水溶液）	1
甲基红	4.4～6.2	红至黄	5.0	0.1%的 60%乙醇溶液（或其钠盐的水溶液）	1
溴百里酚蓝	6.2～7.6	黄至蓝	7.3	0.1%的 20%乙醇溶液（或其钠盐的水溶液）	1
中性红	6.8～8.0	红至橙黄	7.4	0.1%的 60%乙醇溶液	1
酚酞	8.0～10.0	无至红	9.1	0.1%的 90%乙醇溶液	1～3
百里酚酞	9.4～10.6	无至蓝	10.0	0.1%的 90%乙醇溶液	1～2
溴甲酚绿	4.0～5.6	黄至蓝	5.0	0.1%的 20%乙醇溶液（或其钠盐的水溶液）	1～3

引自：无机及分析化学，宁开桂，1999。

（三）混合指示剂

在酸碱滴定中，常采用混合指示剂。混合指示剂有两类：一类由某种指示剂和一种惰性染料混合而成；另一类由两种或两种以上的指示剂按一定比例混合而成。混合指示剂是利用颜色之间的互补作用，以提高颜色变化的敏锐性。混合指示剂具有变色敏锐、变色范围较窄的特点。常用酸碱混合指示剂见表 2-4。

【科学史话】

勤于思考，勇于实践

英国著名物理学家、化学家波义耳平素非常喜爱鲜花。一天，他在实验室的工作台上放了一瓶心爱的紫罗兰。实验过程中，他意外地把盐酸甩到了花瓣上，便立刻用清水冲洗，他惊奇地发现紫罗兰花瓣居然变成了红色！这是为什么呢？如果换成别人，可能惊叹之后也就不了了之了。可是波义耳的伟大就在于他勤于思考。他想："盐酸能使紫罗兰变红，其他的酸能不能使它变红呢？"当即，波义耳就和他的助手分别用不同的酸溶液进行了试验。结果表明酸溶液都可使紫罗兰变成红色。酸能使紫罗兰变红，那么碱能否使它变色呢？变成什么颜色呢？紫罗兰能变色，别的花能不能变色呢？由鲜花制取的浸出液，其变色效果是不是更好呢？经过波义耳一连串的思考与试验，很快证明了许多种植物花瓣的浸出液都有遇到酸碱变色的性质，波义耳和助手们搜集并制取了多种植物、地衣、树皮的浸出液。实验表明，变色效果最明显的要数地衣类植物石蕊的浸出液，它遇酸变红色，遇碱变蓝色。

自那时起，石蕊试液就正式成为酸碱指示剂。以后波义耳又用石蕊试液把滤纸浸透、晾干，切成条状，制成了石蕊试纸。这种试纸遇到酸溶液变红，遇到碱溶液变蓝，使用起来非常方便。

表 2-4　常用的酸碱混合指示剂

指示剂溶液的组成	变色时 pH	颜色		备　注
		酸色	碱色	
一份 0.1%甲基橙水溶液 一份 0.25%靛蓝二磺酸钠水溶液	4.1	紫	绿	
一份 0.1%溴甲酚绿钠盐水溶液 一份 0.02%甲基橙水溶液	4.3	橙	蓝绿	pH 3.5 黄，pH 4.05 绿，pH 4.3 浅绿
三份 0.1%溴甲酚绿酒精溶液 一份 0.2%甲基红酒精溶液	5.1	酒红	绿	
一份 0.1%溴甲酚绿钠盐水溶液 一份 0.1%氯酚红钠盐水溶液	6.1	黄绿	蓝紫	pH 5.4 蓝紫，pH 6.0 蓝带紫，pH 6.2 蓝紫
一份 0.1%中性红酒精溶液 一份 0.1%亚甲基蓝酒精溶液	7.0	蓝紫	绿	pH 7.0 蓝紫
一份甲酚红钠盐水溶液 三份 0.1%百里酚蓝钠盐水溶液	8.3	黄	紫	pH 8.2 玫瑰红，pH 8.4 紫色
一份 0.1%百里酚蓝 50%酒精溶液 三份 0.1%酚酞 50%酒精溶液	9.0	黄	紫	从黄到绿再到紫
一份 0.1%酚酞甲醇溶液 一份 0.1%百里酚酞乙醇溶液	9.9	无	紫	pH 9.6 玫瑰红，pH 10 紫

引自：无机及分析化学，宁开桂，1999。

二、酸碱滴定曲线和指示剂的选择

（一）酸碱滴定曲线

酸碱滴定过程中，溶液的 pH 是不断变化的。以 0.100 0 mol·L^{-1} NaOH 标准溶液滴定 20.00 mL 0.100 0 mol·L^{-1} HCl 溶液为例，各阶段溶液的 pH 见表 2-5。以 NaOH 标准溶液的加入量为横坐标，以溶液的 pH 为纵坐标作图，所得曲线称为酸碱滴定曲线，如图 2-3 所示。

表 2-5　0.100 0 mol·L^{-1}NaOH 滴定 20.00 mL 0.100 0 mol·L^{-1} HCl 时溶液的 pH

V(NaOH) /mL	$c(H^+)/(mol\cdot L^{-1})$	pH
0.00	1.0×10^{-1}	1.00
18.00	5.3×10^{-3}	2.28
19.80	5.0×10^{-4}	3.30
19.96	1.0×10^{-4}	4.00
19.98	5.0×10^{-5}	4.30
20.00	1.0×10^{-7}	7.00
20.02	2.0×10^{-10}	9.70
20.04	1.0×10^{-10}	10.00
20.20	2.0×10^{-11}	10.70
22.00	2.1×10^{-12}	11.70
40.00	3.0×10^{-13}	12.50

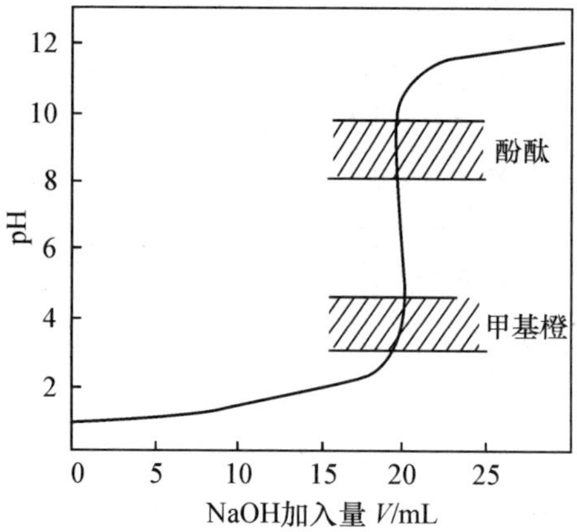

图 2-3　0.100 0 mol·L^{-1} NaOH 滴定 0.100 0 mol·L^{-1} HCl 的滴定曲线

从表 2-5 和图 2-3 可以看出，从滴定开始到加入 19.80 mL NaOH 溶液，溶液的 pH 只改变了 2.3 个 pH 单位。再加入 0.18 mL NaOH 溶液（共加入 19.98 mL），pH 就改变了 1 个单位，变化速度显然加快了。从 19.98 mL 到 20.02 mL，即 NaOH 加入 0.1%的不足到 0.1%的过量，pH 从 4.30 变化到 9.70，共改变了 5.4 个 pH 单位，形成了滴定曲线的“突跃”部分。此后，再继续加入 NaOH 溶液，所引起的 pH 变化又越来越小。

（二）指示剂的选择

化学计量点前后一定相对误差范围内（如 ±0.1%）溶液 pH 的突变，称为滴定突跃。滴定突跃所在的 pH 范围，称为滴定的 pH 突跃范围，简称突跃范围。指示剂的选择就是以突跃范围为依据的。指示剂的变色范围应全部或部分落在滴定的突跃范围之内。对上例来说，突跃范围的 pH 在 4.30～9.70，可选用酚酞(8.0～10.0)、甲基红(4.4～6.2)作为滴定指示剂，终点误差≤±0.1%。

滴定突跃范围的大小与酸碱溶液的浓度有关，酸碱溶液的浓度增大，滴定突跃范围增大，可供选择的指示剂增多。但在实际测定中，酸碱标准溶液的浓度通常控制在 0.1 mol·L^{-1} 左右。

三、酸碱标准溶液的标定

碱标准液有 $Ba(OH)_2$、KOH、NaOH，常用 NaOH。酸标准溶液有盐酸和硫酸，常用盐酸。酸碱标准溶液的浓度一般近似配成 0.01～1 mol·L^{-1}，常用的是 0.1 mol·L^{-1}。

市售的盐酸浓度不准确，固体 NaOH 易吸收空气中的 CO_2 和水，所以只能先将它们配制成近似浓度的溶液，通过比较滴定或用基准物质标定来确定它们的准确浓度。

(一)盐酸标准溶液的标定

标定盐酸的基准物质常用无水碳酸钠和硼砂等，也可用已知准确浓度的 NaOH 溶液与盐酸进行比较滴定。

1. 用基准物质无水碳酸钠(Na_2CO_3)进行标定

将无水 Na_2CO_3 置于电烘箱内，在 180 ℃下干燥 2～3 h，置于干燥器内冷却备用。用 Na_2CO_3 标定 HCl 的反应如下：

$$Na_2CO_3+HCl=NaHCO_3+NaCl$$

$$NaHCO_3+HCl=H_2O+CO_2\uparrow+NaCl$$

计量点时 pH 约 3.9，可用甲基橙或甲基红作指示剂，滴定时应注意 CO_2 的影响，临近终点时应将溶液煮沸，以减小 CO_2 的影响。

根据标定反应中反应物之间的化学计量关系，可用下式计算盐酸标准溶液的浓度：

$$c(HCl)=\frac{2m(Na_2CO_3)}{M(Na_2CO_3)\times V(HCl)}$$

2. 用基准物质硼砂($Na_2B_4O_7\cdot10H_2O$)进行标定

硼砂在水中重结晶两次，析出的晶体在室温下暴露在 60%～70%相对湿度的空气中干燥一天一夜，干燥的硼砂结晶须保存在密闭的瓶中，以免失水改变组成。用硼砂标定 HCl 的反应如下：

$$Na_2B_4O_7+5H_2O+2HCl=4H_3BO_3+2NaCl$$

计量点时 pH 约为 5.1，可用甲基红作指示剂。根据标定反应，计算盐酸标准溶液浓度的公式为：

$$c(HCl)=\frac{2m(Na_2B_4O_7\cdot10H_2O)}{M(Na_2B_4O_7\cdot10H_2O)\times V(HCl)}$$

(二)氢氧化钠标准溶液的标定

标定 NaOH 常用的基准物质有邻苯二甲酸氢钾和草酸，也可用已知准确浓度的盐酸溶液与 NaOH 进行比较滴定。

1. 用基准物质邻苯二甲酸氢钾($KHC_8H_4O_4$)进行标定

邻苯二甲酸氢钾容易制得纯品，在空气中不吸水，容易保存，它与 NaOH 的反应为：

$$KHC_8H_4O_4+NaOH=KNaC_8H_4O_4+H_2O$$

若浓度为 0.100 0 $mol \cdot L^{-1}$，化学计量点时 pH 约为 9.1，可用酚酞作指示剂。NaOH 标准溶液浓度的计算公式如下：

$$c(NaOH)=\frac{m(KHC_8H_4O_4)}{M(KHC_8H_4O_4)\times V(NaOH)}$$

2. 用基准物质草酸($H_2C_2O_4 \cdot 2H_2O$)进行标定

草酸相当稳定，相对湿度在 5%～95%时不会风化失水，因此，可保存在密闭容器内备用。

$$H_2C_2O_4+2NaOH=Na_2C_2O_4+2H_2O$$

化学计量点时溶液偏碱性，pH 约为 8.4，可用酚酞作指示剂。NaOH 标准溶液浓度的计算公式为：

$$c(NaOH)=\frac{2m(H_2C_2O_4 \cdot 2H_2O)}{M(H_2C_2O_4 \cdot 2H_2O)\times V(NaOH)}$$

四、酸碱滴定法的应用

(一)试样中氮含量的测定

1. 蒸馏法

土壤和有机化合物中氮的测定一般采用凯氏定氮法。将试样用浓硫酸、硫酸钾和适量催化剂(如 $CuSO_4$、HgO 和 Se 粉等)加热消解，使各种含氮化合物转变成铵盐，再加入过量的浓 NaOH 溶液，通过加热把生成的 NH_3蒸馏出来。

$$NH_4^+ + OH^- \xrightarrow{\triangle} NH_3\uparrow + H_2O$$

将蒸馏出的 NH_3吸收于 H_3BO_3溶液中，然后用盐酸标准溶液滴定 H_3BO_3吸收液：

$$NH_3+H_3BO_3 \rightleftharpoons NH_3 \cdot H_3BO_3$$

$$NH_3 \cdot H_3BO_3+HCl \rightleftharpoons NH_4Cl+H_3BO_3$$

H_3BO_3是极弱的酸，它可以吸收 NH_3，但不影响滴定，故不需要定量加入。化学计量点时溶液中有 H_3BO_3和 NH_4^+ 存在，pH 约为 5，可用甲基红和溴甲酚绿混合指示剂，终点为粉红色。根据 HCl 的浓度和消耗的体积，按下式计算氮的质量分数：

$$w(N)=\frac{c(HCl)V(HCl)M(N)}{m(试样)}$$

2. 甲醛法

NH_4Cl、$(NH_4)_2SO_4$ 等铵盐，虽具有酸性，但酸性太弱，故不能用 NaOH 直接滴定。甲醛能与铵盐作用，生成等物质的量的酸：

$$4NH_4^+ + 6HCHO = (CH_2)_6N_4 + 4H^+ + 6H_2O$$

反应生成的酸可用 NaOH 标准溶液滴定。化学计量点时产物为六亚甲基四胺，是一种很弱的碱（$K_b = 1.4\times10^{-9}$），溶液的 pH 约为 8.7，故可选用酚酞作指示剂。根据 NaOH 的浓度和消耗的体积，按下式计算氮的质量分数：

$$w(\mathrm{N}) = \frac{c(\mathrm{NaOH})V(\mathrm{NaOH})M(\mathrm{N})}{m(\text{试样})}$$

（二）生物试样中总酸度的测定

生物试样中所含的酸为有机弱酸，如乙酸、乳酸和苹果酸等。可用 NaOH 标准溶液直接滴定，化学计量点时溶液呈碱性，故可选用酚酞作指示剂。

水中存在的 CO_2 会影响滴定的准确度，因为在滴定时，CO_2 可作为一元弱酸与 NaOH 作用。因此，须使用不含 CO_2 的蒸馏水。

用碱溶液滴定时，凡 $K_a > 10^{-7}$ 的弱酸均可被滴定，因此测出的结果应是总酸量。以适当的酸表示，可按下式计算。

$$w(\text{总酸量}) = \frac{c(\mathrm{NaOH})V(\mathrm{NaOH})K}{m(\text{试样})}$$

式中：K 为适当的酸的换算系数，苹果酸：0.067；柠檬酸：0.064；乙酸：0.060；乳酸：0.090；酒石酸：0.075。

【阅读与提高】

指示剂用量影响其变色范围

滴定分析实验中液体指示剂用量一般只需 2～3 滴。有的同学误认为增加指示剂用量有助于判断滴定终点，减小滴定误差。其实恰恰相反，一是指示剂本身是弱酸弱碱，用量太多会消耗滴定剂，带来滴定误差。二是对单色指示剂来说，理论和实验都证明，增加指示剂用量，变色范围向 pH 低的方向发生移动；双色指示剂用量太大时，酸式色和碱式色会相互掩盖，反而不利于终点的判断。

习　题

一、填空题

1. 酸碱指示剂变色的内因是指示剂________的改变，外因是溶液________的改变。酸碱指示剂的变色范围一般为________个 pH 单位。

2. 混合指示剂具有________、________的优点。

二、选择题

1. 酸碱标准溶液的浓度一般在（　　）。

A. 0.01～1 $mol\cdot L^{-1}$　　B. 0.1～1 $mol\cdot L^{-1}$　　C. 0.01～0.1 $mol\cdot L^{-1}$

2. 用碳酸钠作基准物质标定盐酸溶液时，可选用的指示剂是（　　）。

A. 甲基红　　B. 酚酞　　C. 甲基橙

3. 用 NaOH 标准溶液滴定乙酸溶液，应选用(　　)为指示剂。

A. 甲基红　　B. 酚酞　　C. 甲基橙

三、简答题

1. 为什么不能用直接法配制氢氧化钠标准溶液？

2. 用基准物质邻苯二甲酸氢钾标定 NaOH 溶液时，出现了以下情况，会对 NaOH 溶液的浓度测定结果有何影响(偏高、偏低、无影响)？

(1)滴定管中 NaOH 溶液的初读数应为 1.00 mL，误记为 0.10 mL。

(2)称量邻苯二甲酸氢钾的质量应为 0.436 8 g，误记为邻苯二甲酸氢钾 0.438 6 g。

(3)装 NaOH 标准溶液的滴定管未干燥。

(4)滴定管未用 NaOH 标准溶液润洗。

(5)滴定速度过快，终点读数时未等滴定管壁上的溶液流下就读数。

(6)滴定过程中有溶液溅出。

3. 测定生物试样的总酸度时，可以使用含有 CO_2 的蒸馏水处理样品吗？为什么？

四、计算题

1. 准确称取 0.201 6 g 无水碳酸钠，加适量的水溶解后，以甲基橙作指示剂，用 HCl 溶液滴定至终点，消耗 HCl 溶液的体积为 29.30 mL。求 HCl 溶液中 HCl 的物质的量浓度。

2. 准确称取 0.435 2 g 邻苯二甲酸氢钾，溶于水后，以酚酞作指示剂，用 NaOH 溶液滴定至终点，消耗 NaOH 溶液的体积为 23.26 mL。求 NaOH 溶液中 NaOH 的物质的量浓度。

3. 0.352 0 g $H_2C_2O_4 \cdot 2H_2O$ 恰好与 26.75 mL 浓度为 0.098 32 $mol \cdot L^{-1}$ 的 NaOH 标准溶液反应，求 $H_2C_2O_4 \cdot 2H_2O$ 的纯度。

4. 蛋白质试样 0.231 8 g，经消解后加碱蒸馏，用 4% 硼酸溶液吸收蒸馏出的 NH_3，然后用 0.120 0 $mol \cdot L^{-1}$ HCl 标准溶液 21.60 mL 滴定至终点。计算试样中氮的质量分数。

5. 准确移取 25.00 mL 乙酸溶液，以酚酞作指示剂，用 0.098 16 $mol \cdot L^{-1}$ 的 NaOH 溶液滴定至终点时消耗 NaOH 溶液的体积为 24.72 mL。求乙酸溶液中乙酸的质量浓度($g \cdot L^{-1}$)。

第三节　氧化还原滴定法

【学习目标】

知识目标：

1. 理解氧化数、氧化还原反应、氧化剂、还原剂等概念，知道氧化数的求算规则。

2. 了解氧化还原滴定法中的三种指示剂类型。

3. 理解高锰酸钾法、碘量法、重铬酸钾法的原理及特点；掌握高锰酸钾法及碘量法的应用。

二维码 2-6　氧化还原滴定法课程 PPT

能力目标：

1. 能计算某原子的氧化数；能判断氧化还原反应中的氧化剂、还原剂。

2. 会标定高锰酸钾及硫代硫酸钠标准溶液并能计算其准确浓度。

3. 能运用氧化还原滴定法测定样品中某一组分含量。

素质目标：

1. 知道常见废弃物的收集方法，树立“绿色化学”思想，形成环境保护意识。

2. 形成实事求是、严谨细致的科学态度，具有创新意识。

一、氧化还原反应的基本概念

（一）氧化数

氧化还原反应的实质是反应物之间发生了电子转移。氧化数是指某元素一个原子由于电子的转移而产生的形式电荷数或平均电荷数。具体有以下几条计算规则：

（1）离子型化合物中，原子的氧化数等于离子的电荷数。例如，NaCl 中 Na 的氧化数为 +1，Cl 的氧化数为 −1。

（2）共价化合物中，原子的氧化数为电子对偏移数。例如，H_2O 分子中 H 的氧化数为 +1，O 的氧化数为 −2。

（3）单质中原子的氧化数为零。例如 Fe、C、O_2 等单质中的原子的氧化数皆为零。

（4）一般情况下，O 的氧化数为 −2；H 的氧化数为 +1；只有下列情况例外：过氧化物中 O 的氧化数为 −1，例如 H_2O_2、Na_2O_2 等；金属氢化物中 H 的氧化数为 −1，例如 NaH 等；氧的氟化物中 O 的氧化数为 +2，例如 OF_2。

（5）分子是电中性的，所有原子氧化数的代数和为零。

氧化数可以是整数也可以是分数。例如 $Na_2S_4O_6$（连四硫酸钠）中 S 的氧化数，根据规则（5），设其氧化数为 X：

$$\overset{+1}{Na_2}\quad \overset{X}{S_4}\quad \overset{-2}{O_6}$$

$$(+1)\times 2+4X+(-2)\times 6=0$$

$$X=+2.5$$

化学式中的根或原子团只能说多少价，不能说氧化数为多少，例如 SO_4^{2-} 只能说 −2 价，不能说氧化数为 −2，因氧化数是指某一原子的电子转移数，而 SO_4^{2-} 是一个原子团。

（二）氧化和还原

凡有原子氧化数升降的化学反应就是氧化还原反应。物质所含原子氧化数升高的反应就是氧化反应，物质所含原子氧化数降低的反应就是还原反应。氧化和还原两个过程同时发生。

氧化数降低的物质是氧化剂（本身被还原），氧化数升高的物质是还原剂（本身被氧化）。例如下列反应：

$$Zn+CuSO_4=Cu+ZnSO_4$$

其中 Zn 的氧化数为零，在反应中被 Cu^{2+} 氧化后变成 Zn^{2+}，氧化数从 0 升高到 +2，所以 Zn 为还原剂；$CuSO_4$ 里的 Cu^{2+} 在反应中被 Zn 还原后变成单质 Cu，氧化数从 +2 降低到 0，故

$CuSO_4$ 为氧化剂。

(三)氧化还原电对

任何一个氧化还原反应均可拆分为氧化和还原两个半反应。例如：

$$Zn+Cu^{2+}=Zn^{2+}+Cu$$

两个半反应分别为：

$$Zn-2e^- \longrightarrow Zn^{2+} \quad (氧化反应)$$
$$Cu^{2+}+2e^- \longrightarrow Cu \quad (还原反应)$$

氧化还原半反应可用如下的一般形式表示：

$$氧化态(剂)+ne^- \longrightarrow 还原态(剂)$$

所含原子氧化数较高的物质称为氧化态(如 Cu^{2+})，所含原子氧化数较低的物质称为还原态(如 Cu)，氧化态和还原态构成了一个氧化还原电对，通常用"氧化态/还原态"表示。一个氧化还原反应至少包含两个氧化还原电对。

二、氧化还原滴定法

以氧化还原反应为基础的滴定分析法，称为**氧化还原滴定法**。氧化还原反应是基于电子转移的反应，反应比较复杂，需要一定时间才能完成，而且常伴有各种副反应。因此，不是所有的氧化还原反应都能用于滴定分析。有时，必须创造适当的反应条件，使之符合滴定分析的基本要求。

氧化还原滴定法应用比较广泛。根据标准溶液所用氧化剂的不同，将氧化还原滴定法分为高锰酸钾法、重铬酸钾法、碘量法等。

(一)氧化还原滴定法的指示剂

在氧化还原滴定法中，常用以下三类指示剂指示滴定终点。

1. 自身指示剂

在氧化还原滴定中，有些标准溶液或被滴定的物质本身有很深的颜色，而滴定产物无色或颜色很淡，则滴定时不需另加指示剂，利用标准溶液或待测溶液自身的颜色变化就可指示滴定终点，称为**自身指示剂**。例如，在高锰酸钾法中，$KMnO_4$ 溶液本身显紫红色，在酸性条件下，被还原成近乎无色的 Mn^{2+}。当滴定到化学计量点时，只要 $KMnO_4$ 溶液稍微过量，就可使溶液显浅粉色，表示已达到滴定终点。所以，高锰酸钾是自身指示剂。实验证明，高锰酸钾浓度约为 10^{-5} $mol \cdot L^{-1}$ 时，就可以明显地看到溶液显粉红色。

2. 特殊指示剂

本身不具有氧化还原的性质，不参与氧化还原反应，但能与反应物或生成物形成特殊颜色，从而指示滴定的终点，这类指示剂称为**特殊指示剂**。如淀粉液可作为碘量法的指示剂，因为碘与淀粉可以形成深蓝色的化合物，当滴定到化学计量点后，稍微过量的碘可使溶液呈现蓝色(或当 I_2 被全部还原为 I^- 时，深蓝色消失)，即达到滴定终点。

3. 氧化还原指示剂

氧化还原指示剂是一类具有氧化或还原性质的有机物，它的氧化态和还原态呈不同颜色。

在氧化还原滴定过程中，指示剂也发生氧化还原反应，发生颜色变化，从而指示滴定终点。如用 $K_2Cr_2O_7$ 滴定 Fe^{2+} 时，常用二苯胺磺酸钠作指示剂。二苯胺磺酸钠的还原态为无色，当滴定至化学计量点时，稍过量的 $K_2Cr_2O_7$ 使二苯胺磺酸钠由还原态转变为氧化态，溶液显紫红色。常用的氧化还原指示剂见表 2-6。

表 2-6 常见的氧化还原指示剂

指示剂	颜色	
	氧化态	还原态
亚甲基蓝	蓝	无色
二苯胺磺酸钠	紫红	无色
邻苯胺基苯甲酸	紫红	无色
邻二氮菲亚铁	浅蓝	红

(二)高锰酸钾法

1. 原理及特点

高锰酸钾法是用 $KMnO_4$ 作为标准溶液的氧化还原滴定法。高锰酸钾是一种强氧化剂，在不同酸度的溶液中，它的氧化能力和还原产物不同。

在强酸性溶液中，$KMnO_4$ 与还原剂作用，MnO_4^- 被还原为近于无色(肉色)的 Mn^{2+}：

$$MnO_4^- + 8H^+ + 5e^- \rightleftharpoons Mn^{2+} + 4H_2O$$

在强碱性溶液中，MnO_4^- 被还原成绿色的 MnO_4^{2-}：

$$MnO_4^- + e^- \rightleftharpoons MnO_4^{2-}$$

在弱酸性、中性或弱碱性溶液中，MnO_4^- 被还原成褐色的 MnO_2：

$$MnO_4^- + 2H_2O + 3e^- \rightleftharpoons MnO_2 \downarrow + 4OH^-$$

由于 $KMnO_4$ 在强酸性溶液中有更强的氧化能力，同时生成近于无色的 Mn^{2+}，因此一般都在强酸性条件下使用。但在测定有机物含量时，一般在碱性条件下进行，因此时 $KMnO_4$ 与有机物的反应更快。

高锰酸钾法的优点是 $KMnO_4$ 氧化能力强，应用广泛，可以直接测定许多还原性物质，也可间接测定某些氧化性的物质或其他物质，并且 $KMnO_4$ 可作自身指示剂。其缺点是 $KMnO_4$ 试剂常含少量杂质，其标准溶液不够稳定；又由于 $KMnO_4$ 氧化能力强，可以和许多还原性物质发生反应，所以干扰比较严重，选择性差。

由于 $KMnO_4$ 能够将溶液中的 Cl^- 氧化为 Cl_2，所以，高锰酸钾法中，一般使用稀硫酸而不使用盐酸来控制溶液的酸度。

2. 高锰酸钾标准溶液的配制和标定

(1)配制　市售的 $KMnO_4$ 试剂中常含有 MnO_2、硫酸盐、氯化物及硝酸盐等少量杂质，同时蒸馏水中的微量还原性物质，能将 $KMnO_4$ 还原为 MnO_2 和 $Mn(OH)_2$ 沉淀；MnO_2 和 $Mn(OH)_2$ 又能进一步促进 $KMnO_4$ 的分解，使 $KMnO_4$ 浓度改变，故采用间接法配制标准溶液。配制 $KMnO_4$溶液时，应注意以下几点：

①称取 $KMnO_4$的质量，应稍多于理论计算量。

②将配好的 $KMnO_4$溶液加热至沸，并保持微沸 1 h，然后放置 2～3 d，使溶液中可能存在的还原性物质被完全氧化。

③用玻璃砂芯漏斗过滤以除去析出的沉淀。

④将过滤后的 $KMnO_4$溶液贮存于棕色试剂瓶中，并存放于暗处，使用前再进行标定。

(2)标定　标定 $KMnO_4$溶液常用的基准物质有 $Na_2C_2O_4$、$(NH_4)_2C_2O_4$、$H_2C_2O_4 \cdot 2H_2O$ 及纯铁丝等，其中 $Na_2C_2O_4$不含结晶水，性质稳定，容易提纯，故较为常用。

在稀硫酸溶液中，MnO_4^- 与 $C_2O_4^{2-}$ 的反应如下：

$$5C_2O_4^{2-}+2MnO_4^-+16H^+=2Mn^{2+}+10CO_2\uparrow+8H_2O$$

这一反应为自动催化反应，其中 Mn^{2+} 为催化剂。为了使反应能定量地较迅速地进行，应注意以下滴定条件：

①温度。在室温下此反应进行较为缓慢，因此应将溶液加热至 75～85 ℃，即有大量蒸气涌出，但溶液并未沸腾。温度不宜过高，否则在酸性溶液中，部分 $H_2C_2O_4$ 会发生分解：

$$H_2C_2O_4=CO_2\uparrow+CO\uparrow+H_2O$$

②酸度。溶液应保持一定的酸度，一般在开始滴定时，溶液 $c(H^+)$ 为 0.5～1 $mol \cdot L^{-1}$。酸度不够时，反应产物可能混有沉淀；酸度过高时，又会促使 $H_2C_2O_4$分解。

③滴定速度。滴定开始时，$KMnO_4$溶液不宜滴加太快，在 $KMnO_4$的紫红色未褪去前，不应加入第二滴。待几滴 $KMnO_4$溶液作用完毕后，生成了具有自动催化作用的 Mn^{2+}，滴定速度可逐渐加快，但不能让 $KMnO_4$溶液像流水似的流下去，否则部分 $KMnO_4$来不及与 $C_2O_4^{2-}$ 反应，而在热的酸性溶液中发生分解，影响标定的准确度。分解反应如下：

$$4MnO_4^-+4H^+=4MnO_2\downarrow+3O_2\uparrow+2H_2O$$

④滴定终点。滴定至终点后，溶液的浅粉色不能持久，这是由于空气中的还原性气体及尘埃等杂质落入溶液中能使 $KMnO_4$ 缓慢分解，而使粉红色消失。溶液出现的浅粉色在 30 s 内不褪色即为滴定终点。

根据标定反应中反应物之间的化学计量关系，可用下式计算高锰酸钾标准溶液的浓度：

$$c(KMnO_4)=\frac{\frac{2}{5}m(Na_2C_2O_4)}{M(Na_2C_2O_4)\times V(KMnO_4)}$$

3. 应用

许多还原性物质，如 H_2O_2、Fe^{2+}、$H_2C_2O_4$、Sn^{2+}、NO_2^- 等均可采用 $KMnO_4$ 标准溶液直接滴定。例如，过氧化氢溶液中 H_2O_2含量的测定，准确吸取一定体积稀释后的市售过氧化氢溶液试样，加入适量 H_2SO_4，用 $KMnO_4$标准溶液滴定至恰好出现稳定的微红色为止。滴定反应为：

$$5H_2O_2+2MnO_4^-+6H^+=2Mn^{2+}+5O_2\uparrow+8H_2O$$

应在室温下进行滴定，开始时滴定速度不宜太快，否则会生成 MnO_2 沉淀，它能催化 H_2O_2分解。随着 Mn^{2+} 的生成，滴定速度可适当加快。可按下式计算 H_2O_2 的质量浓度（$g \cdot L^{-1}$）：

$$\rho(H_2O_2)=\frac{\frac{5}{2}c(KMnO_4)V(KMnO_4)M(H_2O_2)}{V(\text{试样})}$$

生物化学中过氧化物酶活性的测定，常用这个方法。市售 H_2O_2 中常含有还原性的乙酰苯胺等作稳定剂，遇此情况，可用碘量法测定。

（三）重铬酸钾法

1. 原理及特点

重铬酸钾法是以 $K_2Cr_2O_7$ 作为标准溶液的氧化还原滴定法。重铬酸钾是一种常用的氧化剂，在酸性溶液中与还原剂作用，$Cr_2O_7^{2-}$ 被还原成 Cr^{3+}：

$$Cr_2O_7^{2-}+14H^{+}+6e^{-} \rightleftharpoons 2Cr^{3+}+7H_2O$$

$K_2Cr_2O_7$ 在酸性条件下的氧化能力不如 $KMnO_4$ 强，应用范围较窄；需使用氧化还原指示剂（常用二苯胺磺酸钠）；$Cr_2O_7^{2-}$ 和 Cr^{3+} 严重污染环境，因此本法宜少用，使用时应注意废液的处理。与高锰酸钾法相比，重铬酸钾法有许多优点：$K_2Cr_2O_7$ 易于提纯，干燥后可直接做基准物质，因而可用直接法配制标准溶液；$K_2Cr_2O_7$ 溶液相当稳定，在密闭容器中可长期保存；$K_2Cr_2O_7$ 不受 Cl^- 还原作用的影响，可在盐酸溶液中进行滴定。

2. 应用

土壤中有机质是结构复杂的有机物，其含量的高低直接影响土壤肥力及土壤的耕作性能等。所以，土壤有机质含量的测定对农业生产有重要意义。

一般情况下，土壤有机质含量为 5%左右。实验表明，1.724 g 土壤有机质平均含碳量为 1 g。因此，测得土壤中碳的含量后，就可按比例算出土壤有机质含量。

土壤有机质含量的测定方法是：称取一定质量的风干土样，使之在 H_2SO_4 存在下，与一定量过量的 $K_2Cr_2O_7$ 标准溶液共热，其中的 C 被氧化为 CO_2 逸出，过量的 $K_2Cr_2O_7$ 再用 $FeSO_4$ 标准溶液返滴，然后计算出其中 C 的含量，再乘以氧化校正系数 1.1（因为在此条件下有机质平均氧化率只有 90%）和碳与有机质的换算系数 1.724，即得土壤中有机质的质量分数。

$$w(\text{有机质})=\frac{\frac{1}{4}[6c(K_2Cr_2O_7)V(K_2Cr_2O_7)-c(Fe^{2+})V(Fe^{2+})]M(C)\times 1.1\times 1.724}{m(\text{风干土})}$$

（四）碘量法

1. 基本原理

碘量法是利用 I_2 的氧化性和 I^- 的还原性来进行滴定的分析方法，分为直接碘量法和间接碘量法。

（1）直接碘量法（又称碘滴定法） 直接用碘标准溶液滴定 Sn^{2+}、H_2S、抗坏血酸、还原性糖等还原性较强的物质。直接碘量法不能在强碱性溶液中进行，因为在碱性溶液中 I_2 易发生歧化反应：

$$3I_2+6OH^- = IO_3^-+5I^-+3H_2O$$

直接碘量法常用淀粉作指示剂，终点时溶液由无色变为蓝色。

(2)间接碘量法(又称滴定碘法)　是利用 I^- 将氧化性物质还原，本身被氧化为 I_2，然后用 $Na_2S_2O_3$ 标准溶液滴定析出的 I_2。I_2 与 $Na_2S_2O_3$ 的反应如下：

$$I_2+2Na_2S_2O_3 = 2NaI+Na_2S_4O_6$$

因为在强酸性或碱性溶液中，会由于 I_2 或 $Na_2S_2O_3$ 的分解和副反应使氧化还原过程复杂化，以致无法定量计算，故此反应需在中性或弱酸性条件下进行。

间接碘量法可以测定 MnO_4^-、$Cr_2O_7^{2-}$、IO_3^-、NO_2^-、AsO_4^{3-}、ClO^-、H_2O_2、Fe^{3+}、Cu^{2+} 等氧化性物质，应用范围相当广泛。间接碘量法仍用淀粉作指示剂，终点时溶液由蓝色变为无色。

2. 碘标准溶液和硫代硫酸钠标准溶液的配制与标定

(1)碘标准溶液的配制与标定　用升华法制得的纯碘，可用来直接配制标准溶液。由于 I_2 挥发性强，准确称量有一定困难，所以通常用市售的碘配制成近似浓度的溶液，再用已知浓度的 $Na_2S_2O_3$ 标准溶液滴定，求得其准确浓度。

配制 I_2 溶液时，先将称好的 I_2 与过量的 KI 置于研钵中加少量水研磨，待溶解后稀释到一定体积，置于棕色试剂瓶中，避光保存。因 I_2 与 KI 形成 KI_3 配合物，可提高 I_2 在水中的溶解度，降低 I_2 的挥发性；日光能促进 I^- 氧化，遇热又能使 I_2 挥发，都会使碘溶液的浓度发生变化。贮存和使用碘溶液时，因橡胶中含有双键，易和 I_2 发生加成反应，腐蚀橡胶，应避免碘溶液与橡胶接触。

(2)$Na_2S_2O_3$ 标准溶液的配制与标定　硫代硫酸钠($Na_2S_2O_3\cdot 5H_2O$)一般含有少量 S、Na_2SO_3、Na_2SO_4、Na_2CO_3 和 NaCl 等杂质，易风化、潮解，因此只能采用间接法配制硫代硫酸钠标准溶液。$Na_2S_2O_3$ 溶液不稳定，易与水中溶解的 CO_2、空气中的 O_2 以及水中的微生物作用，发生如下反应：

$$Na_2S_2O_3+CO_2+H_2O=NaHCO_3+NaHSO_3+S\downarrow$$

$$2Na_2S_2O_3+O_2=2Na_2SO_4+2S\downarrow$$

$$Na_2S_2O_3 \xrightarrow{\text{微生物}} Na_2SO_3+S\downarrow$$

因此，配制硫代硫酸钠溶液时，需将 $Na_2S_2O_3\cdot 5H_2O$ 溶于刚煮沸并冷却后的水中，加入少量 Na_2CO_3 使溶液呈微碱性，抑制微生物生长，防止 $Na_2S_2O_3$ 分解。日光能促进 $Na_2S_2O_3$ 分解，所以 $Na_2S_2O_3$ 溶液应贮存于棕色瓶中，暗处放置 8～14 d，使其稳定后再标定。长期保存的 $Na_2S_2O_3$ 溶液，应每隔一定时间，重新加以标定。若溶液变混浊，表示有硫析出，应重新配制。

标定 $Na_2S_2O_3$ 溶液一般可用 KIO_3、$KBrO_3$、$K_2Cr_2O_7$ 等基准物质。以 $K_2Cr_2O_7$ 作基准物质为例，准确称取一定量的 $K_2Cr_2O_7$，在酸性溶液中与过量 KI 作用，析出定量的 I_2，然后以淀粉为指示剂，用 $Na_2S_2O_3$ 标准溶液滴定。其反应为：

$$Cr_2O_7^{2-}+14H^++6I^-=2Cr^{3+}+3I_2+7H_2O$$

$$I_2+2S_2O_3^{2-}=2I^-+S_4O_6^{2-}$$

根据标定反应按下式计算 $Na_2S_2O_3$ 的浓度：

$$c(Na_2S_2O_3)=\frac{6m(K_2Cr_2O_7)}{M(K_2Cr_2O_7)V(Na_2S_2O_3)}$$

标定时应注意：

①$K_2Cr_2O_7$与 KI 反应时，溶液的酸度越大，反应进行得越快，但酸度太大时，I^-易被空气中的 O_2氧化，所以酸度一般以 0.2～0.4 mol·L^{-1}为宜。

②$K_2Cr_2O_7$ 与 KI 的反应进行得较慢。应将溶液在暗处放置一定时间(约 5 min)，待反应完全后再以 $Na_2S_2O_3$标准溶液滴定。

③滴定前需将溶液稀释。这样，既可降低酸度，使 I^- 被空气氧化的速率减慢，又可使 $Na_2S_2O_3$ 分解的作用减小；而且稀释后 Cr^{3+} 的颜色变浅，便于观察终点。

若以 KIO_3、$KBrO_3$作为基准物质，反应为：

$$BrO_3^- + 6H^+ + 6I^- = Br^- + 3I_2 + 3H_2O$$

$$IO_3^- + 6H^+ + 5I^- = 3I_2 + 3H_2O$$

3. 应用

(1)维生素 C 含量的测定　人或动物缺乏维生素 C 易得坏血病(即维生素 C 缺乏病)，故维生素 C 也称抗坏血酸。维生素 C 有降低胆固醇、减缓动脉粥样硬化的作用，所以在营养与疾病防治中有重要作用。近年来，有研究认为其能增强肌体对肿瘤的抵抗力，并具有对化学致癌物的阻断作用。

维生素 C 是一种微酸性的、易溶于水的白色晶体，有很强的还原性，能与弱氧化剂碘定量反应，故可以采用直接碘量法测定其含量。

$$I_2 + C_6H_8O_6 = 2HI + C_6H_6O_6$$

测定时，将维生素 C 试样溶解在新煮沸且冷却后的蒸馏水中，以 6%的冰乙酸水溶液酸化，以淀粉为指示剂，迅速用 I_2标准溶液滴定至终点(呈现稳定的蓝色)。按下式计算测定结果。

$$w(C_6H_8O_6)=\frac{c(I_2)V(I_2)M(C_6H_8O_6)}{m(\text{试样})}$$

(2)五水合硫酸铜中 Cu 含量的测定　五水合硫酸铜是农药波尔多液的主要原料，测定时加入过量的 KI，使 Cu^{2+} 与 KI 作用生成 CuI，并析出等物质的量的 I_2，再用 $Na_2S_2O_3$标准溶液滴定析出的 I_2。

$$2Cu^{2+} + 4I^- = 2CuI\downarrow + I_2$$

$$I_2 + 2S_2O_3^{2-} = 2I^- + S_4O_6^{2-}$$

将称好的样品用蒸馏水溶解，加入乙酸及过量的 KI，待反应完全后，以淀粉作指示剂，用 $Na_2S_2O_3$标准溶液滴定至终点。根据下式计算 Cu 的含量：

$$w(Cu)=\frac{c(Na_2S_2O_3)V(Na_2S_2O_3)M(Cu)}{m(\text{试样})}$$

漂白粉中有效氯含量的测定也可采用间接碘量法。

【阅读与提高】

维生素 C 与营养和健康

维生素 C 广泛存在于自然界中，在柑橘类、辣椒、番茄、马铃薯及浆果中含量丰富，在刺梨、猕猴桃、蔷薇果和番石榴中含量最高。动物类来源为牛乳和肝。利用抗坏血酸的强还原性，用作啤酒、无醇饮料、果汁的抗氧化剂，能防止因氧化引起的品质变劣现象，如变色、褪色、风味变劣等。此外，它还能抑制水果和蔬菜的酶促褐变并钝化金属离子。维生素 C 的抗氧化机理是自身氧化消耗食品和环境中的氧，使食品中的氧化还原电位下降到还原范畴，并且减少不良氧化物的产生。为增强或弥补食品在加工过程中损失的营养，提高食品的营养价值，在食品原料或半成品中添加维生素 C、赖氨酸等食品营养强化剂。如维生素 C 添加在鲜肉（碎肉）、腊肉中有防止变色的效果；添加在水果罐头中能防止褐变；添加在啤酒、果汁中可以长期保持其风味，如果添加在乳粉中则有良好的抗氧化效果。

维生素 C 是治疗贫血的重要辅助药物。大量维生素 C 能促使胆固醇转化为胆汁酸，使高胆固醇血症血胆固醇含量下降。研究表明，维生素 C 缺乏数月后，患者出现倦怠、全身乏力、精神抑郁、虚弱、厌食、营养不良、面色苍白、牙龈肿胀、出血等不良症状。维生素 C 添加到肉鸡饲料中有利于鸡骨的形成，可以使十二指肠钙结合蛋白质的能力提高 50%。维生素 C 对肝细胞中多种酶的活性至关重要，因而有助于解除有毒物质的毒性。

习　　题

一、填空题

1. 氧化还原反应的实质是反应物之间发生________。反应 $C_6H_8O_6+I_2=C_6H_6O_6+2HI$ 中，________是氧化剂，________是还原剂。

2. 物质所含原子氧化数升高的反应是________，物质所含原子氧化数降低的反应是________。凡有原子氧化数升降的反应是________。

3. 根据标准溶液所用氧化剂的不同，氧化还原滴定法可分为________、________和重铬酸钾法等。

4. 高锰酸钾在不同的酸度条件下氧化能力不同。高锰酸钾法通常在________条件下测定，因为在此条件下，高锰酸钾的氧化能力________。

5. 高锰酸钾溶液通常采用________法配制。标定高锰酸钾溶液常用的基准物质是________，滴定前加入的少量硫酸锰作________。

6. 高锰酸钾标准溶液必须盛装在________色滴定管或试剂瓶中，因为高锰酸钾性质不稳定，见光易分解。

7. 碘量法使用的指示剂是________，属于________指示剂。

8. 直接碘量法的测定对象是________物质，其标准溶液是________；间接碘量法的测定对象是氧化性物质，其标准溶液是________。

9. 测定饲料添加剂中维生素 C 含量采用的是________碘量法；而测定五水合硫酸铜中铜含量采用的是________碘量法。

10. 标出下列物质中 C 的氧化数：

C ________；CO ________；CO_2 ________；Na_2CO_3 ________；$H_2C_2O_4$ ________。

二、选择题

1. 氧化还原滴定法中所用指示剂有三种类型，其中高锰酸钾法使用的指示剂属于（　　）。

A. 氧化还原指示剂　　B. 特殊指示剂　　C. 自身指示剂

2. 用草酸作基准物质，可以标定氢氧化钠溶液，这是利用草酸的（　　），还可以标定高锰酸钾溶液，这是利用草酸的（　　）。

A. 酸性　　B. 碱性　　C. 氧化性　　D. 还原性

三、简答题

1. 用草酸作基准物质，可以标定哪两种性质的标准溶液，各举一例，并说明其分别利用了草酸的什么性质？

2. 标定高锰酸钾溶液时，为保证实验成功，应注意哪些方面？

3. 标定高锰酸钾溶液时，可以用盐酸控制溶液的酸度吗？为什么？

四、计算题

1. 准确称取 0.193 6 g 草酸，配制成溶液后在酸性条件下用高锰酸钾溶液滴定至终点时，消耗高锰酸钾溶液 28.23 mL。求高锰酸钾溶液中高锰酸钾的物质的量浓度。

2. 准确移取 25.00 mL 过氧化氢溶液，用 H_2SO_4 酸化后，用 0.020 36 $mol \cdot L^{-1}$ 的 $KMnO_4$ 溶液滴定至终点时消耗 $KMnO_4$ 溶液的体积为 22.43 mL，求过氧化氢溶液中 H_2O_2 的质量浓度（$g \cdot L^{-1}$）。

3. 测定血液中的钙时，常将它沉淀为草酸钙（CaC_2O_4），然后将沉淀溶于 H_2SO_4 中，并用 0.002 000 $mol \cdot L^{-1}$ $KMnO_4$ 标准溶液进行滴定。设将 1.00 mL 血液稀释至 50.00 mL，取此溶液 20.00 mL 滴定至终点时用去 $KMnO_4$ 溶液 21.50 mL，求每 100 mL 血液中钙的质量（mg）。

4. 配制 0.103 6 $mol \cdot L^{-1}$ 的 $K_2Cr_2O_7$ 标准溶液 500 mL，需要称取 $K_2Cr_2O_7$ 多少克？

5. 用 KIO_3 标定 $Na_2S_2O_3$ 溶液的浓度，称取 KIO_3 0.356 7 g，溶于水并稀释至 100.0 mL。吸取所得溶液 25.00 mL，加 H_2SO_4 和 KI（过量）溶液后再用 $Na_2S_2O_3$ 溶液滴定析出的 I_2，消耗 $Na_2S_2O_3$ 溶液 24.98 mL，求 $Na_2S_2O_3$ 溶液中 $Na_2S_2O_3$ 的物质的量浓度。

二维码 2-7　模块二在线自测练习（一）

6. 称取 0.200 0 g 饲料添加剂维生素 C 待测样品，加新煮沸过的冷水 100 mL，用 6% 乙酸溶液 10 mL 溶解样品，加淀粉指示剂 1 mL，立即用 0.100 0 $mol \cdot L^{-1}$ 的 I_2 标准溶液滴定，终点时消耗 I_2 标准溶液 11.10 mL。求样品中维生素 C 的质量分数。

第四节　配位滴定法

二维码 2-8　配位滴定法课程 PPT

【学习目标】

知识目标：

1. 理解配合物的定义，能说明配合物的组成；理解配位离解平衡移动规则。

2. 能阐述 EDTA 的性质及其配合物的特点。

3. 理解金属指示剂的变色原理；明确铬黑 T 和钙指示剂的使用条件；掌握 EDTA 滴定法的应用。

能力目标：

1. 能正确命名配合物。

2. 能正确配制和标定 EDTA 标准溶液。

3. 能运用 EDTA 滴定法完成自来水总硬度和 Ca^{2+}、Mg^{2+} 含量的测定。

素质目标：

具有务实严谨的科学态度和精益求精的工匠精神。

一、配位化合物

（一）配合物的基本概念

二维码 2-9 硫酸四氨合铜的生成

向 $CuSO_4$ 溶液中加入氨水，开始会看到有浅蓝色的 $Cu(OH)_2$ 沉淀生成，随着氨水的继续加入，沉淀消失，溶液变成深蓝色。向该溶液中加入乙醇，可得到深蓝色晶体，经分析证明该晶体是 $[Cu(NH_3)_4]SO_4$。$[Cu(NH_3)_4]SO_4$［硫酸四氨合铜（Ⅱ）］就是一种配位化合物。

$CuSO_4$ 是简单化合物，它在水中完全离解成 Cu^{2+} 和 SO_4^{2-}。在 $[Cu(NH_3)_4]SO_4$ 溶液中，除了 SO_4^{2-} 和 $[Cu(NH_3)_4]^{2+}$ 外，基本上检查不出 Cu^{2+} 和 NH_3。$[Cu(NH_3)_4]^{2+}$ 叫配离子，是由 Cu^{2+} 和 NH_3 通过配位键（特殊的共价键）结合起来的，Cu^{2+} 离子称为形成体，NH_3 分子称为配位体。通常把由形成体和一定数目的配位体以配位键结合，形成具有一定特征的离子（或中性分子）叫配离子（或配合分子）。带正电荷的称为配阳离子，如 $[Cu(NH_3)_4]^{2+}$；带负电荷的为配阴离子，如 $[Fe(CN)_6]^{3-}$；中性配位个体称为配合分子，如 $[Ni(CO)_4]$。配离子与带有相反电荷的离子组成的电中性化合物或配合分子，统称为配位化合物，简称配合物。

（二）配合物的组成

配合物一般分为内界和外界两部分，内界为配合物的特征部分，由形成体和配位体所组成，在配合物的化学式中，一般中括号内（包括配离子的电荷）表示内界，中括号以外的部分为外界。但在中性配合物中，如 $[Ni(CO)_4]$ 没有外界只有内界。以 $[Cu(NH_3)_4]SO_4$ 为例：

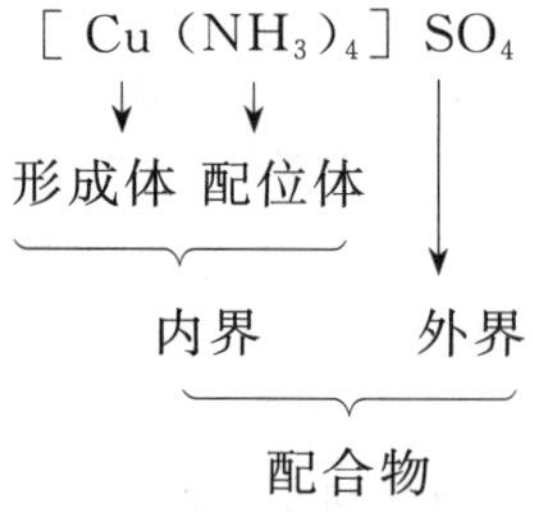

1. 形成体

形成体是配合物的核心部分，位于配离子(或分子)的中心，一般多是带正电荷的过渡金属离子，称为中心离子，如 Ag^{+}、Fe^{2+}、Fe^{3+}、Cu^{2+}、Co^{2+}、Ni^{2+}、Zn^{2+}、Cr^{3+} 等；少数是中性原子，称为中心原子，例如[$Ni(CO)_4$] 中的 Ni 就是中心原子。

2. 配位体和配位原子

在配离子中与中心离子(或原子)结合的中性分子或离子，叫作配位体。配位体中提供孤对电子的原子称为配位原子。例如在[$Cu(NH_3)_4$]$^{2+}$中，NH_3分子为配位体，而 NH_3中 N 原子为配位原子。只含有一个配位原子的配位体称为单齿配位体，如 NH_3、OH^-、X^-等。含有两个或两个以上配位原子的配位体称为多齿配位体。例如乙二胺(简写为 en)、乙二胺四乙酸(简写为 EDTA)等。

3. 配位数

与中心离子(或原子)以配位键结合的配位原子的总数称中心离子(或原子)的配位数。在配离子[$Cu(NH_3)_4$]$^{2+}$中，配位体是 4 个 NH_3分子，每个 NH_3分子提供一个氮原子，配位体的数目就是中心离子的配位数，所以 Cu^{2+} 的配位数为 4。对于多齿配位体，配位体的数目显然不等于中心离子的配位数，例如[$Cu(en)_2$]$^{2+}$中，Cu^{2+}的配位数是 2×2=4 而不是 2。配位数的多少，与形成体的电荷、半径、结构等因素有关。表 2-7 列出一些常见金属离子的配位数。

表 2-7 常见金属离子的配位数

1 价金属离子		2 价金属离子		3 价金属离子	
金属离子	配位数	金属离子	配位数	金属离子	配位数
Cu^{+}	2,4	Ca^{2+}	6	Al^{3+}	4,6
Ag^{+}	2	Fe^{2+}	6	Sc^{3+}	6
Au^{+}	2,4	Cu^{2+}	4,6	Fe^{3+}	6
		Zn^{2+}	4,6	Co^{3+}	6
		Co^{2+}	4,6	Au^{3+}	4

引自：无机及分析化学，宁开桂，1999。

4. 配离子的电荷

配离子的电荷等于形成体和配位体电荷的代数和。例如，[$Fe(CN)_6$]$^{3-}$中配位体的电荷为 −1，中心离子的氧化数为+3，所以配离子的电荷为：(−1×6)+(+3)=−3。配合分子中，形成体和配位体电荷的代数和为零，如[$Ni(H_2O)_4Cl_2$]的电荷总数为：(+2)+(0×4)+(−1×2)=0。

由于配合物是电中性的，因此，也可以由外界离子的电荷来计算配离子的电荷。例如，K_2[$Co(SO_4)_2$] 配合物中，它的外界有 2 个 K^+，所以[$Co(SO_4)_2$]$^{2-}$配离子的电荷是 −2，进而可以推知中心离子是 Co^{2+} 而不是 Co^{3+}。

(三)配合物的命名

配合物的命名服从一般无机化合物的命名原则，即：

(1)先命名阴离子，后命名阳离子，中间连以“化”或“酸”字。若阴离子为简单离子时称“某化某”，阴离子为复杂离子时称“某酸某”。

(2)内界命名的顺序为：配位体数(以数字一、二、三等表示)→配位体名称(不同配位体名称间用小圆点“·”分开)→合→形成体名称→形成体氧化数(加圆括号,用罗马数字表示)。

例如$[Cu(NH_3)_4]^{2+}$配离子命名为四氨合铜(Ⅱ)配离子,即:

四	氨	合	铜	(Ⅱ)
↓	↓		↓	↓
配位体数	配位体名称		形成体名称	形成体氧化数

(3)如果内界有多种配位体时,先写配体离子,后写中性分子。酸根离子顺序为:简单离子→复杂离子→有机酸根离子。中性分子的顺序为:NH_3→H_2O→有机分子。一些配合物的命名实例见表 2-8。

表 2-8　一些配合物的命名实例

配合物	命名	配合物	命名
$[Ag(NH_3)_2]Cl$	氯化二氨合银(Ⅰ)	$K_4[Fe(CN)_6]$	六氰合铁(Ⅱ)酸钾
$[Cu(en)_2]SO_4$	硫酸二乙二胺合铜(Ⅱ)	$[PtCl_2(NH_3)_2]$	二氯·二氨合铂(Ⅱ)
$[Co(NH_3)_5\ H_2O]Cl_3$	三氯化五氨·一水合钴(Ⅲ)	$[PtCl_4(NH_3)_2]$	四氯·二氨合铂(Ⅳ)
$K_3[Fe(CN)_6]$	六氰合铁(Ⅲ)酸钾	$[Fe(CO)_5]$	五羰基合铁

除了系统命名外,有些配合物至今仍沿用习惯名称。如 $K_3[Fe(CN)_6]$叫铁氰化钾(俗称赤血盐),$[Cu(NH_3)_4]^{2+}$叫铜氨配离子等。

(四)配位离解平衡

1. 配位离解平衡及平衡常数

配合物的内界与外界之间是以离子键相结合的,在水溶液中可完全离解为配离子和外界离子。配离子的形成体与配位体之间是以配位键相结合,因而在水溶液中比较稳定,仅部分离解,其离解过程类似弱电解质在水溶液中的离解平衡,即配离子生成及离解的平衡。例如:

$$Cu^{2+} + 4NH_3 \underset{\text{离解}}{\overset{\text{配位}}{\rightleftharpoons}} [Cu(NH_3)_4]^{2+}$$

该反应正向进行时是生成配离子的反应,称为配位反应,其逆反应则为配离子的离解反应。当配位反应的速率和离解反应的速率相等时,体系达到平衡状态,这种平衡称为**配位离解平衡**。

配位离解平衡是化学平衡的一种类型,也有平衡常数。通常把配离子(或配合物)的生成常数称为配离子(或配合物)的稳定常数,用 $K_{稳}$ 表示。例如$[Cu(NH_3)_4]^{2+}$的稳定常数:

$$K_{稳} = \frac{c([Cu(NH_3)_4]^{2+})}{c(Cu^{2+})c^4(NH_3)}$$

稳定常数的大小反映了配离子的稳定性大小,也表示溶液中配位反应的完全程度。$K_{稳}$越大,说明配位反应进行得越完全,离解反应越难进行,配离子在水溶液中越稳定。

2. 配位离解平衡的移动

与其他的化学平衡一样,当外界条件发生变化时,配位离解平衡将发生移动。

(1)溶液酸度对配位离解平衡的影响　当酸度增大时,常见的配位体 F^-、CN^-、NH_3 等可与 H^+ 结合生成弱酸,引起配位体浓度下降;而当酸度减小时,形成体则可能发生水解,甚至生成氢氧化物沉淀，引起形成体浓度下降。形成体和配位体的浓度下降均可导致配离子离解程度增大、稳定性降低。

例如，在酸性介质中的配位反应：

$$Fe^{3+} + 6F^{-} \rightleftharpoons [FeF_6]^{3-}$$

达到平衡后，若增大酸度，当 $c(H^{+}) > 0.5\ mol \cdot L^{-1}$ 时，由于 H^{+} 与 F^{-} 结合成弱电解质 HF，溶液中 F^{-} 浓度降低，配位离解平衡将向离解方向移动，大部分 $[FeF_6]^{3-}$ 离解成 Fe^{3+}。

$$[FeF_6]^{3-} + 6H^{+} \rightleftharpoons Fe^{3+} + 6HF$$

当酸度减小，即 $c(OH^{-})$ 增大到一定程度时，Fe^{3+} 将发生水解，溶液中 Fe^{3+} 浓度降低，配位离解平衡向离解方向移动，大部分 $[FeF_6]^{3-}$ 将转化成 $Fe(OH)_3$。

$$[FeF_6]^{3-} + 3OH^{-} \rightleftharpoons Fe(OH)_3 \downarrow + 6F^{-}$$

一般每种配合物的生成均有其最适宜的酸度范围，调节溶液的 pH 可导致配合物的形成或破坏，这在实际工作中有重要意义。

(2)两种配离子之间的转化　在配离子溶液中，加入一种能与形成体生成更稳定的配合物的配位剂，可使原有的配位离解平衡发生移动，建立新的平衡。例如：

$$Cu^{2+} + 4NH_3 \rightleftharpoons [Cu(NH_3)_4]^{2+}$$

反应中，加入 NaCN，溶液深蓝色消失。因 $[Cu(CN)_4]^{2-}$ ($K_{稳}$ 为 5.0×10^{30}) 比 $[Cu(NH_3)_4]^{2+}$ ($K_{稳}$ 为 1.38×10^{12}) 更稳定，所以平衡向生成 $[Cu(CN)_4]^{2-}$ 方向移动。

$$[Cu(NH_3)_4]^{2+} + 4CN^{-} \rightleftharpoons [Cu(CN)_4]^{2-} + 4NH_3$$

(3)沉淀反应对配位离解平衡的影响　在配位离解平衡中，若加入强的沉淀剂，使金属离子生成沉淀，将引起配离子的离解。如在 $[Ag(CN)_2]^{-}$ 溶液中加入硫化钠溶液，会生成 Ag_2S 沉淀。

$$2[Ag(CN)_2]^{-} + S^{2-} \rightleftharpoons Ag_2S \downarrow + 4CN^{-}$$

(4)氧化还原反应对配位离解平衡的影响　在配位离解平衡体系中加入可与形成体(或配位体)发生反应的氧化剂或还原剂，则会使形成体(或配位体)浓度改变，配位离解平衡发生移动。例如：

$$Fe^{3+} + 3SCN^{-} \rightleftharpoons Fe(SCN)_3$$

在反应中，加入还原剂 $SnCl_2$，因

$$2Fe^{3+} + Sn^{2+} \rightleftharpoons 2Fe^{2+} + Sn^{4+}$$

$c(Fe^{3+})$ 浓度降低，可使配位离解平衡左移，溶液的血红色会消失。总反应为：

$$2Fe(SCN)_3 + Sn^{2+} \rightleftharpoons 2Fe^{2+} + 6SCN^{-} + Sn^{4+}$$

二、配位滴定法

配位滴定法是以配位反应为基础的滴定分析方法。通常所说的配位滴定法是指 EDTA 滴定法(以 EDTA 为标准溶液)。

(一)EDTA 的性质及其配合物

1. EDTA 的性质

乙二胺四乙酸简称 EDTA 或 EDTA 酸(以 H_4Y 表示),它同时含有羧基和氨基,其结构式如下:

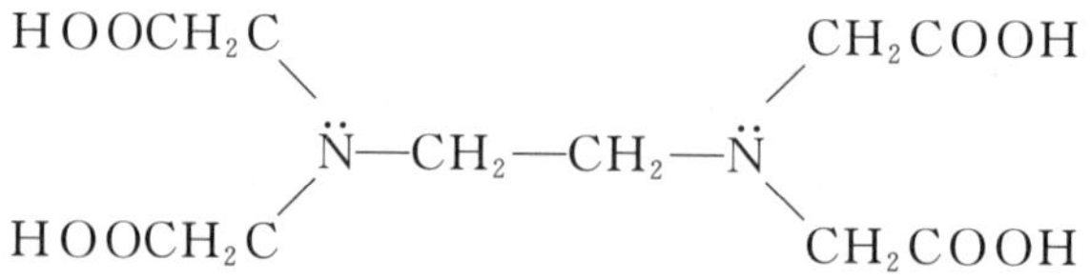

EDTA 溶解度较小(在 22 ℃时每 100 mL 水能溶解 0.2 g),难溶于酸和一般有机溶剂,因此实际工作中通常用它的二钠盐(可用符号 $Na_2H_2Y \cdot 2H_2O$ 表示),习惯上仍称为 EDTA,其在水中溶解度较大,22 ℃时 100 mL 水中可溶 11.1 g,此溶液浓度约为 0.3 $mol \cdot L^{-1}$,pH 约为 4.5。

在酸度较高的溶液中,乙二胺四乙酸的两个氨基氮可再接受 H^+,形成 H_6Y^{2+},因此相当于六元酸。EDTA 在溶液中可能以 H_6Y^{2+}、H_5Y^+、H_4Y、H_3Y^-、H_2Y^{2-}、HY^{3-}、Y^{4-} 7 种形式存在。在不同的 pH 条件下,7 种形式所占的比例不同。例如,在 pH=6.2~10.2 的溶液中,主要以 HY^{3-} 形式存在;在 pH>10.2 的碱性溶液中,主要以 Y^{4-} 形式存在。能与金属离子直接配合的是 Y^{4-},溶液的酸度越低,Y^{4-} 的浓度越大,因此,EDTA 在碱性溶液中配位能力较强。

2. EDTA 与金属离子形成配合物的特点

在 EDTA 分子中,2 个氨基氮和 4 个羧基氧均可给出电子对而与金属离子形成配位键,该配合物有如下特点:

(1)普遍性　EDTA 能与许多金属离子形成配合物。

(2)组成一定　除极少数的金属离子外,EDTA 与任何价态的金属离子均生成 1∶1 的配合物,即 1 mol 金属离子总是消耗 1 mol EDTA。如:

$$M^{2+} + H_2Y^{2-} = MY^{2-} + 2H^+$$

(3)稳定性高　EDTA 与金属离子形成的配合物中包含多个五元环,稳定性高。

(4)易溶性　EDTA 与金属离子形成的配合物大多易溶于水,使滴定能在水溶液中进行,不至于形成沉淀而干扰滴定。

(5)颜色特征　若水合离子无色,则 MY 无色,如 CaY^{2-}、PbY^{2-} 等;若水合离子有色,则 MY 就在原来颜色的基础上加深,如 $[CuY]^{2-}$ 呈深蓝色、$[CoY]^{2-}$ 呈紫红色。

【科学史话】

善于观察,勇于创新

瑞士化学家施瓦岑巴赫在某次实验后将乙二胺四乙酸泼到水池冲洗,水池中上次实验残留的紫红色的钙-紫脲酸铵配合物立即褪色,他敏锐地意识到乙二胺四乙酸具有比紫脲酸铵更强的配位能力,随即以紫脲酸铵为指示剂,用 EDTA 作滴定剂测定水的硬度,获得成功。由此经过坚持不懈的探索,他发明了配位滴定法,该方法至今仍被广泛应用。这个故事告诉我们:创造就在身边,我们应善于观察,敢于质疑,勇于创新。

(二)金属指示剂

配位滴定法中的指示剂用来指示被滴定溶液中金属离子浓度的变化，故称为金属离子指示剂，简称金属指示剂。

1. 金属指示剂的变色原理

金属指示剂能与被滴定的金属离子形成与其本身颜色不同的配合物，借以指示滴定的终点。如果用 In 表示金属指示剂，M 表示金属离子，则有

$$\underset{(\text{甲色})}{M+In} \rightleftharpoons \underset{(\text{乙色})}{MIn}$$

由于滴定溶液中加入指示剂的量是有限的，溶液中只有极少的金属离子形成 MIn(乙色)配合物，而绝大部分仍呈游离状态。随着 EDTA 的滴入，M 不断反应生成无色的配合物 M-EDTA，故溶液仍显乙色(MIn 的颜色)。待全部游离的 M 被滴定后，再滴加 EDTA 时，则 EDTA 就开始夺取和指示剂结合的 M 离子，从而把指示剂 In(甲色)置换出来，反应如下：

$$\underset{(\text{乙色})}{MIn}+EDTA \rightleftharpoons M\text{-}EDTA+\underset{(\text{甲色})}{In}$$

此时，溶液由原来的 MIn 颜色(乙色)变为 In 的颜色(甲色)，以指示终点的到达。

2. 金属指示剂应具备的条件

(1)指示剂本身的颜色与指示剂配合物的颜色明显不同。

(2)指示剂配合物的稳定性要适当。它既要有足够的稳定性，又要比该金属离子与 EDTA 形成的配合物的稳定性小。

(3)指示剂与金属离子的配位反应具有选择性，即在一定条件下只与某一种(或少数几种)金属离子形成配合物。

(4)指示剂配合物应易溶于水。此外，指示剂应比较稳定，便于贮存和使用。

3. 常用的金属指示剂

(1)铬黑 T(简称 EBT)　铬黑 T 的化学名称为 1-(1-羟基-2-萘偶氮基)-6-硝基-2-萘酚-4-磺酸钠，属偶氮染料，为黑褐色，具有金属光泽。铬黑 T 溶于水时，其阴离子部分可用 H_2In^- 表示，在溶液中有下列酸碱平衡：

$$\underset{\substack{\text{紫红色}\\ pH<6}}{H_2In^-} \xrightleftharpoons{pK_{a1}=6.3} \underset{\substack{\text{蓝色}\\ pH=7\sim11}}{HIn^{2-}} \xrightleftharpoons{pK_{a2}=11.6} \underset{\substack{\text{橙色}\\ pH>12}}{In^{3-}}$$

铬黑 T 与许多金属离子，如 Ca^{2+}、Mg^{2+}、Zn^{2+}、Mn^{2+}、Cd^{2+}、Pb^{2+} 等形成酒红色配合物。显然，铬黑 T 只能在 pH=7～11 的范围内使用。因为在 pH<6 或 pH>12 的溶液中，指示剂本身接近于红色，与其金属配合物的颜色就难于区分了。实验表明，最适宜的使用酸度为 pH=9～11。在 pH=10 的缓冲溶液中，用 EDTA 滴定 Mg^{2+}、Zn^{2+}、Cd^{2+}、Pb^{2+} 和 Hg^{2+} 等时，铬黑 T 是良好的指示剂。

铬黑 T 固体性质稳定，但其水溶液只能保存几天。因此，常将铬黑 T 与干燥的 NaCl 按

1∶100 混合研细，密闭保存备用。

(2)钙指示剂(简称 NN) 钙指示剂的化学名称是 2-羟基-1-(2-羟基-4-磺酸基-1-萘偶氮基)-3-萘甲酸，也属于偶氮染料，为黑紫色粉末，性质稳定，但其水溶液或乙醇溶液均不稳定，故常与 NaCl 或 KNO_3 按 1∶100 混合研细，作固体指示剂。

钙指示剂在水溶液中有下列酸碱平衡：

$$H_2In^{2-} \xrightleftharpoons{pK_{a1}=9.26} HIn^{3-} \xrightleftharpoons{pK_{a2}=13.6} In^{4-}$$

酒红色	蓝色	酒红色
pH＜8	pH＝8～13	pH＞13

钙指示剂在 pH＝12～13 时呈蓝色，能与 Ca^{2+} 形成酒红色配合物。常在大量 Mg^{2+} 存在下，调节 pH＞12，用 EDTA 滴定 Ca^{2+}。此时 Mg^{2+} 转变成 $Mg(OH)_2$ 沉淀而不干扰滴定。但沉淀易吸附指示剂，故应在用 NaOH 调节酸度后再加入指示剂。

(三)配位滴定法的应用

1. EDTA 标准溶液的配制和标定

(1)配制 由于蒸馏水中或容器器壁上可能有金属离子污染，故 EDTA 标准溶液通常采用间接法配制，即先配成近似浓度的溶液，然后用金属锌、$MgSO_4 \cdot 7H_2O$、ZnO 等基准物质进行标定。

(2)标定 实验室中多采用金属锌为基准物质。先用稀盐酸洗涤金属锌 2～3 次，清除表面氧化层，然后用蒸馏水洗净，再用丙酮漂洗 2 次，沥干后于 110 ℃ 烘 5 min 备用。

标定 EDTA 溶液时，可用铬黑 T 指示剂在 pH＝10 的 $NH_3 \cdot H_2O$-NH_4Cl 缓冲溶液中进行，达终点时溶液由酒红色变为纯蓝色。EDTA 标准溶液浓度的计算：

$$c(\mathrm{EDTA}) = \frac{m(\mathrm{Zn})}{M(\mathrm{Zn})V(\mathrm{EDTA})}$$

2. 应用实例

在种植业和养殖业中，钙、镁含量的测定常采用 EDTA 滴定法，例如，植物及种子中钙、镁含量的测定；土壤盐基代换量的测定；饲料中钙含量及饲料添加剂中 D-泛酸钙含量的测定；食品中微量元素钙含量及食品辅料镁含量的测定；水的总硬度的测定等。

(1)水的总硬度的测定 水分为硬水和软水。凡不含或含少量钙、镁离子的水称为软水，反之称为硬水。由碳酸氢盐引起的系暂时性硬水，因碳酸氢盐在煮沸时分解为碳酸盐而沉淀；由含钙和镁的硫酸盐和氯化物引起的系永久性硬水，经煮沸后不能去除。以上两种因素引起的水的硬度合称总硬度。水的总硬度的计算是将水中的 Ca^{2+}、Mg^{2+} 均折合为 CaO 或 $CaCO_3$ 来表示的。我国生活饮用水卫生标准规定，以 $CaCO_3$ 计的硬度不得超过 450 $mg \cdot L^{-1}$。高品质的饮用水不超过 25 $mg \cdot L^{-1}$，高品质的软水总硬度应在 10 $mg \cdot L^{-1}$ 以下。

①钙、镁总量的测定。用 $NH_3 \cdot H_2O$-NH_4Cl 缓冲溶液调节溶液 pH 至 10，加入铬黑 T 指示剂，然后用 EDTA 滴定。铬黑 T 和 EDTA 都能与 Ca^{2+}、Mg^{2+} 生成配合物，其稳定次序为：$CaY^{2-} > MgY^{2-} > MgIn^- > CaIn^-$。因此，加入铬黑 T 后，它首先与 Mg^{2+} 结合生成稳定的酒红色配合物。当滴入 EDTA 时，EDTA 先与游离的 Ca^{2+} 配位，然后与游离的 Mg^{2+} 作用，

最后夺取铬黑T结合的Mg^{2+}，使铬黑T的阴离子HIn^{2-}游离出来，这时溶液由酒红色变为蓝色，即为终点。记下消耗EDTA的体积V_1(mL)。

②钙的测定。以NaOH调节水样使pH>12，此时Mg^{2+}转变为$Mg(OH)_2$沉淀，不干扰Ca^{2+}滴定。加入少量钙指示剂，然后用EDTA滴定。钙指示剂与溶液中的Ca^{2+}生成红色配合物，终点时EDTA夺取钙指示剂结合的Ca^{2+}，使溶液由红色变为蓝色。记下消耗EDTA的体积为V_2(mL)。

Ca^{2+}、Mg^{2+}含量的计算，分别以$\rho(CaCO_3)/(mg\cdot L^{-1})$和$\rho(Mg)/(mg\cdot L^{-1})$来表示：

$$\rho(CaCO_3)=\frac{c(EDTA)V_2M(CaCO_3)\times 1\,000}{V(水样)}$$

$$\rho(Mg)=\frac{c(EDTA)\times(V_1-V_2)\times M(Mg)\times 1\,000}{V(水样)}$$

以$\rho(CaO)/(mg\cdot L^{-1})$表示时，水的总硬度的计算：

$$\rho(CaO)=\frac{c(EDTA)V_1M(CaO)\times 1\,000}{V(水样)}$$

(2)SO_4^{2-}的测定　SO_4^{2-}不与EDTA发生配位反应，故需用间接法测定。在酸性试液中加入$BaCl_2$与$MgCl_2$标准混合溶液(因Ba^{2+}与铬黑T指示剂生成的配合物不稳定，所以用$BaCl_2+MgCl_2$混合标准溶液)，Ba^{2+}即与SO_4^{2-}作用生成$BaSO_4$沉淀。调节溶液pH至10，以铬黑T为指示剂，用EDTA标准溶液滴定剩余的Ba^{2+}、Mg^{2+}，以溶液由红色变为蓝色为终点。用$BaCl_2$和$MgCl_2$的总量减去剩余量，即为与SO_4^{2-}作用的量。

$$w(SO_4^{2-})=\frac{[c(BaCl_2+MgCl_2)\cdot V(BaCl_2+MgCl_2)-c(EDTA)\cdot V(EDTA)]M(SO_4^{2-})}{m(试样)}$$

习　题

一、填空题

1. 形成体和配位体以________键结合成的复杂离子或分子叫配离子或配合分子。配位体分为________和________两类，其中滴定分析用的EDTA属于________。

2. 配合物$[PtCl_3(NH_3)_3]Cl$的名称为________，其外界是________，内界是________，中心离子是________，配位体分别是________和________，中心离子的配位数是________。

3. EDTA有________个配位原子，能与许多金属离子形成配合物，不论金属离子是几价，绝大多数都是以________的关系配合。

4. 用EDTA测定Ca^{2+}、Mg^{2+}总量时，调溶液pH=10，以________为指示剂；测定Ca^{2+}时，加入NaOH，调溶液pH>12，此时Mg^{2+}转化为________。

二、选择题

1. 在配合物$[Cu(NH_3)_4]SO_4$中，中心离子的电荷数和配位数分别是(　　)。

A. +2和12　　B. +2和4　　C. +1和4　　D. +1和3

2. 标定EDTA标准溶液，可选用的基准物质是(　　)。

A. 金属锌　　B. 重铬酸钾　　C. 硼酸

3. 以 $\rho(CaO)=10\ mg \cdot L^{-1}$ 表示水的总硬度为1度（也称“德国度”），当水的总硬度为5度时，表明每升水中含氧化钙（　　）mg。

A. 5　　　　B. 50　　　　C. 500

三、简答题

1. 写出下列配合物的名称或化学式。

(1) $K_3[AlF_6]$　　(2) $[Pt(NH_3)_2Cl_2]$　　(3) $[Ag(NH_3)_2]Cl$

(4) 硫酸四氨合铜（Ⅱ）　　(5) 六氰合铁（Ⅲ）酸钾

2. EDTA与金属离子形成的配合物具有哪些特点？

3. 金属指示剂应具备哪些条件？

四、计算题

1. 称取0.100 5 g纯碳酸钙，溶解后用容量瓶配成100 mL溶液。吸取25.00 mL，在pH>12时用钙指示剂指示终点，用EDTA滴定，消耗EDTA溶液23.56 mL，计算EDTA溶液的浓度。

2. 取50.00 mL水样，用0.010 00 $mol \cdot L^{-1}$ EDTA标准溶液测定其总硬度，用去EDTA 12.50 mL，求水的总硬度[用 $\rho(CaO)/(mg \cdot L^{-1})$ 表示]。

3. 将100.00 mL水样调至pH=10，以铬黑T为指示剂，用去0.010 00 $mol \cdot L^{-1}$ EDTA 25.40 mL；另取一份100.00 mL水样调至pH=12，加入钙指示剂，消耗14.25 mL EDTA，求每升水样中含CaO、MgO各多少毫克？

第五节　沉淀滴定法

【学习目标】

知识目标：

1. 理解溶度积规则，能说明沉淀生成、溶解的条件。
2. 能阐述莫尔法的原理和滴定条件。
3. 能阐述福尔哈德法的原理、滴定条件及其应用。

能力目标：

能运用银量法完成样品中 Cl^-、Br^-、I^- 和 SCN^- 的测定。

素质目标：

具有务实严谨的科学态度、精益求精的工匠精神和团队协作能力。

二维码 2-10　沉淀滴定法课程 PPT

一、沉淀溶解平衡

20 ℃时在100 g水中溶解的质量小于0.01 g的电解质称为难溶电解质。在难溶电解质的饱和溶液中，存在着未溶解的固体和已溶解的离子之间的平衡，称为沉淀溶解平衡。沉淀溶解平衡是固相和液相离子间的平衡，遵循化学平衡的规律。

（一）溶度积常数

把晶态AgCl投入水中，束缚在晶体表面上的 Ag^+ 和 Cl^- 不断从固体表面溶入水中，这个过程叫溶解。而已溶的 Ag^+ 和 Cl^- 也不断从液相回到固体表面上去，这个过程叫沉淀。当溶解的速率 v_1 与沉淀的速率 v_2 相等时，溶液便成为 AgCl 的饱和溶液，建立起多相电离平衡：

$$AgCl(s) \underset{沉淀}{\overset{溶解}{\rightleftharpoons}} Ag^+(aq) + Cl^-(aq)$$

其平衡常数表达式为：

$$K_{sp} = c(Ag^+)c(Cl^-)$$

对一般难溶电解质(M_mN_n)，其沉淀溶解平衡可写成通式：

$$M_mN_n \underset{沉淀}{\overset{溶解}{\rightleftharpoons}} mM^{n+} + nN^{m-}$$

沉淀溶解平衡常数表达式为：

$$K_{sp} = c^m(M^{n+})c^n(N^{m-})$$

式中：m、n 分别为 M^{n+}、N^{m-} 的系数，K_{sp} 为沉淀-溶解反应的平衡常数，称为溶度积常数，简称溶度积。

溶度积的含义为：当温度一定时，难溶电解质饱和溶液中，各离子浓度(以化学式的计量数为指数)的乘积为常数。与其他化学平衡常数一样，K_{sp} 只与温度有关，与浓度无关。同类型的难溶盐，K_{sp} 越小，溶解度越小。

(二)沉淀溶解平衡的移动

在难溶电解质溶液中，其离子浓度乘积称为离子积(Q_i)。例如，某 $PbCl_2$ 溶液，其离子积 $Q_i = c(Pb^{2+}) \cdot c^2(Cl^-)$，可见，$Q_i$ 与 K_{sp} 表达式相同，但意义和数值是不同的。同样是对 $PbCl_2$ 来说，K_{sp} 是表示溶液中 $PbCl_2$ 固体和离子达到平衡(饱和溶液)时离子浓度的乘积。在温度一定时，难溶电解质的 K_{sp} 是一常数，而 Q_i 表示任何环境中两离子浓度的乘积，它可以是任意数值。

因此，可根据 Q_i 和 K_{sp} 的关系判断任何给定溶液中沉淀的生成和溶解。

(1)$Q_i < K_{sp}$ 不饱和溶液，无沉淀析出，若已有沉淀存在时，沉淀将继续溶解。

(2)$Q_i = K_{sp}$ 溶液恰好饱和，体系处于沉淀溶解的动态平衡，无沉淀析出；或饱和溶液与未溶固体建立平衡。

(3)$Q_i > K_{sp}$ 过饱和溶液，将有沉淀析出。

以上三种情况是难溶电解质多相离子平衡移动的规律，称为溶度积规则。

根据溶度积规则，从溶液中沉淀出某一离子，必须加入一种沉淀剂，其加入量满足 $Q_i > K_{sp}$。

二、沉淀滴定法

以沉淀反应为基础的滴定分析方法称为沉淀滴定法。根据滴定分析法对化学反应的要求，能用于沉淀滴定的反应很少，应用最广泛的是生成难溶性银盐的反应。由于测定时主要用 $AgNO_3$ 作标准溶液，这类沉淀滴定法称为银量法。银量法可测定 Cl^-、Br^-、I^-、SCN^- 和 Ag^+ 等。根据指示剂的不同，银量法分为莫尔法、福尔哈德法和法扬斯法(以创立者的名字命名)，本节只介绍莫尔法和福尔哈德法。

(一)莫尔法

1.基本原理

莫尔法是以铬酸钾(K_2CrO_4)作指示剂，在中性或弱碱性溶液中，用 $AgNO_3$ 标准溶液直接测定溶液中 Cl^- 或 Br^- 含量的银量法。

以测定 Cl^- 为例，由于 AgCl 的溶解度比 Ag_2CrO_4 的溶解度小，滴定过程中首先析出 AgCl 沉淀。待滴定到化学计量点附近，$c(Cl^-)$迅速降低，$c(Ag^+)$增加，直至达 $c^2(Ag^+)\cdot c(CrO_4^{2-})\geqslant K_{sp}(Ag_2CrO_4)$时，出现砖红色的 Ag_2CrO_4 沉淀，指示滴定到达终点。

$$Ag^+ + Cl^- \rightleftharpoons AgCl\downarrow(白) \qquad K_{sp}(AgCl)=1.8\times10^{-10}$$
$$2Ag^+ + CrO_4^{2-} \rightleftharpoons Ag_2CrO_4\downarrow(砖红) \qquad K_{sp}(Ag_2CrO_4)=2.0\times10^{-12}$$

2.测定条件

为减少滴定误差，应使 Ag_2CrO_4 沉淀恰好在化学计量点附近出现，因此，应用莫尔法时，应注意以下滴定条件：

(1)指示剂用量　使 CrO_4^{2-} 浓度控制在 5.0×10^{-3} mol·L^{-1}左右为宜。若 $c(CrO_4^{2-})$过高，终点会提前，同时 CrO_4^{2-} 本身呈黄色，浓度过高，颜色过深，必将影响终点的观察；如果 $c(CrO_4^{2-})$ 过低，终点会延后，两者都会影响滴定的准确度。

(2)溶液的酸度　滴定适宜在中性或弱碱性(pH=6.5～10.5)溶液中进行，在酸性溶液中，有下述反应发生：

$$2H^+ + 2CrO_4^{2-} \rightleftharpoons 2HCrO_4^- \rightleftharpoons Cr_2O_7^{2-} + H_2O$$

因 CrO_4^{2-} 的浓度降低，Ag_2CrO_4沉淀出现推迟，甚至不会沉淀。故滴定时溶液的 pH 不能小于 6.5。

如果溶液碱性太强，Ag^+ 先生成 AgOH 沉淀，AgOH 不稳定，马上会失水变成褐色的 Ag_2O 沉淀。因此滴定时溶液的 pH 不能大于 10.5。

$$2Ag^+ + 2OH^- \rightleftharpoons 2AgOH\downarrow \rightleftharpoons Ag_2O\downarrow + H_2O$$

同样，滴定不能在氨性溶液中进行，因为易形成$[Ag(NH_3)_2]^+$，使 AgCl 沉淀溶解。

(3)消除干扰离子　凡能与 Ag^+ 或 CrO_4^{2-} 生成沉淀的离子都会干扰测定，如 S^{2-}、PO_4^{3-}、$C_2O_4^{2-}$、Hg^{2+}、Ba^{2+}、Pb^{2+} 等，应该预先除去；大量存在的有色离子如 Cu^{2+}、Co^{2+}、Ni^{2+} 等会影响终点的观察，应预先分离。

(4)剧烈摇动溶液　AgCl、AgBr 沉淀分别对溶液中 Cl^- 和 Br^- 有显著吸附作用，使终点提前。所以，滴定时必须剧烈摇动溶液，使吸附的 Cl^- 和 Br^- 解吸。

3.应用范围

本法主要用于直接测定 Cl^-、Br^- 含量或两者共存时的总量，如土壤、植物、饲料中氯含量的测定及食品加工中 NaCl 含量的测定。要注意本法不宜直接滴定 I^- 或 SCN^-，因 AgI、AgSCN 终点前分别对溶液中 I^- 或 SCN^- 有强烈吸附作用，使终点提前，误差较大。如果用此法测 Ag^+，应该用返滴法，即先加过量的 NaCl 标准液，用 $AgNO_3$ 标准溶液滴定剩余的 Cl^-，再求算 Ag^+ 含量。如果用 NaCl 标准液直接滴定 Ag^+，K_2CrO_4 指示剂与 Ag^+ 生成的 Ag_2CrO_4在终点时转化为 AgCl 的速度较慢，故滴定误差较大。

(二)福尔哈德法

以铁铵矾[$NH_4Fe(SO_4)_2 \cdot 12H_2O$]为指示剂，用 KSCN 或 NH_4SCN 标准溶液进行滴定的银量法称为福尔哈德法，它又可分为直接滴定法和返滴定法。

1. 基本原理

(1)直接滴定法　在含有 Ag^+ 的硝酸溶液中，加入铁铵矾指示剂，用 NH_4SCN(或 KSCN、NaSCN)标准溶液滴定。滴定过程中先析出 AgSCN 白色沉淀。达到化学计量点时，稍过量的 NH_4SCN 与 Fe^{3+} 作用生成红色的 $[FeSCN]^{2+}$，指示滴定终点到达。

$$Ag^+ + SCN^- \rightleftharpoons AgSCN\downarrow(白)$$
$$SCN^- + Fe^{3+} \rightleftharpoons [FeSCN]^{2+}(红)$$

(2)返滴定法　在含有卤化物的酸性溶液中，加入过量的 $AgNO_3$ 标准溶液，将卤素离子定量沉淀后，再用 NH_4SCN 标准溶液回滴剩余的 Ag^+。以 Cl^- 测定为例，滴定时的主要反应为：

$$Cl^- + Ag^+ \rightleftharpoons AgCl\downarrow(白)$$
$$Ag^+(剩余) + SCN^- \rightleftharpoons AgSCN\downarrow(白)$$
$$SCN^- + Fe^{3+} \rightleftharpoons [FeSCN]^{2+}(红)$$

此时，两种标准溶液所用量的差值与被测试液中的 Cl^- 的物质的量相对应，从而计算出被测物质的含量。

由于 AgSCN 溶解度小于 AgCl，滴加 SCN^- 时，AgCl 易转化为 AgSCN，从而产生较大的误差。为避免上述情况发生，通常采用下列措施：

①加入 $AgNO_3$ 标准溶液后，将试液立即加热煮沸使 AgCl 沉淀凝聚，然后过滤，用稀 HNO_3 洗涤沉淀，洗液并入滤液中，再用 NH_4SCN 回滴滤液中过量的 $AgNO_3$。

②滴定前先加入数毫升硝基苯，用力振摇，使 AgCl 沉淀表面覆盖一层保护膜，减少与 SCN^- 接触，防止沉淀转化。

由于 AgBr 与 AgI 的溶解度比 AgSCN 小，不会发生沉淀转化，用此法测定 Br^-、I^- 时不必采取上述措施。

2. 测定条件

(1)溶液的酸度　滴定一般在硝酸溶液中进行，H^+ 浓度控制在 0.1～1 $mol \cdot L^{-1}$。这时 Fe^{3+} 主要以 $[Fe(H_2O)_6]^{3+}$ 形式存在，颜色较浅。若酸度太低，Fe^{3+} 会发生水解生成棕色的 $Fe(OH)_3$ 沉淀，影响终点观察。

(2)指示剂的用量　Fe^{3+} 浓度控制在 0.015 $mol \cdot L^{-1}$ 左右。

(3)剧烈摇动溶液　滴定中生成的 AgSCN 沉淀，能够吸附溶液中的 Ag^+，而使 Ag^+ 浓度降低，造成指示剂提前显色。因此滴定时，需剧烈摇动溶液使吸附的 Ag^+ 及时释放出来。

(4)消除干扰　强氧化剂和氮的低价氧化物以及铜盐、汞盐都与 SCN^- 作用，干扰测定，必须预先除去。

(5)用返滴定法测定时，应先加入过量的 $AgNO_3$，再加铁铵矾指示剂，否则 Fe^{3+} 将氧化 I^- 为 I_2，影响分析结果的准确度。

3. 应用范围

福尔哈德法既可以直接测定 Ag^+ 含量，也可以利用返滴定法测定 Cl^-、Br^-、I^- 或 SCN^- 含量。

福尔哈德法是在较强的酸性介质中进行，许多弱酸根离子如 PO_4^{3-}、CrO_4^{2-}、S^{2-} 等虽然存在，却不干扰测定，所以福尔哈德法较莫尔法选择性高，应用更广泛。但莫尔法具有操作简便和准确度较高的优点。

（三）银量法应用

可溶性氯化物中氯含量可用莫尔法测定。如天然水中 Cl^- 含量测定可用莫尔法，如果水中还有 PO_4^{3-}、S^{2-} 和 SO_3^{2-} 等，则采用福尔哈德法。

习　题

一、填空题

1. 某难溶电解质溶液，当 $Q_i<K_{sp}$ 时，溶液为不饱和状态，溶液中的沉淀将继续溶解；当 $Q_i=K_{sp}$ 时，溶液恰好饱和，体系处于________状态；当 $Q_i>K_{sp}$ 时，溶液为过饱和状态，此时溶液中的沉淀不断________。

2. 根据 K_{sp} 可以比较同类型难溶电解质的溶解度大小，K_{sp} 大则溶解度________。

二、选择题

1. 莫尔法测定 Cl^- 含量时，要求介质的 pH 在 6.5～10.5。若碱性过强，则（　　）。

A. AgCl 沉淀不完全　　B. 生成 Ag_2O 沉淀　　C. Ag_2CrO_4 沉淀不易形成

2. 莫尔法用到的指示剂是（　　），福尔哈德法用到的指示剂是（　　）。

A. 铁铵矾　　B. 铬酸钾　　C. 重铬酸钾

3. 福尔哈德法测定 Cl^- 含量时，溶液中没有加入硝基苯，消耗的 NH_4SCN 标准溶液的体积（　　）。

A. 偏高　　B. 偏低　　C. 不受影响

4. 下列离子中，不能用福尔哈德法测定的是（　　）。

A. Ag^+　　B. SO_4^{2-}　　C. Cl^-　　D. I^-

三、计算题

1. 用 4×10^{-3} mol·L^{-1} $AgNO_3$ 溶液和同浓度的 K_2CrO_4 溶液等体积混合，有无 Ag_2CrO_4 沉淀析出？

2. 称取基准物质 KCl 0.202 3 g，加水溶解后，以 K_2CrO_4 为指示剂，用 $AgNO_3$ 溶液滴定至终点，消耗 $AgNO_3$ 溶液的体积为 25.18 mL。求 $AgNO_3$ 溶液中 $AgNO_3$ 的物质的量浓度。

3. 取水样 50.00 mL，加入 0.010 28 mol·L^{-1} $AgNO_3$ 溶液 25.00 mL，用 4.20 mL 0.009 56 mol·L^{-1} 的 NH_4SCN 溶液滴定过量的 $AgNO_3$。求水中氯离子含量（mg·L^{-1}）。

第六节　吸收分光光度法

二维码 2-11　吸收分光光度法课程 PPT

【学习目标】

知识目标：

1. 能说出光的基本性质以及物质的颜色与光的关系。

2. 能说明物质的吸收光谱曲线的含义及其实际意义；能准确

阐述朗伯-比尔定律。

3. 能复述分光光度计的基本组成及各部件的功能。

能力目标：

1. 会运用目视比色法完成实际样品的检测。

2. 会绘制吸收光谱曲线并选择最大吸收波长。

3. 能运用分光光度法完成实际样品的定量分析。

素质目标：

具有创新进取的科学精神、精益求精的工匠精神和务实严谨的职业精神。

基于物质对光的选择性吸收而建立起来的分析方法称为**吸收分光光度法**。吸收分光光度法分为比色法和分光光度法两大类。根据进行的方式和使用仪器的不同，比色法分为目视比色法和光电比色法；根据所采用光源等的不同，分光光度法分为可见、紫外和红外分光光度法。本节重点讨论可见分光光度法。

一、吸收分光光度法的基本原理

（一）单色光和互补色光

光是一种电磁波，具有波动性和粒子性。光的能量 E 与其频率 ν 成正比，与波长 λ 成反比，即波长越长能量越小，波长越短能量越大，所以不同波长的光具有不同的能量。

通常把人的视觉可以感觉到的光称为**可见光**，其波长范围为 400～760 nm。可见光区的白光是由不同波长的光按一定强度比例混合而成的。如果让一束白光通过三棱镜，就色散为红、橙、黄、绿、青、蓝、紫七色光。各种颜色的光都具有一定的波长范围，如表 2-9 所示。

表 2-9　不同颜色光的波长范围

颜色	红	橙	黄	绿	青	蓝	紫
波长/nm	620～760	590～620	560～590	500～560	480～500	430～480	400～430

白光又称为复合光。只具有一种波长（或频率）的光称为**单色光**。把适当颜色的两种单色光按一定的强度比例混合，也可形成白光，这两种颜色的光称为**互补色光**。图 2-4 为互补色光示意图，图中处于直线关系的两种颜色的光即为互补色光，如绿色光和紫色光互补，蓝色光与黄色光互补。

（二）溶液对光的选择性吸收

1. 溶液的颜色

不同的溶液呈现不同的颜色，是由于溶液中的分子或离子选择性地吸收了某种波长的光所致。当一束白光通过溶液时，如果溶液对各波长的光都不吸收，即入射光全部通过溶液，这时看到的溶液无色透明；如果溶液对各波长的光全部吸收，此时看到的溶液呈黑色；如果溶液选择性地吸收了某波长的光，则该溶液呈现的是与它吸收的光成互补色光的颜色。例如，$KMnO_4$溶液吸收了白光中的绿色光而呈现紫色。

2. 光吸收曲线

如果使不同波长的单色光依次通过某一固定浓度和厚度的溶液，测量该溶液对单色光的吸收程度(用吸光度 A 表示)，以波长为横坐标，以吸光度为纵坐标作图得一曲线，此曲线称光吸收曲线或吸收光谱曲线，它能更清楚地描述溶液对光的吸收情况。图 2-5 是四种不同浓度的 $KMnO_4$ 溶液的光吸收曲线。分析光吸收曲线可以得出：

(1)同一种物质对不同波长光的吸收程度不同。在光吸收曲线上，吸光度最大处所对应的波长称为该物质的最大吸收波长(用 λ_{max} 表示)。$KMnO_4$ 溶液的 λ_{max} 为 525 nm。

(2)同一物质不同浓度的溶液，吸收曲线的形状相似，最大吸收波长相同，但在相同波长条件下，吸光度值却不同。在任一波长处，溶液的吸光度随浓度的增加而增大，该特性可作为物质定量分析的依据。

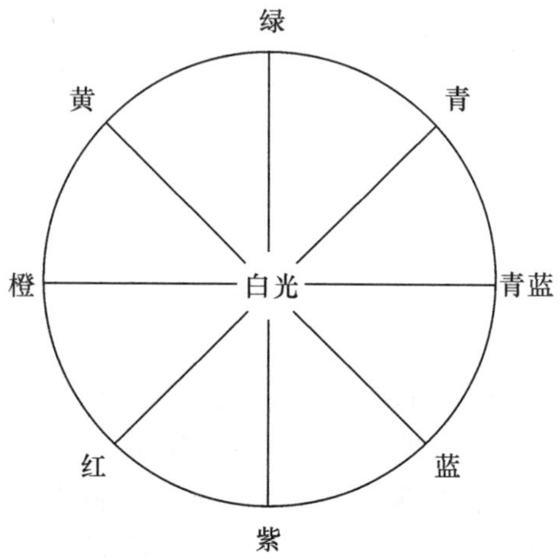

图 2-4　互补色光示意图

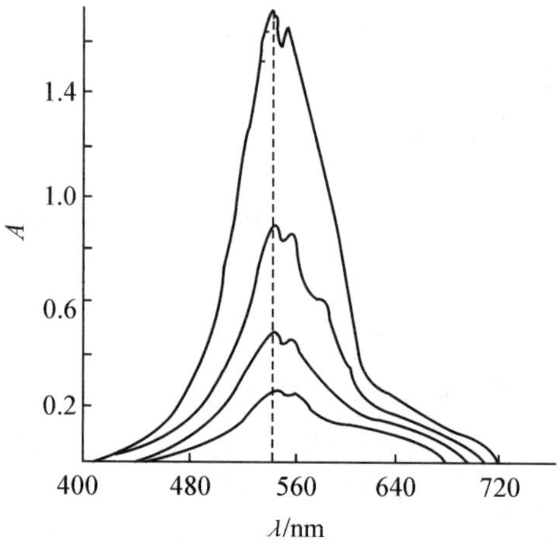

图 2-5　不同浓度高锰酸钾溶液的光吸收曲线

(三)朗伯-比尔定律

当一束平行的单色光照射到均匀、非散射溶液(图 2-6)时，有一部分光被吸收，透过光的强度就要减弱。设入射光的强度为 I_0，透过光的强度为 I_t，有色溶液的浓度为 c，液层厚度为 b，实验证明，它们之间存在着如下关系：

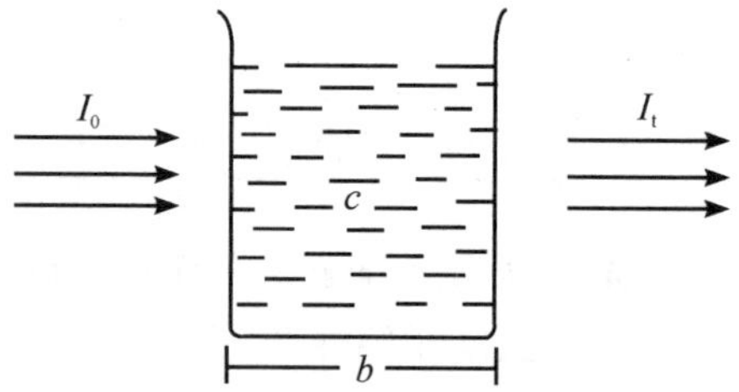

图 2-6　光的吸收示意图

$$A=\lg\frac{I_0}{I_t}=acb$$

上式表明：当一束平行的单色光通过均匀溶液时，溶液对光的吸收程度与溶液的浓度和液层厚度的乘积成正比。这一结论就是光吸收的基本定律，称为朗伯-比尔定律，它为比色分析法和分光光度法奠定了理论基础。

式中 a 是吸光系数，与入射光的波长、物质的性质和溶液的温度等因素有关。若浓度的单位以 $mol \cdot L^{-1}$ 表示，液层厚度的单位以 cm 表示，则此常数称为摩尔吸光系数，用 ε 表示，其单位为 $L \cdot mol^{-1} \cdot cm^{-1}$，此时上述公式变为：

$$A = \varepsilon cb$$

摩尔吸光系数的物理意义是：当溶液的浓度是 1 $mol \cdot L^{-1}$、液层厚度为 1 cm 时溶液的吸光度。它是各种物质在入射光为一定波长时的特征常数。ε 值越大，表示该物质对这一波长光的吸收能力越强，分析的灵敏度越高。

透射光的强度 I_t 与入射光强度 I_0 之比称为透光率，用符号 T 表示：

$$T = \frac{I_t}{I_0}$$

T 的取值范围为 0.00%～100.0%。T 越大，说明物质对光的吸收越小；T 越小，物质对光的吸收越大。A 和 T 的关系：

$$A = \lg \frac{I_0}{I_t} = -\lg T$$

二、吸收分光光度法测量条件的选择

(一)显色反应和显色剂

有色物质本身具有明显的颜色，可直接用于光度分析。如果被测组分的颜色很浅或没有颜色，则需加入适当的试剂使之生成有色物质，这种加入某种试剂使被测组分变成有色物质的反应称为显色反应，所加入的试剂称为显色剂。

1. 显色反应

吸收分光光度法用到的显色反应主要有氧化还原反应和配位反应两大类，其中以配位反应应用最广。显色反应一般应满足下列要求：

(1)选择性好　显色剂最好只与待测组分发生显色反应，不干扰其他组分或干扰易消除。

(2)灵敏度高　即显色生成的有色化合物的摩尔吸光系数 ε 应足够大，有利于微量组分的测定，一般要求 $\varepsilon \geqslant 10^4$。

(3)反应能定量完成　生成的有色物质组成恒定，化学性质稳定，这样被测组分与有色物质之间才有定量关系。

(4)显色清晰　生成的有色化合物与显色剂之间的颜色差别要大，有色化合物和显色剂的最大吸收波长之差一般要求在 60 nm 以上。

(5)显色过程易于控制　如果显色条件过于严格，难以控制，测定结果的重现性就会比较差。在对待测离子进行显色时，需要控制溶液的酸度、显色剂的用量、显色温度、显色时间，还需要考虑溶剂及共存离子的影响等。

2. 显色剂

最常用的显色剂是有机配位剂，它们能与被测定的金属离子形成非常稳定的有色配合物。近年来有机显色剂的发展极为迅速，也正是由于有机显色剂的研制和应用，推动了吸收分光光度法的应用和发展。常用的有机显色剂有双硫腙、二甲酚橙、磺基水杨酸、邻二氮菲等。

无机显色剂主要有硫氰酸盐、钼酸铵和过氧化氢等。

(二)测量条件的选择

在吸收分光光度分析中，为了减小误差，使分析测定有较高的灵敏度和准确度，除了注意选择和控制适当的显色条件外，还要注意选择适当的测量条件。

1. 选择合适波长的入射光

因为在λ_{max}处，摩尔吸光系数ε最大，测定灵敏度较高，测定结果较为准确，一般情况下，入射光的波长应为λ_{max}。如果最大吸收波长不在仪器可测波长范围之内，或干扰物质在此处有较大吸收，则应选用灵敏度较低并能避免干扰的单色光作为入射光。如果试液中含有多种组分，且最大吸收波长不同，可通过改变波长进行连续测定；在任意波长，溶液的吸光度为各组分吸光度之和。但要注意，被测组分之间不起化学反应；每一组分必须在某一波长范围内遵循朗伯-比尔定律

2. 控制吸光度的读数范围

从控制测量误差考虑，为了使测定有较高的准确度，减少读数误差，被测物质的吸光度应控制在0.2～0.8的范围内，为此可采取以下措施：

(1)通过控制试样的称取量或采用萃取、富集等手段控制标准溶液和被测试液的浓度，从而调节吸光度的大小。

(2)通过改变比色皿的厚度，调节溶液吸光度的大小。

3. 选择合适的参比溶液

参比溶液的作用是调节仪器工作的零点，另外，选择合适的参比溶液可以消除由于比色皿、溶剂及试剂对入射光的反射和吸收等带来的误差。参比溶液的选择是吸光度测量的重要条件之一。选择参比溶液的原则是：

(1)当被测试液、显色剂及所用其他试剂均无颜色，即它们在测定波长处都无光吸收时，可用蒸馏水作参比溶液。

(2)如果显色剂有颜色而被测试液为无色时，可用不加被测试液的显色剂溶液作参比溶液。

(3)如果显色剂为无色，而被测试液中存在其他有色离子，可用不加显色剂的被测试液作参比溶液。

(4)如果显色剂和被测试液均有颜色，可将一份试液加入适当的掩蔽剂，将被测组分掩蔽起来，使之不再与显色剂作用，而显色剂和其他试剂均按正常操作步骤加入，以此作为参比溶液，这样可以消除显色剂和一些共存组分的干扰。

总之，要求测量时选用的参比溶液能尽量使测得试液的吸光度真正反映待测物质的浓度。

三、比色法与分光光度法

(一)目视比色法

用眼睛观察比较被测溶液和标准溶液颜色的深浅，以确定被测物质含量的方法称为目视比色法。

1. 目视比色法的原理

人的眼睛不能直接测量有色溶液的吸光度，只能比较两个同色溶液的颜色深浅，即透过光的强度。设照射光的强度为I_0，透过标准溶液和被测溶液后的光强度分别为$I_{标}$和$I_{试}$，根据朗伯-比尔定律可得：

$$\lg\left(\frac{I_0}{I_{标}}\right)=a_{标}\cdot c_{标}\cdot b_{标}$$

$$\lg\left(\frac{I_0}{I_{试}}\right)=a_{试}\cdot c_{试}\cdot b_{试}$$

当溶液颜色深浅相同时，$I_{标}=I_{试}$，则：

$$a_{标}\cdot c_{标}\cdot b_{标}=a_{试}\cdot c_{试}\cdot b_{试}$$

因同种有色溶液和同种入射光的 $a_{标}=a_{试}$，液层厚度相同，即 $b_{标}=b_{试}$，所以才有 $c_{标}=c_{试}$。

2. 目视比色法的方法

常用的目视比色法是标准系列法。用一套同种材料制成的、形状大小相同的纳氏比色管（容量有 10、25、50、100 mL 等数种），将一系列不同量的标准溶液依次加入各比色管中，再分别加入相同体积的显色剂和其他试剂，并控制其他实验条件相同，然后稀释至同一刻度，这样便配制成一套颜色由浅到深的标准色阶。另取一支相同的比色管，加入一定量被测溶液，在同样条件下显色，并稀释至刻度。从管口垂直向下观察，比较被测溶液与标准色阶的颜色，若被测溶液与标准色阶中某一溶液的颜色深度相同，说明两者浓度相同；若被测溶液颜色介于标准色阶中某两个标准溶液之间，则被测溶液的浓度介于两标准溶液之间，可取两个标准溶液浓度的平均值作为被测组分的浓度。

3. 目视比色法的特点

目视比色法仪器设备简单，操作简便，适用于大批试样的分析，测定灵敏度相对较高，由于比色管中液层较厚，对于颜色较浅的有色溶液也可进行测定，而且可在自然光（复合光）条件下进行测定，可以测定不符合朗伯-比尔定律的有色溶液，这些都是本方法的优点。其缺点是用眼睛观察颜色，主观误差较大，因而准确度不高，相对误差可达 5%～20%。另外，配制标准溶液比较费时，有些有色溶液的颜色不能长久保持，常需临时配制。

（二）分光光度法

1. 分光光度法的特点

分光光度法是利用分光光度计来测定吸光度的。分光光度计用棱镜或光栅作为分光器，并用狭缝分出波长范围很窄的一束光，通过有色溶液后，测量透过光的强度，并转换为吸光度。分光光度法中通过溶液的光束接近单色光，杂光减少了，因此该方法具有较高的灵敏度和准确度。分光光度法还可以在一个试样中同时测定两种以上的组分，而不需要预先分离。

2. 测定方法

（1）工作曲线法（标准曲线法）　先配制一系列浓度不同的标准溶液，在一定条件下使其显色。然后使用相同厚度的比色皿，在一定波长下测定各标准溶液的吸光度。以吸光度 A 为纵坐标，浓度 c 为横坐标作图绘出工作曲线。若有色溶液遵守朗伯-比尔定律，工作曲线应为一条过原点的直线。用相同方法，在相同条件下配制待测溶液，并测出其吸光度 A_x，根据 A_x 可在工作曲线上查出待测液的浓度 c_x（图 2-7）。工作曲线法适用于批量试样的分析。

（2）标准比较法　用此法测定时，首先需配制合适浓度的标准溶液（c_s）和待测溶液（c_x）。在相同条件下显色并且测定两溶液的吸光度 A_s 和 A_x。由于是同种物质的溶液，据朗伯-比尔定律可得：

$$\frac{A_x}{A_s}=\frac{c_x}{c_s}$$

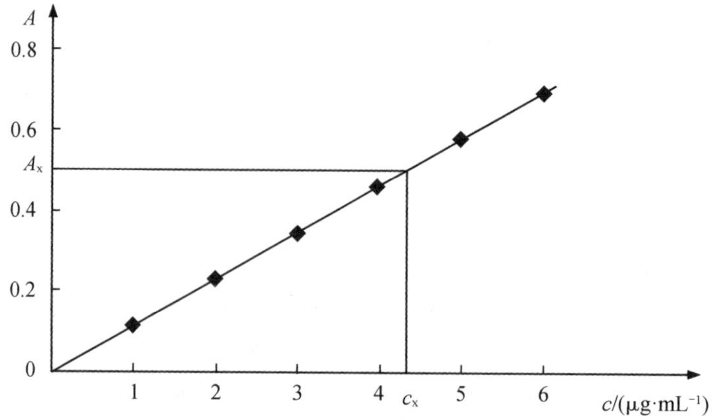

图 2-7　工作曲线

$$c_x = \frac{A_x}{A_s} c_s$$

用标准比较法测定时，所用标准溶液的浓度应接近待测溶液的浓度，否则可能产生较大误差。

3. 分光光度计及其主要部件

分光光度计种类很多，根据工作波长范围可分为可见分光光度计、紫外可见分光光度计和红外分光光度计。红外分光光度计主要用于结构分析，紫外可见分光光度计主要用于无机物和有机物含量的测定。在吸收分光光度分析中一般使用的可见分光光度计有国产 721 型和 722 型。

分光光度计的基本结构是相似的，都是由光源、单色器、吸收池、检测器和信号显示装置等主要部件组成。这些部件的一般组成方式如图 2-8 所示。

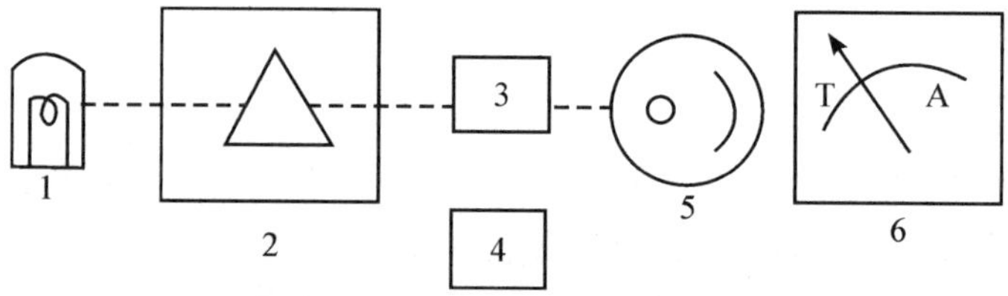

1. 光源　2. 单色器　3. 参比溶液　4. 样品液　5. 检测器　6. 信号显示装置

图 2-8　分光光度计的基本结构示意图

(1)光源　常用的可见光光源为 6～12 V 的低压钨丝灯泡，光的波长范围为 320～2 500 nm。为了获得较稳定的辐射强度，电源电压常用稳压器稳压，光路上装有聚光镜以把光变成一束平行光。

(2)单色器　单色器是分光光度计的核心部件，其性能直接影响入射光的单色性，从而影响测定的灵敏度、选择性和准确度。单色器主要由狭缝、色散元件和透镜系统组成，色散元件是其核心部分，包括棱镜和光栅两种。

(3)吸收池　吸收池也称比色皿，一般为长方体形，由无色透明、厚度均匀、耐腐蚀的光学玻璃或石英玻璃制成。比色皿的厚度有 1、2、3 和 5 cm 等，同一套比色皿的厚度必须相同，彼此之间的透光率相差极小(小于 0.5%)。

(4)检测器　检测器是一种光电转换元件，其作用是利用光电效应将透过吸收池的光强度信号变成电信号并进行测量。常用的检测器有光电池、光电管和光电倍增管等。

(5)信号显示系统　信号显示系统的作用是把放大了的电信号以适当的方式显示或记录下来。分光光度计常用的信号显示装置有直流检流计、电位调零装置、数字显示及自动记录装置等。较先进的分光光度计配有计算机，一方面可以对仪器进行控制；另一方面可以进行图谱储存和数据处理。

四、吸收分光光度法的应用

(一)铵的测定

微量铵的测定常采用标准系列法。NH_4^+ 与纳氏试剂(K_2HgI_4的强碱性溶液)作用，生成棕黄色的胶体溶液，反应为：

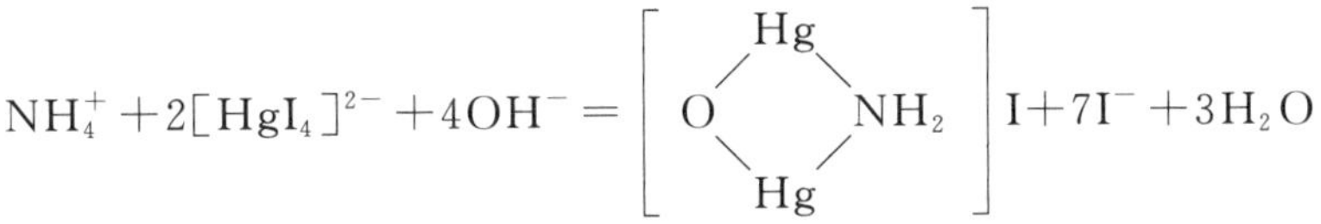

溶液颜色深浅与 NH_4^+ 的浓度成正比。

根据上述原理，测定时先制备标准色阶，同时在相同条件下使 NH_4^+ 的试样溶液显色，然后在比色管中比色测定。

在进行测定时，所用的蒸馏水应加入碱和高锰酸钾进行重蒸馏，以除去蒸馏水中的微量铵。如果有 Ca^{2+}、Mg^{2+} 等存在时，对测定有干扰，可加入酒石酸盐进行掩蔽。另外，还应加入阿拉伯胶保护胶体，使胶体溶液稳定。

(二)铁的测定

微量铁的测定常用邻二氮菲法，此法准确度高，重现性好，条件易于控制，适于测定各类样品中的微量铁。Fe^{2+} 与邻二氮菲生成稳定的橘红色配合物，其显色反应为：

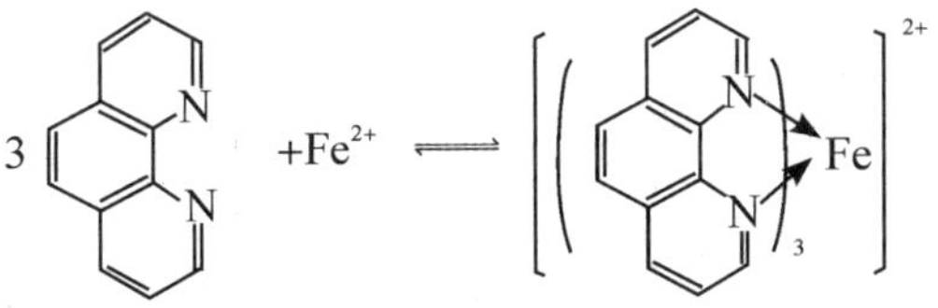

生成配合物的摩尔吸光系数 ε 为 1.1×10^4。在 pH=2～9 范围内都能显色，且颜色深度与溶液酸度无关，为了减小其他离子的影响，通常显色反应在微酸性(pH=5)溶液中进行。Fe^{3+} 也能与邻二氮菲反应，生成淡蓝色配合物，若铁以 Fe^{3+} 形式存在，则可预先用盐酸羟胺(或对苯二酚)将其还原，其反应为：

$$2Fe^{3+} + 2NH_2OH \cdot HCl = 2Fe^{2+} + N_2\uparrow + 2H_2O + 4H^+ + 2Cl^-$$

在完全相同的条件下使 Fe^{2+} 的标准溶液和待测溶液显色，然后用分光光度计在 510 nm 波长下测其吸光度，绘制工作曲线，进而求出待测试液中铁的含量。该法选择性很高，相当于铁含量 40 倍的 Sn^{2+}、Al^{3+}、Ca^{2+}、Mg^{2+}、Zn^{2+}、SiO_3^{2-} 和 20 倍的 Cr^{3+}、Mn^{2+}、PO_4^{3-} 以及 5 倍

的 Co^{2+}、Cu^{2+} 均不干扰测定。

（三）磷的测定

微量磷的测定一般采用钼蓝法。在酸性溶液中，磷酸盐与钼酸铵作用生成黄色的磷钼酸，其反应为：

$$PO_4^{3-} + 12MoO_4^{2-} + 27H^+ \rightleftharpoons H_7[P(Mo_2O_7)_6](黄) + 10H_2O$$

在一定酸度下，加入适量的还原剂将磷钼酸还原为磷钼蓝，使溶液呈深蓝色。蓝色的深浅与磷的含量成正比。

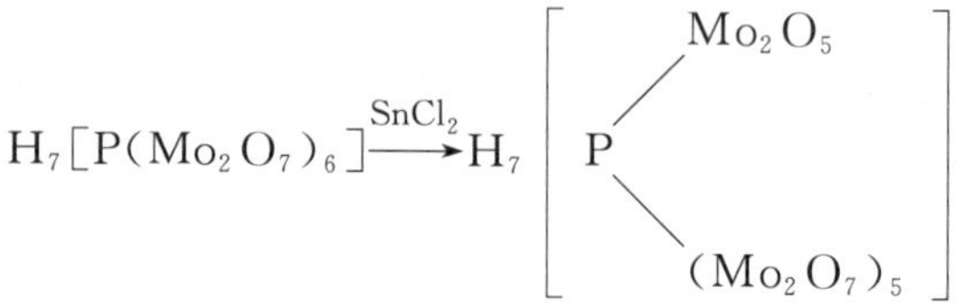

磷钼蓝法所用的还原剂为氯化亚锡或抗坏血酸。用 $SnCl_2$ 作还原剂，反应灵敏度高，显色快，但蓝色显色时间短，对酸度和钼酸铵的浓度要求比较严格，干扰离子较多。用抗坏血酸作还原剂，反应灵敏度高，稳定时间长，反应要求的酸度范围宽[$c(H^+)$为 0.48～1.44 $mol \cdot L^{-1}$]，Fe^{3+}、AsO_4^{3-}、SiO_3^{2-} 干扰较小，但显色速率慢，需要在沸水浴中加热。实际测定时，也常用抗坏血酸-氯化亚锡分光光度法，即在加入氯化亚锡前，先加入少量抗坏血酸，这样不但可以消除大量 Fe^{3+} 的干扰，增加钼蓝的稳定性，而且能使显色在室温下进行，简化操作手续。磷的含量为 0.05～2.0 $mg \cdot kg^{-1}$ 时，符合朗伯-比尔定律，生成的钼蓝在 650 nm 波长下有最大吸收峰，故可在此波长下测定其吸光度。

【阅读与提高】

示差光度法

吸收分光光度法一般只适应于微量组分的测定，当待测组分含量高时，吸光度超出了准确测定的读数范围，准确度就会降低，采用示差光度法可以弥补。示差光度法和普通吸收分光光度法的主要区别是参比溶液不同，它采用比待测溶液浓度稍低的标准溶液作参比溶液，测量待测试液的吸光度。

根据朗伯-比尔定律，用 A 对 c 作图时应为直线关系，但如果单色光不纯、介质不均匀（如溶液中有胶体粒子存在，会引起光的散射）或发生化学变化（如有色质点的离解、缔合或形成新的配合物，会改变有色物质的浓度）都会引起测定结果偏离朗伯-比尔定律。

习　题

一、填空题

1. 基于物质对光的选择性吸收而建立起来的分析方法称为________。

2. 在分光光度法中，根据所采用光源等的不同，可分为________分光光度法、________分光光度法和________分光光度法。

3. 具有一种波长的光称为________。能按一定强度比例混合成白光的两种单色光称为________。红光的互补色光为________，紫光的互补色光为________。

4. 在自然光条件下，溶液选择性地吸收了某波长的光，呈现的是与它吸收的光成互补色光的颜色，如硫酸铜溶液选择性地吸收了黄光而呈________。

5. 光吸收曲线表明，各种有色溶液对可见光区不同波长的光吸收程度不同。最大吸光度所对应的波长称________，用________表示。

6. 朗伯-比尔定律表明，吸光度与溶液的________和________的乘积成正比，其数学表达式为________。

7. 影响吸光系数的因素有________、________和________。

8. 加入某种试剂而使被测组分变成有色物质的反应称为________，所加入的试剂称为________。

9. 分光光度法的测定方法有两种，即________和________。

10. 分光光度计的主要部件包括________、________、________、检测器和信号显示装置五部分。

二、选择题

1. 人的视觉可以感觉到的光称为可见光，其波长范围是(　　)。

A. 400～760 nm　　B. 200～400 nm　　C. 400～780 nm

2. $KMnO_4$溶液呈紫色是因为其吸收了白光中的(　　)。

A. 紫色光波　　B. 蓝色光波　　C. 绿色光波　　D. 黄色光波

3. 吸光系数与下列哪一因素无关？(　　)

A. 浓度　　B. 波长　　C. 温度　　D. 物质的性质

4. 当有色溶液的浓度改变时，光吸收曲线的形状相似，最大吸收波长(　　)。

A. 增大　　B. 不变　　C. 减小

三、简答题

1. 朗伯-比尔定律的内容是什么？

2. 影响吸光系数的因素有哪些？

3. 简述吸收分光光度法对显色反应的要求。

四、计算题

1. 有一标准 Fe^{3+} 溶液的浓度为 6.00 $mg \cdot kg^{-1}$，其吸光度为 0.304，有一 Fe^{3+} 试液，在相同条件下测得的吸光度为 0.510，求 Fe^{3+} 试液中铁的含量($mg \cdot kg^{-1}$)。

2. 用分光光度法测定土壤磷的含量。已知 P_2O_5 含量为 0.400% 的土壤溶液的吸光度为 0.320，在相同条件下测得某土壤试样溶液的吸光度为 0.200，求该土壤试样中 P_2O_5 的含量。

二维码 2-12　模块二在线自测练习(二)

模块三

有机化学基础

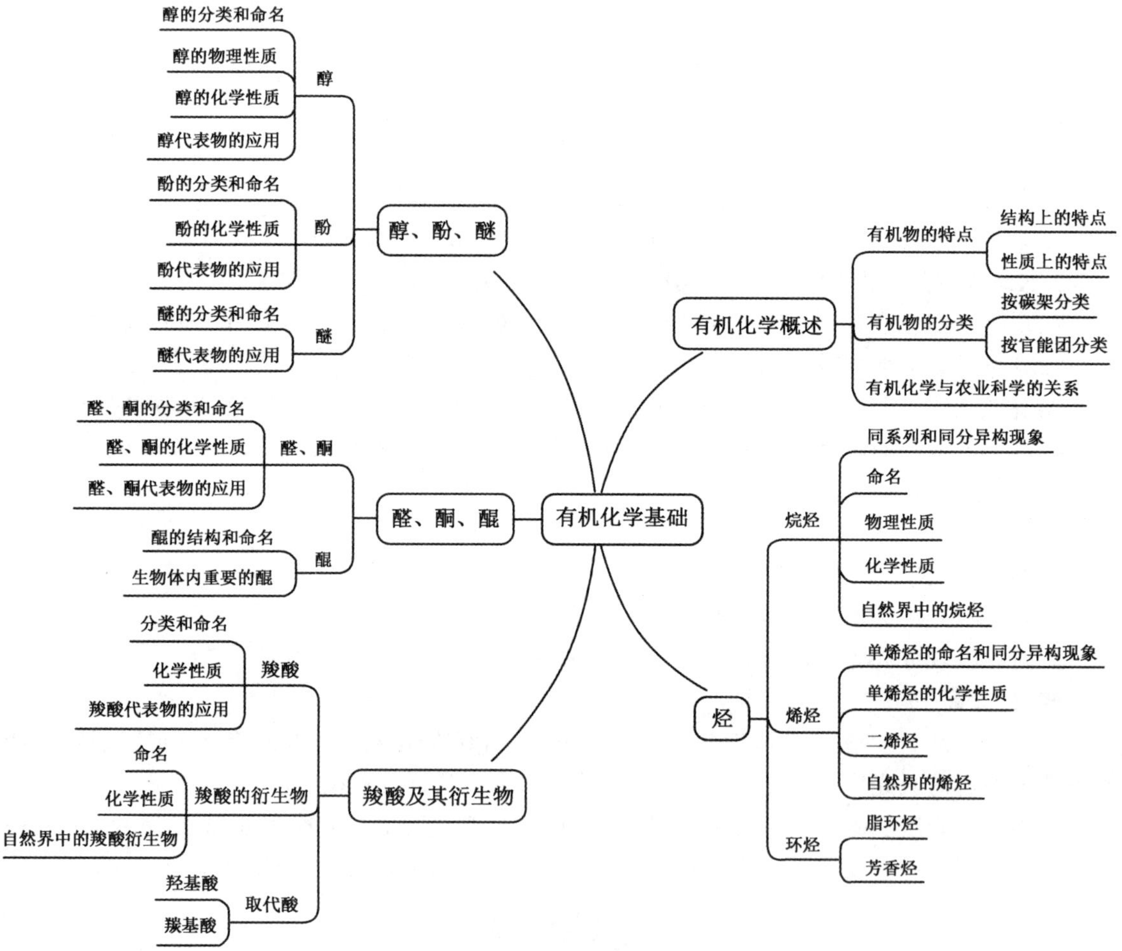

有机化学基础
醇、酚、醚
醇
醇的分类和命名
醇的物理性质
醇的化学性质
醇代表物的应用
酚
酚的分类和命名
酚的化学性质
酚代表物的应用
醚
醚的分类和命名
醚代表物的应用
醛、酮、醌
醛、酮
醛、酮的分类和命名
醛、酮的化学性质
醛、酮代表物的应用
醌
醌的结构和命名
生物体内重要的醌
羧酸及其衍生物
羧酸
分类和命名
化学性质
羧酸代表物的应用
羧酸的衍生物
命名
化学性质
自然界中的羧酸衍生物
取代酸
羟基酸
羰基酸
有机化学概述
有机物的特点
结构上的特点
性质上的特点
有机物的分类
按碳架分类
按官能团分类
有机化学与农业科学的关系
烃
烷烃
同系列和同分异构现象
命名
物理性质
化学性质
自然界中的烷烃
烯烃
单烯烃的命名和同分异构现象
单烯烃的化学性质
二烯烃
自然界的烯烃
环烃
脂环烃
芳香烃

第一节　有机化学概述

【学习目标】

知识目标：

1. 理解有机物的定义，知道有机物的特点。
2. 知道有机物的分类方法及类别。
3. 了解有机化学与农业科学的关系。

能力目标：

1. 能区分有机物和无机物。
2. 能根据官能团的结构写出各个官能团的名称。

素质目标：

1. 认识有机化学与人们生活、农业生产的密切关系。
2. 激发学习兴趣，培养崇实、创新、探索的精神和品质。

二维码 3-1　有机化学概述课程 PPT

有机化合物简称有机物。有机物广泛存在于自然界，和人类的关系非常密切，人类的生产、生活、科学研究都离不开有机物。从化学组成上看，有机物分子中都含有碳元素，绝大多数含有氢元素，许多有机物分子中还常含有氧、氮、硫、磷或卤素等其他元素，因此，有机物比较确切的定义是碳氢化合物及其衍生物（碳氢化合物的一个或几个氢原子被其他原子或基团取代后所生成的化合物）。有机化学是研究有机化合物的组成、结构、性质、制备方法与应用的科学。

【科学史话】

结晶牛胰岛素

1965 年 9 月 17 日，我国的科研人员在世界上首次成功合成具有生物活性的蛋白质——结晶牛胰岛素。

这一成果促进了生命科学的发展，开辟了人工合成蛋白质的时代，被认为是 20 世纪 60 年代多肽和蛋白质合成领域最重要的成就，极大地提高了我国的科学声誉，对我国在蛋白质和多肽合成方面的研究起了积极的推动作用。人工牛胰岛素的合成，标志着人类在认识生命、探索生命奥秘的征途中，迈出了关键性的一步，产生了极其巨大的影响。

一、有机物的特点

（一）结构特点

有机物分子中，碳原子以 4 个价键与其他原子相连。碳原子之间可以通过单键、双键或三键等不同方式结合形成碳链或碳环，碳原子也可以与其他元素的原子结合形成各类衍生物。

(二)性质特点

大多数有机物在常温下是液体和固体,但有机物的熔点比无机物低,一般小于 500 ℃,沸点也较低;有机物大多难溶于水,而易溶于乙醇、乙醚、氯仿和苯等有机溶剂;大多数有机物都可以燃烧;有机物之间的化学反应速率较慢,通常需要采取加热、加催化剂、光照等手段来加速反应;大多数有机化学反应不是单一的反应,反应复杂且副反应多,可以得到多种产物。

二、有机物的分类

有机物的数量众多,结构复杂,为了便于学习和研究,常根据有机物的结构特点和性质特点进行分类,一般的分类方法有两种。

(一)按碳架分类

1. 开链化合物

开链化合物也称脂肪族化合物。这类化合物中的碳架是直链或带有支链的开链。例如:

$CH_3—CH_2—CH_2—CH_2—CH_3$

戊烷

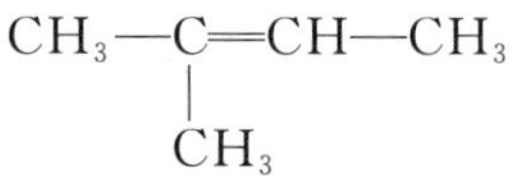

2-甲基-2-丁烯

$CH_3—CH_2—CH_2—OH$

1-丙醇

2. 碳环化合物

这类化合物分子中含有完全由碳原子组成的环。碳环化合物又可分为脂环族化合物和芳香族化合物两类。

(1)脂环族化合物　性质与脂肪族化合物相似的碳环化合物。例如:

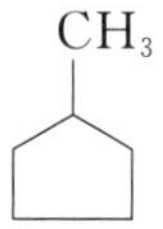

甲基环戊烷

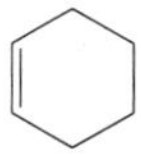

环己烯

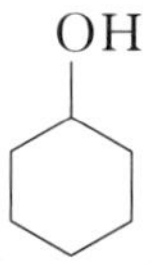

环己醇

(2)芳香族化合物　是指具有特殊结构和性质的一类碳环化合物,分子中通常含有一个或多个苯环。例如:

苯

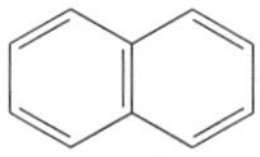

萘

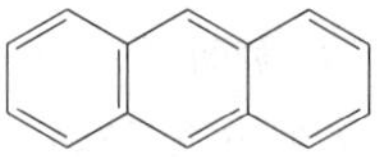

蒽

3. 杂环化合物

这类化合物分子中的环是由碳原子和其他元素的原子组成的。例如:

吡咯

呋喃

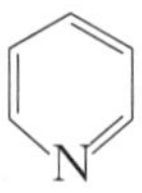

吡啶

(二)按官能团分类

官能团是指决定一类有机物主要化学性质的原子或原子团。几类比较重要的化合物和它们所含的官能团见表3-1。

表3-1　有机化合物及其官能团

化合物类别	官能团名称	官能团结构	化合物举例
烯烃	碳碳双键	$\gt C=C \lt$	$H_2C=CH_2$
卤代烃	卤素	$-X$	CH_3Cl
醇或酚	羟基	$-OH$	CH_3CH_2OH
醚	醚键	$-\overset{\vert}{\underset{\vert}{C}}-O-\overset{\vert}{\underset{\vert}{C}}-$	$CH_3CH_2-O-CH_2CH_3$
醛	醛基	$-\overset{\overset{O}{\Vert}}{C}-H$	$CH_3-\overset{\overset{O}{\Vert}}{C}-H$
酮	酮基	$-\overset{\overset{O}{\Vert}}{C}-$	$CH_3-\overset{\overset{O}{\Vert}}{C}-CH_3$
羧酸	羧基	$-\overset{\overset{O}{\Vert}}{C}-OH$	$CH_3-\overset{\overset{O}{\Vert}}{C}-OH$
酯	酯基	$-\overset{\overset{O}{\Vert}}{C}-O-R$	$CH_3-\overset{\overset{O}{\Vert}}{C}-O-CH_3$

三、有机化学与农业科学的关系

动植物的生长发育离不开有机物。首先，组成生物体的物质绝大部分是有机物，它们在生物体内有着各种不同的功能。例如，构成动植物结构组织的蛋白质与纤维素；植物及动物体中贮藏的养分——淀粉与糖原；花或水果的香气；昆虫之间传递信息的物质。其次，生物的生长过程实际上是无数有机分子的合成与分解的过程，这些化学变化与实验室中进行的有机反应具有一定的相似性，所不同的是生物体内的这些化学反应是在酶的催化下进行的。

有机物与农业生产及人民生活密切相关。例如在农业应用上，使用有选择性的新型杀虫剂、除草剂，能有效地消灭害虫、杀死杂草，从而提高农作物的产量，以保证充足的粮食供应。再如临床医学上使用的中、西药，食品加工业上使用的香料、食品添加剂、防腐剂等都是有机化合物。

因此，有机化学是学习农业科学的基础，掌握有机化学的基本理论、基本知识及基本实验技能具有重要意义。

【阅读与提高】

有机化学与药物

药物是用于治疗、预防和诊断疾病的物质的总称。目前使用的药物按来源可分为三大类：①天然来源的植物药、矿物药及来源于动物组织的药物；②微生物来源的药物，如抗生素等；③化学合成的药物。绝大多数药物是化学合成的，有些来源于天然动植物或微生物的药物现在也可以用化学合成的方法制得，有些可以以天然产物中的成分为主要原料经化学合成制得，即“半合成”药物。尽管有些药物的有效成分还不清楚或化学结构尚未阐明，但无论如何它们均属于化学物质，所以说“药物是特殊的化学品”。

习　题

一、填空题

1. 所有的有机物中都含有________元素。

2. 有机物中，碳原子以________个价键与其他原子相连。

3. 写出下列有机物的官能团名称：

(1) $CH_3CH{=}CHCH_3$ _______；(2) CH_3CH_2Cl _______；(3) $CH_3CH(OH)CH_3$ _______；(4) $CH_3CH_2{-}CHO$ _______；(5) CH_3COCH_3 _______；(6) CH_3CH_2COOH _______。

二、选择题

1. 下列说法正确的是(　　)。

A. 有机物只能从机体中获得

B. 含有碳元素的化合物都属于有机物

C. 有机物分子中的碳原子以 4 个价键与其他原子相连

D. 有机物中只含有碳、氢两种元素

2. 下列物质中，属于有机物的是(　　)。

A. CO　　B. CH_4　　C. H_2CO_3　　D. K_2CO_3

3. 下列物质中，不属于有机物的是(　　)。

A. CH_3CH_2OH　　B. CH_4　　C. CCl_4　　D. CO_2

4. 下列叙述中不是有机物的一般特性的是(　　)。

A 可燃性　　B. 反应比较简单　　C. 熔点低　　D. 难溶于水

5. 大多数有机物具有的特性之一是(　　)。

A 易燃烧　　B. 易溶于水　　C. 反应速率快　　D. 沸点高

第二节　烃

【学习目标】

知识目标：

1. 能说出各类烃的结构特点；能用系统命名法给简单的烷烃、烯烃、芳香烃命名。
2. 理解同系物、同分异构现象、同分异构体的概念。
3. 掌握烯烃的加成、氧化等典型的化学反应。

能力目标：

1. 能熟练写出五个碳以下的烷烃、烯烃的同分异构体。
2. 能运用简单的化学方法鉴别烷烃和烯烃。

素质目标：

1. 了解常见有机物的性质、应用及其对环境的影响，树立安全生产和环境保护意识。
2. 认识有机反应的复杂性和控制反应条件的重要性，培养严谨的工作态度。

二维码 3-2　烃课程 PPT

烃是由碳氢两种元素形成的有机物。根据碳架的不同，可以分为开链烃和环烃两大类。开链烃（也叫脂肪烃）是指分子中的碳原子相连成链状而形成的化合物。根据分子中碳原子间的结合方式，又可分为饱和烃和不饱和烃。

一、烷烃

开链的饱和烃叫作烷烃。烷烃是分子中的碳原子间以单键相连，其余的价键与氢结合而成的化合物，其通式为 $C_nH_{2n+2}(n\geqslant1)$。例如：

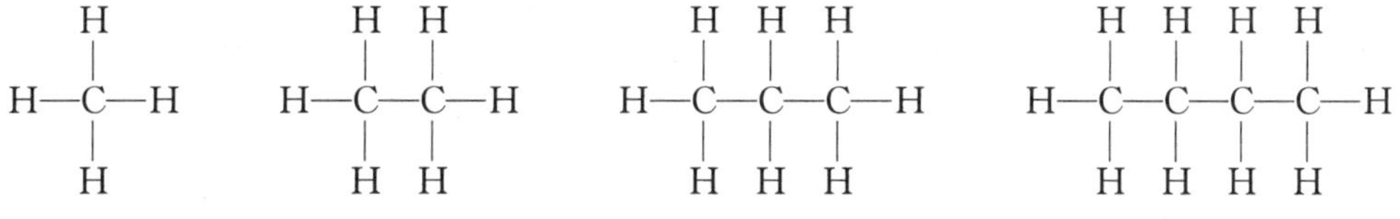

甲烷（CH_4）　乙烷（C_2H_6）　丙烷（C_3H_8）　丁烷（C_4H_{10}）

（一）同系列和同分异构现象

1. 同系列

上面列出的 4 个化合物具有同一个通式，结构相似，在组成上相差一个或多个 CH_2，这些化合物组成了一个系列，称为同系列。同系列中的各化合物互称为同系物。

2. 同分异构现象

甲烷、乙烷、丙烷都只有一种结构，而丁烷有两种结构，分别叫作正丁烷和异丁烷。

丁烷（正丁烷）　2-甲基丙烷（异丁烷）

像这种化合物具有相同的分子式，但具有不同结构的现象，叫作**同分异构现象**。这些化合物之间互称为**同分异构体**。有机化合物的异构现象有多种形式，总的来说分为构造异构和立体异构两大类。由于原子的连接次序不同而产生的异构叫作构造异构，构造异构包括碳链异构、官能团异构以及官能团的位置异构。正丁烷与异丁烷属于碳链异构。

随着烷烃分子中碳原子数目的增加，异构体的数目也随之增多。有机化合物的种类繁多，其原因之一就是有同分异构现象。例如，戊烷有 3 种同分异构体。

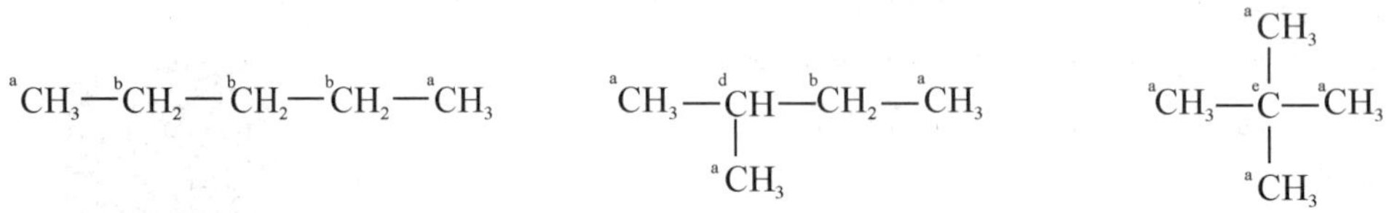

戊烷（正戊烷）　　2-甲基丁烷（异戊烷）　　2，2-二甲基丙烷（新戊烷）

在上述几个结构式中，用 a、b、d、e 标记的碳原子是有区别的。以 a 标记的碳原子，只与 1 个碳原子直接相连，其他 3 个键都与氢原子结合，这种碳原子叫一级（1°）碳原子或伯碳原子；以 b 标记的碳原子，则与 2 个碳原子直接相连，叫二级（2°）碳原子或仲碳原子；以 d 标记的碳原子，与 3 个碳原子直接相连，叫三级（3°）碳原子或叔碳原子；e 则是与 4 个碳原子直接相连的碳原子，叫四级（4°）碳原子或季碳原子。与伯、仲、叔碳原子相连的氢原子，相应地称为伯氢、仲氢和叔氢，不同级别氢原子的化学活性不同。

从烷烃分子中去掉一个氢原子后所余下的部分称**烷基**，常用—R 表示。例如，$-CH_3$ 称甲基，$-CH_2CH_3$ 称乙基等。

（二）命名

1. 普通命名法

根据分子中的碳原子数目，称为“某烷”。当碳原子数目为 1～10 个时，用甲、乙、丙、丁、戊、己、庚、辛、壬、癸来表示，超过 10 个碳原子时，就用十一、十二、十三等汉字数字表示。例如：

CH_4	C_5H_{12}	C_9H_{20}	$C_{12}H_{26}$	$C_{25}H_{52}$
甲烷	戊烷	壬烷	十二烷	二十五烷

为了区分同分异构体，用“正”字表示不含支链的化合物，用“异”字表示在碳链一端的第二位碳原子上带有一个$-CH_3$侧链的化合物，而在链的一端第二位碳原子上连有两个$-CH_3$侧链时，则用“新”字表示。如戊烷的 3 个同分异构体分别称为正戊烷、异戊烷和新戊烷。

“正”“异”这两个冠字较常用，而“新”字仅适用于新戊烷和新己烷。烷烃分子中碳原子数目再多时，有许多异构体就无法用字首加以区别了。因此，普通命名法只适用于结构比较简单的烷烃的命名。

2. 系统命名法

系统命名法是根据国际纯粹与应用化学联合会（International Union of Pure and Applied Chemistry，IUPAC）制定的命名原则，结合我国文字特点而制定的命名方法。

直链烷烃的系统命名法与普通命名法相同，但不加“正”字。对于带有支链的烷烃则按以下原则命名：

(1)选主链　在分子中选择一条最长的碳链作主链,根据主链所含有的碳原子数叫作"某烷"。将主链以外的支链看作取代基。当有几条相同长度的碳链可供选择时,应选择支链较多的碳链作为主链。

(2)编号　从距离支链最近的一端开始用阿拉伯数字给主链上的碳原子编号,使支链(取代基)的编号最小。如果碳链两端等距离处有 2 个不同的取代基时,则应使较小的取代基有尽可能小的编号。常见烷基取代基的顺序为异丙基＞正丙基＞乙基＞甲基。

(3)写名称　将取代基的位置和名称写在母体名称的前面,取代基的位置和名称之间用一短线相连。当有两个或多个取代基时,如果取代基不同时,按"次序规则"将"较优"基团列在后面;如果取代基相同时,要把定位数字用逗号隔开,并把取代基的数目合并起来用二、三等汉字数字表示,阿拉伯数字与汉字数字之间必须用半字线分开。

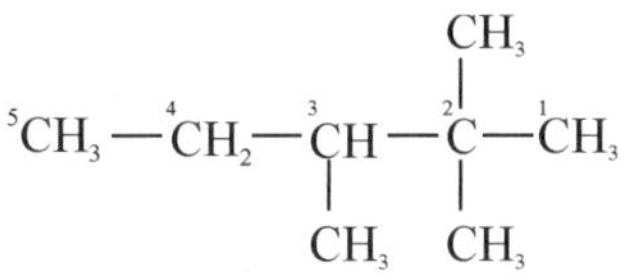

2,2,3-三甲基戊烷

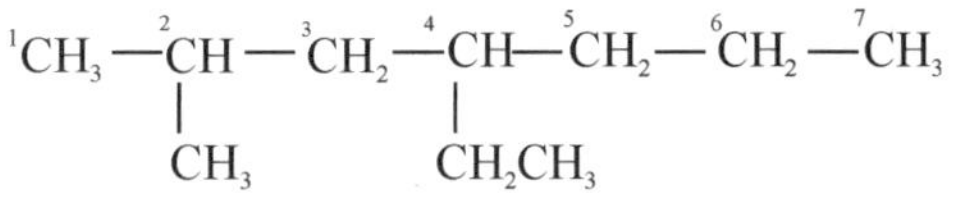

2-甲基-4-乙基庚烷

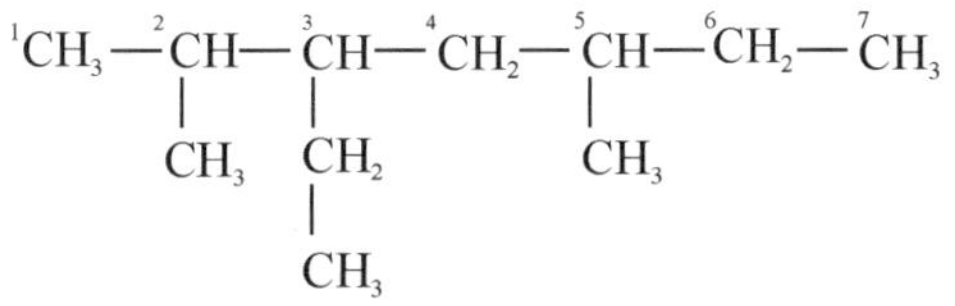

2,5-二甲基-3-乙基庚烷

根据"次序规则"排列较优基团的方法:

①将各取代基中与母体相连的原子按原子序数大小排列,原子序数大的为较优基团,如 O＞C＞H。

②如各取代基中与母体相连的第一个原子相同时,则比较与该原子相连的第二个原子,仍按原子序数排列,若第二个原子也相同,则比较第三个原子,依此类推。如甲基和乙基,与主链相连的第一个原子都是碳,则比较与第一个碳原子相连的其他原子的原子序数,在甲基中与碳相连的分别是 H、H、H,而在乙基中与碳相连的分别是 C、H、H。碳的原子序数大于氢,所以与甲基相比,乙基为"较优"基团。

(三)物理性质

纯物质的物理性质在一定条件下都有固定的数值,常把这些数值称作物理常数。从表 3-2 列出的某些直链烷烃的物理常数中,可以看出烷烃的物理性质是随着相对分子质量的增加而呈现出一定的递变规律。

在常温常压(25 ℃,101 325 Pa)下,含 1～4 个碳原子的直链烷烃是气体,5～17 个碳原子的直链烷烃是液体,18 个碳原子以上的直链烷烃是固体。

直链烷烃的沸点随着相对分子质量的增加而升高。一方面,烷烃分子间存在着作用力,分子间作用力的大小与分子间的接触面积有关,分子越大,分子的表面积就越大,分子间接触的部分就越多,从而分子间的作用力也增强。另一方面,相对分子质量越大,使分子运动所需的能量也越高,所以沸点也随之增高。在同分异构体中,分支程度越高的,沸点越低(表 3-3)。

因为分支程度增高，则分子间的接触面积减小，从而分子间的作用力减小。这些规律也同样表现于其他系列的有机物中。

表 3-2 某些直链烷烃的物理常数

结构式	名称	沸点/℃	熔点/℃	相对密度*
CH_4	甲烷	−161.4	−182.6	0.466(−164 ℃)
CH_3CH_3	乙烷	−88	−172	0.572(−100 ℃)
$CH_3CH_2CH_3$	丙烷	−42.1	−187.7	0.585 3(−45 ℃)
$CH_3(CH_2)_2CH_3$	丁烷	−0.5	−138.4	0.578 8
$CH_3(CH_2)_3CH_3$	戊烷	36.1	−130	0.626 2
$CH_3(CH_2)_4CH_3$	己烷	69	−95	0.660 3
$CH_3(CH_2)_5CH_3$	庚烷	98.4	−90.6	0.683 7
$CH_3(CH_2)_6CH_3$	辛烷	125.7	−56.8	0.702 5
$CH_3(CH_2)_7CH_3$	壬烷	150.8	−51	0.717 6
$CH_3(CH_2)_8CH_3$	癸烷	174.1	−29.7	0.730 0
$CH_3(CH_2)_9CH_3$	十一烷	196	−25.6	0.740 2
$CH_3(CH_2)_{10}CH_3$	十二烷	216.3	−9.6	0.748 7
$CH_3(CH_2)_{14}CH_3$	十六烷	287	18.2	0.773 3
$CH_3(CH_2)_{15}CH_3$	十七烷	301.8	22	0.778 0
$CH_3(CH_2)_{16}CH_3$	十八烷	316.1	28.2	0.776 8
$CH_3(CH_2)_{18}CH_3$	二十烷	340	36.8	0.788 6

* 除注明者外，其余物质的相对密度均为 20 ℃ 时的数据。

引自：有机化学，汪小兰，2005。

表 3-3 戊烷各异构体的沸点

名称	结构式	沸点/℃
正戊烷	$CH_3(CH_2)_3CH_3$	36.1
异戊烷	$(CH_3)_2CHCH_2CH_3$	27.9
新戊烷	$(CH_3)_4C$	9.5

引自：有机化学，方渡，2007。

从丁烷开始，直链烷烃的熔点也随相对分子质量的增加而升高，但偶数碳原子的烷烃的熔点比奇数碳原子的烷烃升高得多。熔点的高低除与相对分子质量有关外，还与分子的对称性有关。偶数碳原子的烷烃分子对称性高，晶体中分子排列紧密，分子间作用力就大些，因此熔点高。

直链烷烃的相对密度随相对分子质量的增加而逐渐增大，但都小于 1。烷烃不溶于水，而易溶于氯仿、乙醚、苯等有机溶剂。

(四)化学性质

烷烃的化学性质比较稳定，一般情况下，不与强酸、强碱、氧化剂等发生反应。但在一定条件下，例如在高温或有催化剂存在时，烷烃也可以和一些试剂作用。

1. 氧化反应

烷烃可以在氧气或空气中燃烧，生成二氧化碳和水，并放出大量的热量。因此，烷烃是重要的能源。

$$C_nH_{2n+2}+\left(\frac{3n+1}{2}\right)O_2 \xrightarrow{\text{燃烧}} nCO_2+(n+1)H_2O+\text{热能}$$

低级烷烃($C_1 \sim C_6$)蒸气与空气混合至一定比例时，遇到明火或火花便燃烧而放出大量的热，从而使生成的 CO_2 及 H_2O 急剧膨胀而发生爆炸，这是煤矿中发生爆炸事故的原因。甲烷的爆炸极限是 5.53%～14%。因此，煤矿坑道必须保持良好的通风，家用煤气或沼气点火时应该小心，防止发生爆炸事故。

2. 氯代反应

有机物分子里的某些原子或原子团被其他原子或原子团所代替的反应，叫作取代反应。取代反应是有机化学里的一种主要反应类型。烷烃分子中的氢原子被氯原子取代的反应，称为氯代反应。

在日光、紫外光照射或高温条件(250 ℃以上)下，烷烃能与氯发生取代反应。例如：

$$CH_4+Cl_2 \xrightarrow{\text{光}} CH_3Cl+HCl$$

$$CH_3Cl+Cl_2 \xrightarrow{\text{光}} CH_2Cl_2+HCl$$

$$CH_2Cl_2+Cl_2 \xrightarrow{\text{光}} CHCl_3+HCl$$

$$CHCl_3+Cl_2 \xrightarrow{\text{光}} CCl_4+HCl$$

反应中甲烷分子中的氢原子被逐步取代，直至生成 CCl_4。反应很难控制在某一步，反应产物是氯甲烷、二氯甲烷、三氯甲烷、四氯化碳等的混合物，工业上常用作溶剂。

对于同一烷烃，不同级别的氢原子被取代的难易程度是不同的。不同级别氢原子的氯代反应活性次序为 $3^\circ H > 2^\circ H > 1^\circ H$。

(五)自然界中的烷烃

甲烷广泛存在于自然界，是天然气和沼气的主要成分。天然气是蕴藏在地层内的可燃气体，不同产地的天然气组分不同，但几乎都含有 75% 的甲烷，我国四川的天然气中甲烷的含量高达 95% 以上。

在农村利用秸秆、杂草、树叶和人畜粪便等，在适当的温度、湿度和酸度条件下，隔绝空气，经微生物发酵来制沼气，用以照明、烧水、做饭和发动机器等，而且发酵后的渣液是很好的有机肥料。因此，沼气对于解决农村能源问题、改善环境卫生、提高肥料质量等方面都有重要的意义。

许多植物的茎、叶或果实表皮的蜡质内混有高级烷烃，如甘蓝叶中含有二十九烷，烟叶里含有二十七烷和三十一烷，苹果皮里含有二十七烷和二十九烷等。这些烷烃和蜡质具有防止水分内浸和减少水分蒸发的作用，还可以防止病虫侵害，在植物生理和植物保护方面都有重要的意义。

某些昆虫分泌的信息素(即同种昆虫之间借以传递信息而分泌的有气味的化学物质)也是烷烃。例如一种蚁，它们分泌的传递警戒信息的物质中含有正十一烷及正十三烷。又如雌虎蛾引诱雄虎蛾的性信息素是 2-甲基十七烷，通过人工合成这种昆虫性信息素，可将雄虎蛾引至捕集器中并将它们杀死，这是近年发展起来的第三代农药。这种防治方法不伤害天敌，不会像化学杀虫剂一样引起环境污染及害虫抗药性，因此具有广阔的发展前景。

二、烯烃

分子中含有碳碳双键(C═C)的烃，称为烯烃，其中只含有一个碳碳双键的称为单烯烃，通式为 C_nH_{2n}；含有两个碳碳双键的称为二烯烃，通式为 C_nH_{2n-2}，同系物的系列差也是 CH_2。碳碳双键是烯烃的官能团。

(一)单烯烃的命名和同分异构现象

1. 单烯烃的命名

烯烃的系统命名原则和烷烃基本相同。

(1)选主链　选择含有双键的最长的碳链作为主链，根据主链上碳原子的数目称为“某烯”或“某碳烯”(碳原子数≥11)。

(2)编号　由距离双键最近的一端开始给主链碳原子编号。

(3)写名称　将第一个双键碳原子的编号写在烯烃名称的前面以表示双键的位置，数字与母体名称之间用半字线隔开。

$CH_2{=}CH_2$　乙烯

$CH_2{=}CH{-}CH_3$　丙烯

$\overset{1}{C}H_2{=}\overset{2}{C}H{-}\overset{3}{C}H_2{-}\overset{4}{C}H_3$　1-丁烯

$\overset{1}{C}H_3{-}\overset{2}{C}H{=}\overset{3}{C}H{-}\overset{4}{C}H_3$　2-丁烯

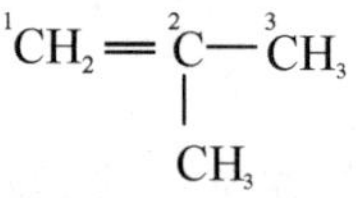

2-甲基丙烯

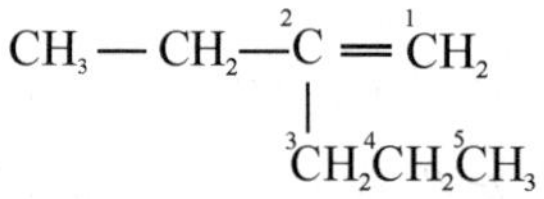

2-乙基-1-戊烯

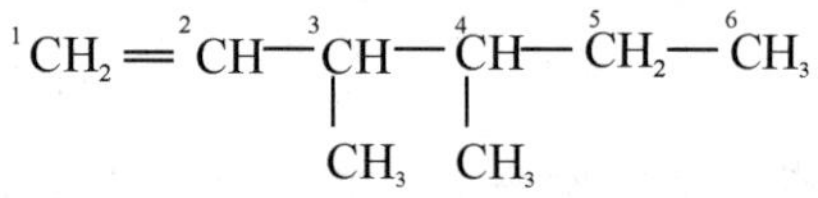

3，4-二甲基-1-己烯

2. 单烯烃的同分异构现象

单烯烃除有碳链异构外，还有由于双键位置不同而产生的官能团位置异构，以及由于双键碳原子上的基团的空间排列方式不同而产生的顺反异构。例如，2-丁烯就有顺、反两个异构体。

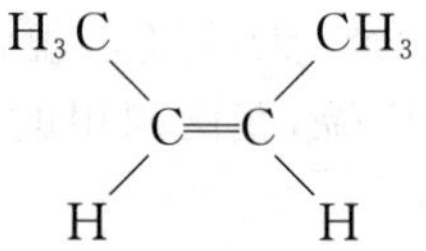

顺-2-丁烯

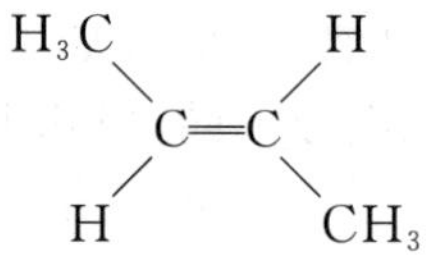

反-2-丁烯

在顺-2-丁烯中，相同的基团——两个甲基(或两个氢原子)在双键的同侧；而反-2-丁烯中两个甲基(或两个氢原子)则在双键的反侧。顺反异构属于立体异构中的一种。

烯烃具有顺反异构的条件是每个双键碳上必须连有两个不同的原子或基团。

(二)单烯烃的化学性质

烯烃的化学性质比较活泼，可以发生加成、氧化、聚合以及 α-H 的取代反应等。

1. 加成反应

反应过程中，双键中有一个键断裂，试剂的两部分分别加到原来以双键相连的两个碳原子上而生成新的化合物，这样的反应叫作加成反应。在有机化学反应里，加成反应是一种主要反应类型。

(1)与氢加成　在催化剂(镍、钯、铂等)作用下,烯烃可与氢发生加成反应,生成烷烃。

$$CH_3CH{=}CH_2 + H_2 \xrightarrow{Pt} CH_3CH_2CH_3$$

此反应只有在催化剂存在下才能进行,也称催化氢化反应。由于反应定量完成,可以根据反应吸收氢的量来确定分子中所含双键的数目。

(2)与卤素加成　烯烃与氯、溴等在室温条件下很容易发生加成反应。例如,将乙烯或丙烯通入溴的四氯化碳溶液中,由于生成无色的二溴代烷而使溴的红棕色褪去,烯烃也可以使溴水褪色。此反应用于烯烃的定性鉴别。但能使溴的四氯化碳溶液褪色的化合物不仅有烯烃,还需用别的方法进一步验证。

$$CH_2{=}CH_2 + Br_2 \longrightarrow \underset{\text{1,2-二溴乙烷}}{BrCH_2{-}CH_2Br}$$

$$CH_3{-}CH{=}CH_2 + Br_2 \longrightarrow \underset{\text{1,2-二溴丙烷}}{CH_3{-}\underset{Br}{\underset{|}{CH}}{-}\underset{Br}{\underset{|}{CH_2}}}$$

(3)与水加成　在酸的催化下,烯烃可以与水加成生成醇,这个反应也称为烯烃的水合。

$$CH_2{=}CH_2 + H_2O \xrightarrow{H^+} \underset{\text{乙醇}}{CH_3{-}CH_2{-}OH}$$

$$CH_3{-}CH{=}CH_2 + H_2O \xrightarrow{H^+} \underset{\text{异丙醇}}{CH_3{-}\underset{OH}{\underset{|}{CH}}{-}CH_3}$$

不对称烯烃与水的加成遵守马尔科夫尼科夫规则,即氢原子主要加到含氢较多的双键碳原子上。

2. 氧化反应

烯烃很容易被氧化,如与酸性高锰酸钾溶液反应,则C=C双键断裂,生成羧酸或酮。当双键碳原子上连有两个氢原子时,则被氧化成二氧化碳和水。

$$CH_3{-}CH{=}\overset{CH_3}{\overset{|}{C}}{-}CH_3 \xrightarrow{KMnO_4/H^+} \underset{\text{乙酸}}{CH_3COOH} + \underset{\text{丙酮}}{CH_3{-}\overset{O}{\overset{\|}{C}}{-}CH_3}$$

$$CH_3{-}CH{=}CH_2 \xrightarrow{KMnO_4/H^+} \underset{\text{乙酸}}{CH_3COOH} + CO_2\uparrow + H_2O$$

利用高锰酸钾溶液可以鉴别烯烃,另外,根据烯烃的氧化产物可以推断烯烃的结构。

3. 聚合反应

在一定条件下,许多烯烃通过加成的方式互相结合,生成高分子化合物,这种反应称为聚合反应。如乙烯在一定条件下,可生成聚乙烯。

$$nCH_2{=\!=}CH_2 \xrightarrow[\text{温度,压力}]{TiCl_4-Al(C_2H_5)_3} \left[CH_2-CH_2\right]_n$$

在上述反应中，乙烯称为单体，生成的产物称为聚合物，n 为聚合度。聚乙烯用途很广，可用以制成食品袋、塑料杯等日常用品，在工业上可制造电工部件的绝缘材料等，是目前世界上生产量最大的一种塑料。

【阅读与提高】

塑料是否有毒？

某日，广州的王先生刚吃下两个鲜肉包不到 1 小时便呕吐起来，到医院检查，竟然是装包子的一次性塑料袋惹的祸。据王先生就诊医院的医生介绍，同样的急性铅中毒事件该院已接治多例，医生特别提醒人们不要用塑料袋盛装高温的食品，以免发生中毒事件。

案例分析：塑料是一种高分子化合物，其应用十分广泛。常见的塑料分为聚氯乙烯、聚苯乙烯、聚乙烯、环氧树脂、酚醛树脂等。日常生活中使用的绝大多数塑料制品化学性质稳定，并无大的毒性。但在高温及油脂等作用下，塑料中的一些添加剂很容易被析出，对人体造成伤害。

塑料添加剂能改进塑料基材的加工性能及物理化学特性，添加剂包括增塑剂、着色剂、填料、热稳定剂、光稳定剂、润滑剂、抗静电剂、抗氧化剂、阻燃剂、发泡剂等。有些塑料制品中加入的稳定剂主要成分是顺-硬脂酸铅，食入后会对人体造成蓄积性铅中毒。尤其是不法商家用废弃塑料生产塑料袋，在加工过程中若加入不符合国家规定或严重超标的劣质添加剂，则会产生很强的毒性，甚至致癌。

4. 取代反应

在烯烃分子中，与双键碳直接相连的碳上的氢（α-H），因受双键的影响，易发生取代反应。例如，在高温下，丙烯可与氯作用，生成 3-氯丙烯。

$$CH_3-CH{=\!=}CH_2 \xrightarrow[500\sim600\ ^\circ C]{Cl_2} Cl-CH_2-CH{=\!=}CH_2$$

烯烃与卤素在常温下，发生的是加成反应，而在高温或光照条件下，发生的是取代反应。由此可见有机反应的复杂性及严格控制反应条件的重要性。

（三）二烯烃

1. 二烯烃的分类和命名

根据分子中两个碳碳双键的相对位置，可以把二烯烃分为 3 类：

（1）聚集二烯烃　两个双键连在同一个碳原子上的二烯烃，如丙二烯；

（2）共轭二烯烃　两个双键被一个单键隔开的二烯烃，如 1,3-丁二烯；

（3）隔离二烯烃　两个双键被两个以上单键隔开的二烯烃，如 1,4-戊二烯。

二烯烃的命名与单烯烃相同，只是在“烯”字前加一个“二”字，并注明两个双键的位置。

$CH_2{=}C{=}CH_2$	$\overset{1}{C}H_2{=}\overset{2}{C}H-\overset{3}{C}H{=}\overset{4}{C}H_2$	$\overset{1}{C}H_2{=}\overset{2}{C}H-\overset{3}{C}H_2-\overset{4}{C}H{=}\overset{5}{C}H_2$
丙二烯	1,3-丁二烯	1,4-戊二烯

2. 共轭二烯烃的化学性质

共轭二烯烃具有烯烃的一般性质，如能与氢、卤素等试剂加成，能被氧化，能进行聚合等，此外，共轭二烯烃还具有特殊的反应性能——1，4-加成反应。

1，3-丁二烯与一分子试剂加成时，按照孤立烯烃的加成情况，应该只得到 1，2-加成产物，但实际上还可得到 1，4-加成产物，而且往往以 1，4-加成产物为主。例如与溴加成时，试剂的两部分分别加到分子两端的碳原子上，而在 C_2 和 C_3 之间形成一个新的双键，就得到 1，4-加成产物，这种加成反应，叫作 **1，4-加成反应**。1，4-加成反应是烯烃的特殊反应性能。

$$CH_2{=}CH{-}CH{=}CH_2 + Br_2 \longrightarrow \underset{Br}{\underset{|}{C}H_2}{-}CH{=}CH{-}\underset{Br}{\underset{|}{C}H_2} + \underset{Br}{\underset{|}{C}H_2}{-}\underset{Br}{\underset{|}{C}H}{-}CH{=}CH_2$$

1，4-加成产物　　　　1，2-加成产物

1，4-加成反应又称共轭加成，是共轭二烯烃的特殊反应。共轭二烯烃的 1，2-加成反应和 1，4-加成反应是竞争反应，哪一种加成反应占优势取决于反应条件。一般在低温及非极性溶剂中以 1，2-加成反应为主，高温及极性溶剂中以 1，4-加成反应为主。

（四）自然界的烯烃

烯烃在某些生物中有很重要的作用。例如，乙烯是植物的内源激素，许多植物中含有微量的乙烯。乙烯可以加速树叶的死亡与脱落，从而使新叶得以生长。乙烯还可以使摘下来的未成熟的果实加速成熟。又如，顺-9-二十三碳烯是雌家蝇的性信息素。

【思政园地】

乙烯利——一种植物生长调节剂

农药乙烯利（2-氯乙基膦酸）为无色酸性液体，可溶于水。常温下，pH 小于 3 时比较稳定；当 pH 大于 4 时开始分解，并释放出乙烯。

$$Cl{-}CH_2{-}CH_2{-}\underset{OH}{\underset{|}{\overset{O}{\overset{\|}{P}}}}{-}OH + H_2O \longrightarrow CH_2{=}CH_2\uparrow + HCl + H_3PO_4$$

采用乙烯利对水果和蔬菜进行催熟是多年来全世界广泛使用的技术，从理论上看是科学而且安全的，就是通过乙烯利水溶液散发出乙烯气体对水果和蔬菜进行催熟。但是曾经有新闻报道过“有人食用催熟的香蕉后会出现呕吐、恶心及灼烧感”，这是因为乙烯利添加过量了，那些过量的、没有分解为乙烯的乙烯利对人体的健康带来了不利影响。

“科学技术是把双刃剑”，既要练好“剑术”，同时又要具备高度的社会责任感，树立正确的价值观，才能让科技更好地为生产、生活服务。

三、环烃

环烃是由碳和氢两种元素组成的环状化合物，根据它们的结构或性质，可以分为脂环烃和

芳香烃两类。

(一)脂环烃

1. 分类和命名

脂环烃是指性质与脂肪烃相似的环烃，根据环上碳原子的饱和程度可分为环烷烃、环烯烃等，根据碳环的数目，可分为单环、二环和多环脂环烃。脂环烃的结构式常写成键线式，省略环上的C、H，键线的交叉点为C原子。例如：

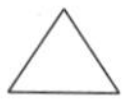
环丙烷

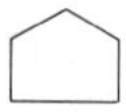
环戊烷

环己烷

环己烯

环戊二烯

单环脂环烃的命名与脂肪烃相似。环烷烃是根据成环碳原子数称为“环某烷”，将环上支链作为取代基。当环上连有多个取代基时，按照表示取代基位置的数字尽可能小的原则，将环上的碳原子编号，并将较优基团给以较大的编号。例如：

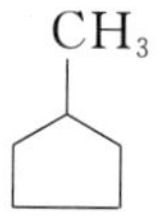

甲基环戊烷

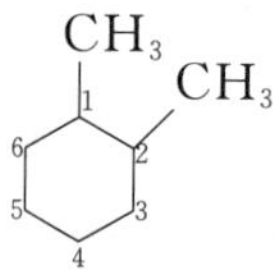

1,2-二甲基环己烷

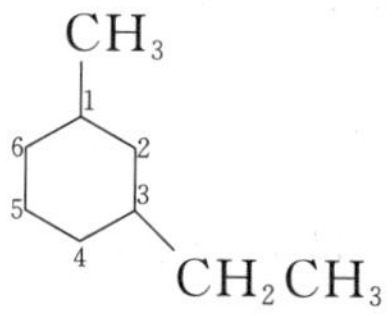

1-甲基-3-乙基环己烷

环烯烃是根据成环碳原子数称为“环某烯”，编号从不饱和碳原子开始，并通过不饱和键编号。例如：

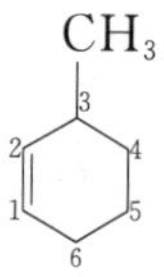

3-甲基环己烯

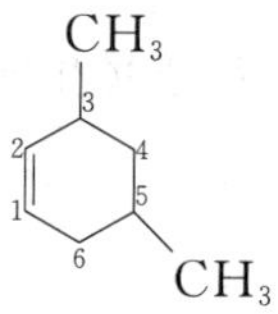

3,5-二甲基环己烯

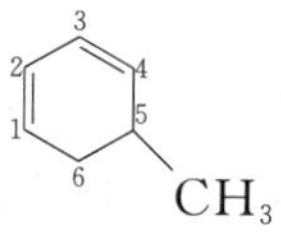

5-甲基-1,3-环己二烯

在单环脂环烃中，常见的是五元环和六元环。

2. 化学性质

环烯烃中的不饱和键具有一般不饱和键的通性。五、六元环烷或高级环烷的性质与烷烃相似，在光照或高温条件下，可以与卤素发生取代反应；而三元和四元环烷化学性质比较活泼，容易与某些试剂加成并开环而形成链状化合物。

(1)催化氢化　在催化剂作用下，环丙烷、环丁烷与氢可以进行加成反应，生成丙烷及丁烷。

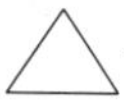 $+H_2 \xrightarrow[80\ ℃]{Ni} CH_3CH_2CH_3$

 $+H_2 \xrightarrow[200\ ℃]{Ni} CH_3CH_2CH_2CH_3$

由反应条件可以看出，四元环比三元环要稳定。五元以上的环烷烃则难以开环。

(2)与溴的作用　环丙烷与溴在室温及暗处就能发生加成反应，生成1,3-二溴丙烷，而环丁烷与溴必须在加热下才能作用，并生成1,4-二溴丁烷。

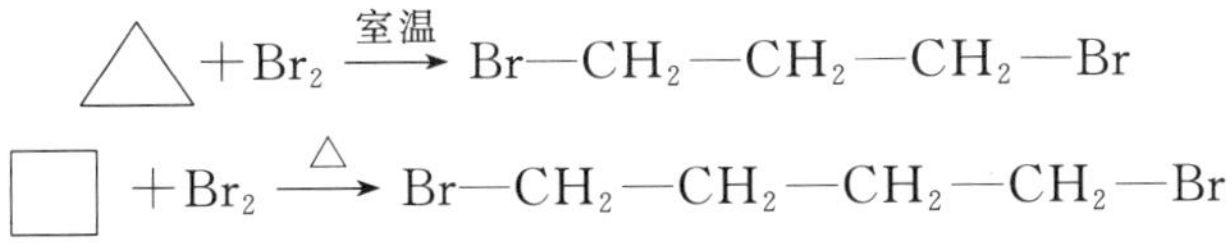

环丙烷及环丁烷虽然都能与溴加成，表现与烯烃相似的性质，但它们却不像烯烃那样容易被高锰酸钾氧化。

（二）芳香烃

1. 分类和命名

这里所说的芳香烃是指含有苯环的一类碳氢化合物。根据分子中所含苯环的数目，可将芳香烃分为单环和多环两大类。

（1）单环芳香烃　单环芳香烃包括苯、苯的同系物和苯基取代的不饱和烃。

命名苯的同系物时，一般以苯作母体，烷基作取代基。苯环上连有两个或三个取代基时，需要注明取代基的位置。取代基位置可以用“邻、间、对”或“连、偏、均”表示，也可以用数字表示。

苯

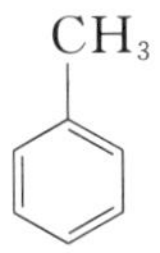

甲苯

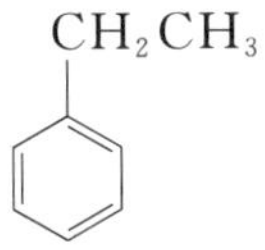

乙苯

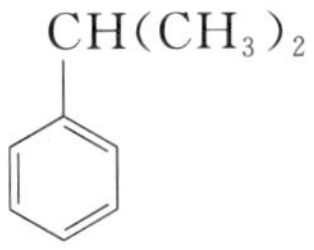

异丙苯

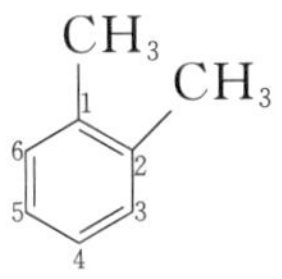

邻二甲苯
（1,2-二甲苯）

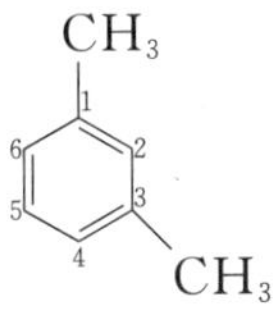

间二甲苯
（1,3-二甲苯）

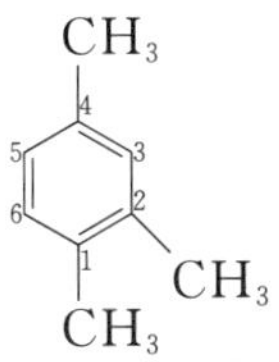

偏三甲苯
（1,2,4-三甲苯）

当苯环上连有不饱和基团或多个碳原子的烷基时，则通常将苯环作为取代基，如苯乙烯及2-苯基庚烷。

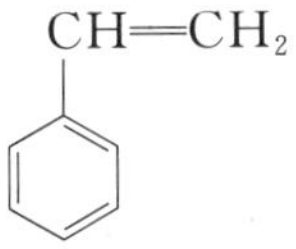

苯乙烯

2-苯基庚烷

（2）多环芳香烃　多环芳香烃可根据苯环的连接方式分为联苯类、多苯代脂肪烃和稠环芳香烃三类，其中比较重要的是稠环芳香烃。稠环芳香烃是两个或两个以上苯环彼此共用两个相邻的碳原子连接起来的，这类化合物各有自己特殊的名称和编号方法。在萘及蒽中还常用 α 代表1、4、5、8位，以 β 代表2、3、6、7位；蒽的9、10位以 γ 表示。

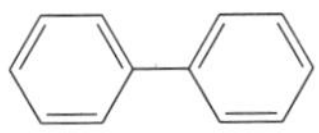

联苯

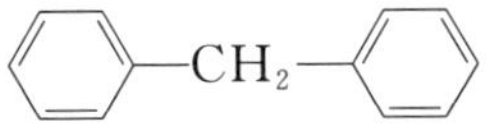

二苯甲烷

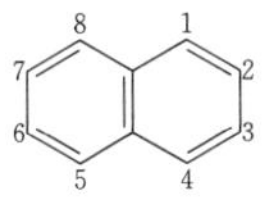

萘

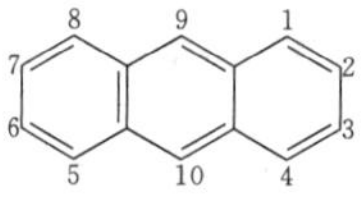

蒽

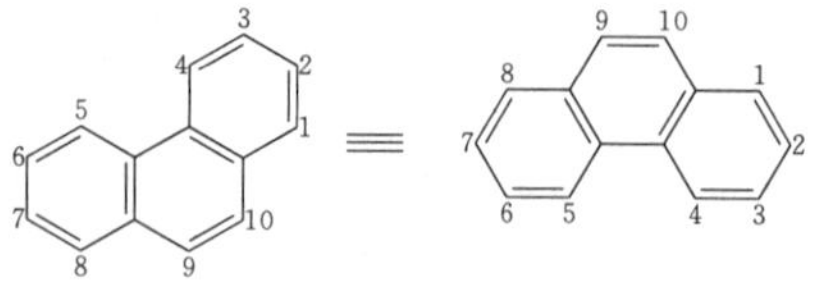

菲

2. 单环芳香烃的化学性质

单环芳香烃的特征结构是含有苯环。虽然苯环具有高度不饱和性，但苯环相当稳定，在一般条件下不易被氧化，也不容易发生加成反应，而易于发生取代反应。

(1)取代反应　在一定条件下，单环芳香烃可以与卤素、硝酸、硫酸等发生取代反应。例如，在铁或相应铁盐的催化下，加热，苯环上的氢可被氯或溴原子取代，生成相应的卤代苯，并放出卤化氢。

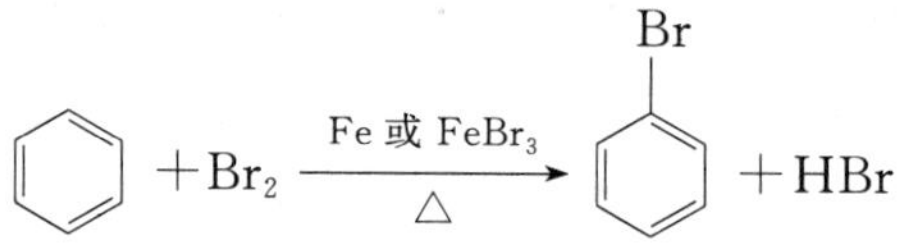

溴苯

再如以浓硝酸和浓硫酸与苯共热，苯环上的氢原子能被硝基（$—NO_2$）取代，生成硝基苯。

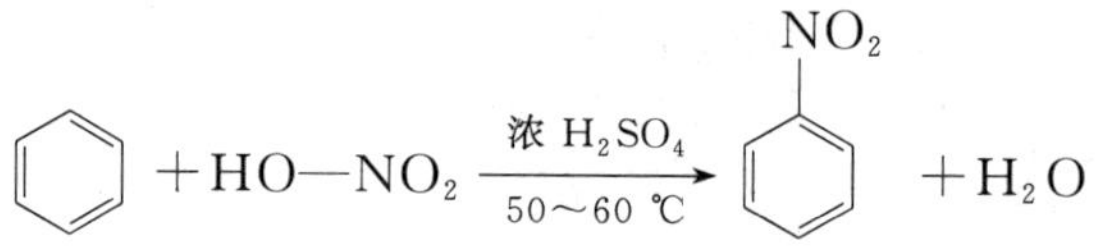

硝基苯

如以甲苯进行硝化，反应比苯容易进行，在 30 ℃就可以反应，主要得到邻硝基甲苯和对硝基甲苯。

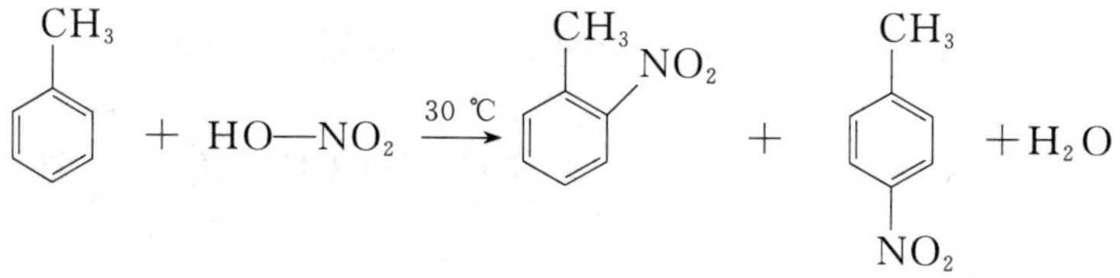

邻硝基甲苯　　对硝基甲苯

(2)氧化反应　苯不能被高锰酸钾、重铬酸钾等强氧化剂氧化，但当苯环上有侧链时，只要与苯环相连的碳原子上有氢原子，侧链就被氧化成羧基，生成苯甲酸。例如：

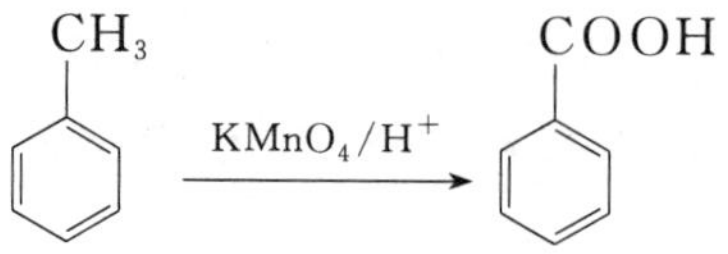

苯甲酸

习 题

一、填空题

1. 烃是仅由________、________两种元素形成的有机物。

2. 分子式为 C_8H_m 的烷烃，m 值等于________；分子式为 C_nH_{22} 的烷烃，n 值等于________；相对分子质量为 212 的烷烃的分子式为________。

3. 卷心菜叶表面的蜡质中含有 29 个碳的直链烷烃，其分子式为________。

4. 乙烯的结构简式是________，官能团是________。

5. 烯烃________使 $KMnO_4$ 酸性溶液褪色。（填“能”或“不能”）

二、选择题

1. 下列说法中正确的是(　　)。

A. 化学性质不同的有机物是同分异构体

B. 互为同分异构体的两种有机物的物理性质有差别

C. 分子组成相差一个或几个 CH_2 原子团的有机物是同系物

2. 下列说法正确的是(　　)。

A. 饱和脂肪烃就是烷烃　　B. 取代反应中可能有单质生成

C. 随着碳原子数的递增，烷烃的熔、沸点逐渐降低

3. 下列烷烃：①正己烷，②丙烷，③正戊烷，④正丁烷，⑤癸烷，沸点由高到低的顺序排列正确的是(　　)。

A. ①②③④⑤　　B. ⑤③④①②　　C. ⑤①③④②　　D. ③④⑤②①

4. 液化石油气的主要成分是(　　)。

A. 甲烷　　B. 甲烷和乙烷　　C. 丙烷和丁烷　　D. 戊烷和己烷

5. 下列说法中，错误的是(　　)。

A. 乙烯的加成、乙烯使酸性 $KMnO_4$ 溶液褪色，都与乙烯分子中含有的碳碳双键有关

B. 用溴的四氯化碳溶液和酸性 $KMnO_4$ 溶液都可以鉴别乙烯和乙烷

C. 相同质量的乙烯和甲烷完全燃烧后产生的水的质量相同

D. 乙烯的化学性质比乙烷的化学性质活泼

6. 具有相同分子式但结构不同的化合物称为(　　)。

A 同分异构现象　　B. 同分异构体　　C. 同系物　　D. 同位素

三、简答题

1. 写出下列化合物的结构简式或名称。

(1)甲烷　　(2)乙烷　　(3)乙烯　　(4)甲苯

(5) 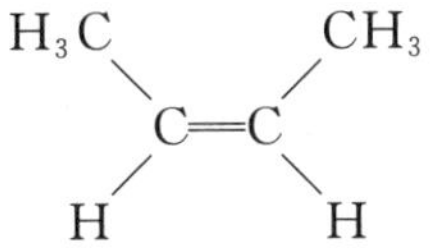

(6) 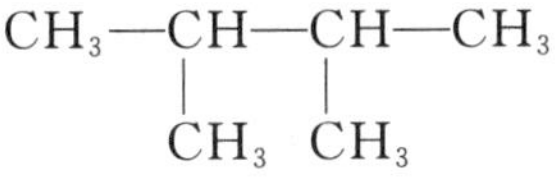

2. 写出下列反应的主要产物。

(1) $CH_2{=}CH_2 + Br_2 \longrightarrow$

(2) 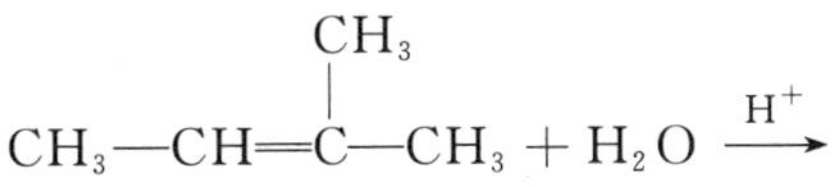

3. 用简单的化学方法鉴别下列各组化合物。

(1)丙烷和丙烯　　　　(2)苯和甲苯

4. 写出分子式为 C_6H_{14} 的烷烃的各种同分异构体，并用系统命名法命名。

5. 写出雌家蝇的性信息素顺-9-二十三碳烯的构型式。

第三节　醇、酚、醚

【学习目标】

知识目标：

1. 掌握醇、酚、醚的分类和命名。
2. 熟悉醇、酚、醚的主要物理和化学性质。
3. 了解醇、酚、醚代表化合物的作用。

能力目标：

1. 能对简单的醇类化合物、酚类化合物进行命名。
2. 能写出醇类化合物、酚类化合物主要的化学反应式。
3. 能运用醇、酚、醚的性质解释农业生产、生活中的某些现象。

素质目标：

1. 关注农业和生活中醇、酚、醚类的应用，形成用科学思维解释生活现象的习惯。
2. 认识甲醇的毒性，合理使用甲醇，培养安全生产意识。

二维码 3-3　醇、酚、醚课程 PPT

醇、酚都是官能团为羟基(—OH)的化合物，两者的区别在于羟基所连的基团不同。烃类分子中饱和碳原子上的氢原子被羟基取代生成的化合物称为醇，用通式 R—OH 表示，其中—OH 称为醇羟基；羟基直接连在芳环上构成的化合物称为酚，用通式 Ar—OH 表示，其中—OH 称为酚羟基。烃分子中的氢原子被烃氧基取代的衍生物称为醚，用通式 R—O—R 或 Ar—O—R(Ar) 表示，其中 C—O—C 称为醚键。

一、醇

(一)醇的分类和命名

1. 醇的分类

根据醇分子中烃基的不同，醇可分为饱和脂肪醇、不饱和脂肪醇、脂环醇等。例如：

CH_3CH_2OH　乙醇(饱和脂肪醇)

$CH_2{=}CHCH_2OH$　烯丙醇(不饱和脂肪醇)

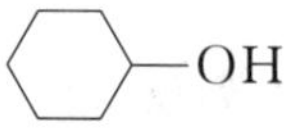

环己醇(脂环醇)

根据醇分子中羟基数目的多少，可分为一元醇、二元醇、三元醇等。含 2 个或 2 个以上羟基的醇称为多元醇。例如：

$CH_3—OH$

甲醇(一元醇)

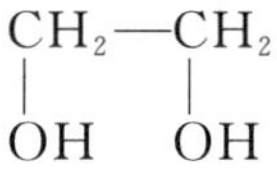

乙二醇(二元醇)

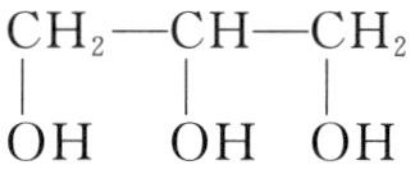

丙三醇(三元醇)

根据与羟基相连的碳原子级数的不同,可分为一级(伯)醇、二级(仲)醇、三级(叔)醇。例如:

$CH_3CH_2CH_2CH_2OH$

正丁醇(伯醇)

仲丁醇(仲醇)

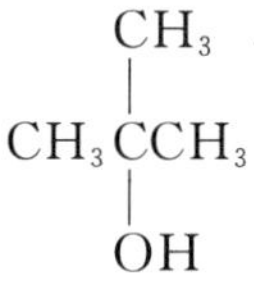

叔丁醇(叔醇)

2. 醇的命名

醇的命名方法,常用的有普通命名法和系统命名法两种。

(1)普通命名法　普通命名法适用于结构比较简单的醇,其原则是:先写出与羟基相连的烃基名称,然后加上一个"醇"字。例如:

CH_3CH_2OH

乙醇

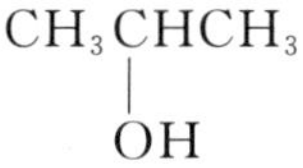

异丙醇

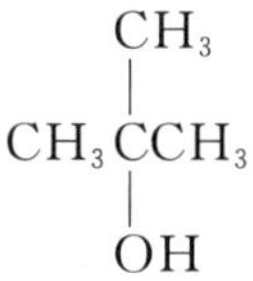

叔丁醇

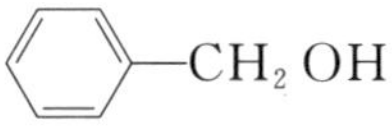

苄醇

(2)系统命名法　结构比较复杂的醇则用系统命名法命名,其原则是:①选择包括羟基所连碳原子的最长碳链为主链,按主链碳原子数目称为某醇;②从靠近羟基一端开始给主链依次编号;③在"醇"字前边依次标出取代基位次、名称及羟基的位次,依次写在母体前面,在阿拉伯数字及汉字之间用半字线隔开。如果是不饱和醇,主链应包括不饱和键:主链碳原子编号仍然使羟基所连碳原子的位次尽可能小。例如:

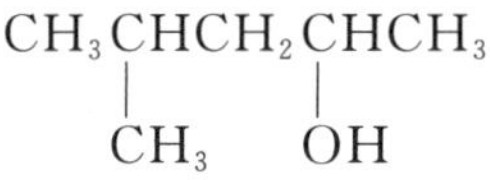

4-甲基-2-戊醇

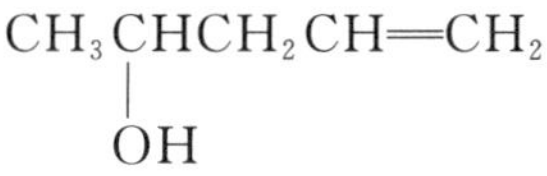

4-戊烯-2-醇

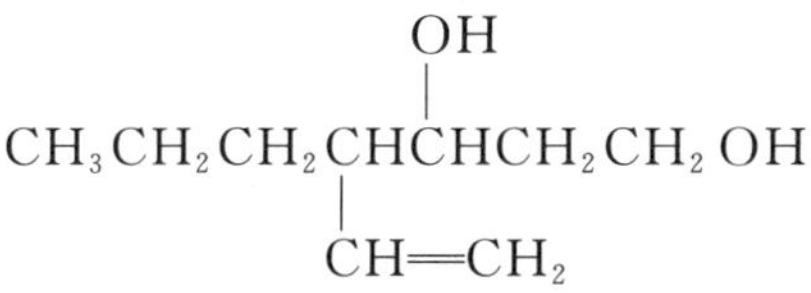

4-丙基-5-己烯-1,3-二醇

2-苯乙醇

有的醇还有俗名,如甲醇俗称木精、丙三醇俗称甘油。

(二)醇的物理性质

一些常见的一元醇的物理常数见表3-4。醇在物理性质方面有两个突出的特点:沸点较高、水溶性较大。

表 3-4　一些一元醇的物理常数

化合物	熔点/℃	沸点/℃	密度(20 ℃)/(10^3 kg·m^{-3})	水溶性/(g·100 g^{-1})
甲醇	−97.9	65.0	0.791 4	∞
乙醇	−114.8	78.5	0.789 3	∞
正丙醇	−126.5	97.4	0.803 5	∞
异丙醇	−89.5	82.4	0.785 5	∞
正丁醇	−89.5	117.3	0.809 8	8.0
异丁醇	−108	108	0.802 1	10.0
仲丁醇	−114.7	99.5	0.806 3	12.5
叔丁醇	−25.5	82.2	0.788 7	∞
正戊醇	−79	138	0.814 4	2.2
正己醇	−46.7	158	0.813 6	0.7
环己醇	−25.2	161.1	0.968 4	3.8

引自：有机化学，王积涛，2003。

1. 醇的沸点

一元醇的沸点比相应烃的沸点高得多，例如，甲醇的沸点比甲烷的沸点高 227 ℃，乙醇的沸点比乙烷的沸点高 167 ℃。这和水的沸点较高是同样的道理，因为醇是极性分子，更主要的是醇分子之间可以通过氢键发生缔合。

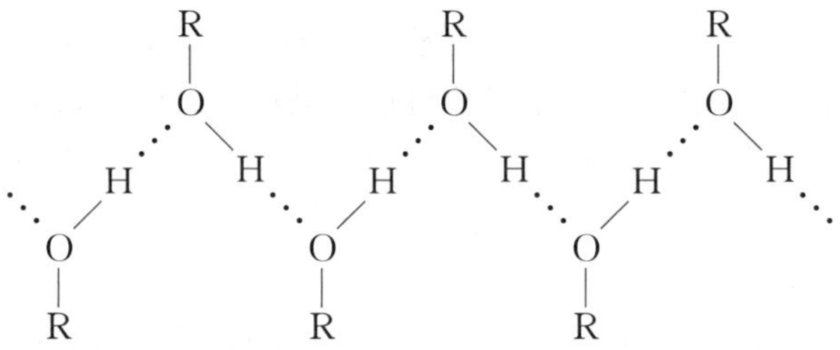

要使缔合形式的液体醇气化为单个气体分子，不仅要克服范德瓦耳斯力，而且还要破坏氢键，这就需要提供较多的能量，所以醇的沸点比相应烃的沸点高。在醇的同系列中，醇的沸点随着相对分子质量的递增而升高。在相同碳原子数的一元醇中，直链的醇比含支链醇的沸点高。

【阅读与提高】

氢键与生物大分子

氢键是指分子中与原子半径小、电负性高的原子 X 以共价键相连的 H 原子，和另一个高电负性原子 Y 之间所形成的弱键：

$$X—H\cdots Y$$

式中：X 和 Y 主要是 F、O、N；“—”为共价键；“…”为氢键。

氢键是一种独特的分子间作用力。氢键具有方向性和饱和性。氢键对维持蛋白质、核酸、多糖等许多生物大分子的空间结构、生物功能等有着极为重要的作用。

2. 醇的水溶性

3个碳原子以下的醇及叔丁醇与水以任意比例混溶，随着相对分子质量的增大，醇在水中的溶解度显著下降，高级醇不溶于水。3个碳原子以下的醇与水混溶有两个原因：一是结构与水相似，二是与水分子间能形成氢键。

醇的水溶性符合“相似相溶”的经验规律。低级醇分子中的羟基和水分子中的羟基类似，所以，与水互溶。而高级醇分子中，羟基所占的比例很小，整个分子与烷烃更为相似，所以它们不溶于水而易溶于烃类有机溶剂。

【阅读与提高】

多羟基化合物的药用价值

随着羟基数目的增多，多元醇分子与水分子形成氢键的机会增多，所以临床上常将多羟基化合物用作脱水药(渗透性利尿药)，如20%甘露醇(己六醇)溶液能提高血浆渗透压，使组织间液水分向血管内转移，产生组织脱水和利尿作用，降低颅内压和眼压，以消除水肿。此外，山梨醇、葡萄糖等也有此药效。

3. 醇合物

某些低级醇如甲醇、乙醇等能和 $CaCl_2$、$MgCl_2$ 等无机盐结合形成结晶状的醇合物。如 $CaCl_2 \cdot 4CH_3OH$、$CaCl_2 \cdot 6C_2H_5OH$、$MgCl_2 \cdot 6CH_3OH$ 等。因此，甲醇、乙醇不能用氯化钙干燥。醇合物不溶于有机溶剂，因此在工业上，乙醚中含有的少量乙醇就是用这种方法除去的。

(三)醇的化学性质

醇的化学性质主要由其官能团羟基所决定，同时烃基也有一定的影响。醇分子中的碳氧键和氢氧键都是极性键，它们是醇易发生化学反应的两个部位。在具体反应中，究竟是碳氧键断裂，还是氢氧键断裂，则取决于烃基结构以及反应条件。另外，由于羟基的影响而使α-氢原子和β-氢原子也产生一定的活性，在一定条件下也会发生某些反应。

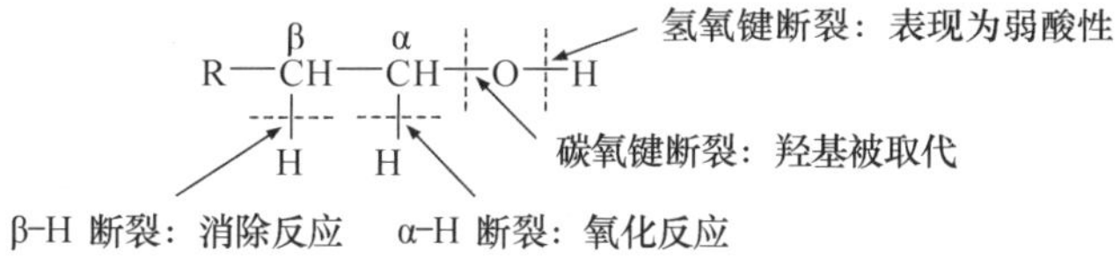

1. 酯化反应

醇与酸作用生成酯和水的反应称为**酯化反应**，酯化反应是可逆反应。

用酸作催化剂，醇与有机酸作用，发生分子间的脱水反应生成有机酸酯。其反应可用下式表示：

$$RCOOH + H^{18}OR' \xrightleftharpoons[\triangle]{浓 H_2SO_4} RCO^{18}OR' + H_2O$$

用含有同位素 ^{18}O 的乙醇与乙酸进行酯化，生成的酯的分子中含有 ^{18}O，而水分子中不含 ^{18}O。这就说明，酯化反应中生成的水是由羧酸的羟基与醇羟基上的氢形成的，也就是醇发生了氢氧键断裂，羧酸发生了酰氧键断裂。

醇还可与无机含氧酸，如硝酸、磷酸等反应生成无机酸酯。

$$ROH + HONO_2 \rightleftharpoons \underset{\text{硝酸酯}}{RONO_2} + H_2O$$

甘油与硝酸反应生成硝酸甘油，临床上作为扩张血管与缓解心绞痛的药物。因其具有多硝基结构，受热或剧烈冲击时会猛烈分解而爆炸，因此，它也是一种炸药。

磷酸可与醇形成 3 种类型的磷酸酯。

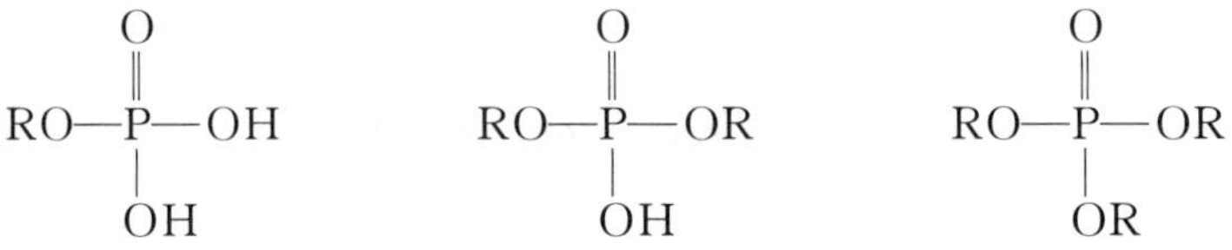

磷酸单烷基酯　　磷酸二烷基酯　　磷酸三烷基酯

某些磷酸酯还是有机磷杀虫剂，如敌敌畏、敌百虫、乐果等的主要成分。磷酸酯广泛存在于生物体中。某些磷酸酯在生物体内代谢过程中有重要作用。

【阅读与提高】

作物为什么需要施磷肥？

葡萄糖、果糖的磷酸酯是植物体内糖代谢的重要中间产物。农作物施磷肥的原因之一，就是为作物提供合成磷酸酯所需要的磷。如果缺磷，作物就难以合成磷酸酯，光合作用和呼吸作用都不能正常进行。

2. 脱水反应

醇在催化剂（硫酸、磷酸、三氧化二铝等）作用下共热，可发生分子间或分子内脱水反应，生成醚或烯。究竟按哪一种方式进行脱水，取决于醇的结构和反应条件。

（1）分子间脱水　过量的醇与浓硫酸在不太高的温度下，就能发生分子间脱水反应生成醚。如乙醇脱水：

$$CH_3CH_2\boxed{OH + H}OCH_2CH_3 \xrightarrow[140\ ^\circ C]{\text{浓 } H_2SO_4} CH_3CH_2{-}O{-}CH_2CH_3 + H_2O$$

此反应中，一个醇分子发生碳氧键断裂，另一个醇分子发生氢氧键断裂。

（2）分子内脱水　醇与浓硫酸在较高温度下发生分子内脱水反应，生成烯烃。如：

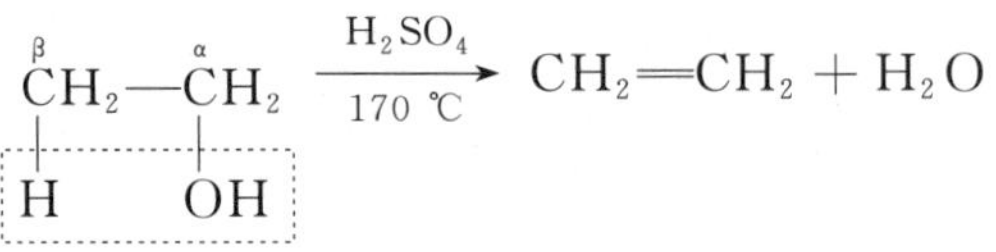

由一个分子中脱去一些小分子，如 H_2O、HX 等，同时生成不饱和化合物的反应，称为消除反应。醇的分子内脱水反应就属于消除反应。仲醇和叔醇的脱水反应遵循扎伊采夫规则，氢原子从含氢较少的 β-碳上脱去，即主要生成碳碳双键上连有较多烃基的烯烃。

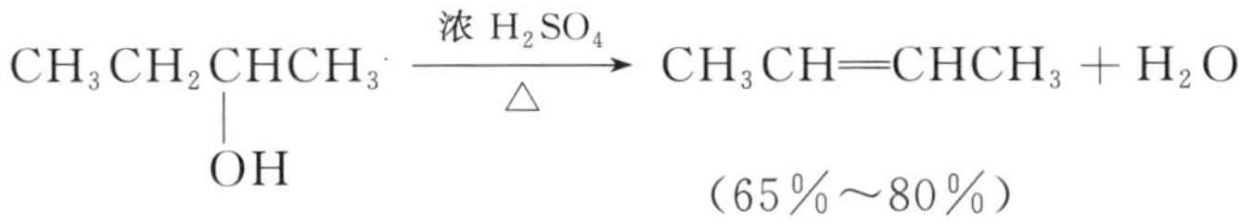

生物体内也有类似于醇的分子内脱水的反应。

3. 氧化或脱氢

伯醇或仲醇分子中的 α-氢原子，由于受到羟基的影响而显得比较活泼，容易被氧化。用氧化剂氧化，或在催化剂作用下脱氢，能分别形成醛或酮。常用的氧化剂有高锰酸钾、重铬酸钾的酸性溶液等。在这种条件下，生成的醛很容易被继续氧化成羧酸。

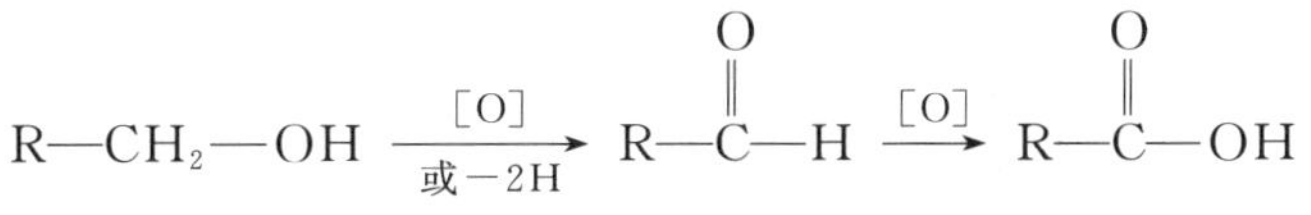

伯醇　　醛　　羧酸

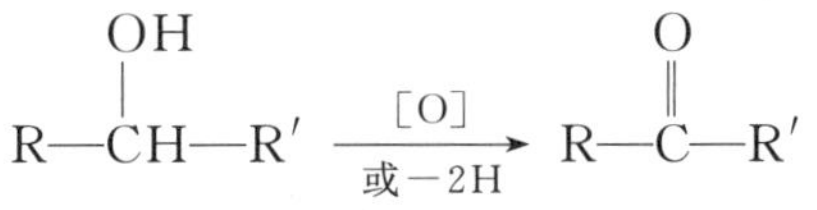

仲醇　　酮

有机反应中，在分子中加入氧或脱去氢称为氧化，加入氢或脱去氧称为还原。

生物体内的氧化还原反应通常是在酶的催化下以脱氢或加氢的方式进行的。

叔醇分子中没有 α-氢原子，通常情况下，叔醇难被氧化。但在强烈条件下，如用 $KMnO_4$ 或 $K_2Cr_2O_7$ 的硫酸溶液与叔醇一起加热回流，则能氧化生成小分子的羧酸。

实验室中，常根据氧化剂如 $KMnO_4$、$K_2Cr_2O_7$ 等反应前后颜色的变化来鉴别伯醇和仲醇。伯醇、仲醇被重铬酸钾的酸性溶液氧化时发生明显的颜色变化，由橙红色（$Cr_2O_7^{2-}$）转变为绿色（Cr^{3+}），高锰酸钾溶液的紫红色褪去。

（四）醇代表物的应用

1. 甲醇

甲醇最早从木材干馏得到，所以俗称木精。甲醇是无色液体，沸点 65 ℃。甲醇有毒，摄入 10 mL 就能使人双目失明，摄入 30 mL 可以致死。甲醇是重要的化工原料及溶剂。甲醇是一种可再生能源，加入汽油中可提高汽油的辛烷值。

2. 乙醇

乙醇俗称酒精，是酒的主要成分。利用酒曲发酵法制酒，是我国古代劳动人民的一项重大发明。直到 19 世纪，这个方法才传到欧洲。至今，含酒精的饮料中的酒精仍用发酵法制取。

乙醇是无色的液体，有刺激性气味，沸点 78.5 ℃，能与水及多种有机溶剂混溶。它常用来作为溶剂、防腐剂、消毒剂（70%～75% 乙醇溶液）等，乙醇是有机合成中的重要原料，工业上利用石油裂化气中的乙烯和水合成乙醇。

近年来，我国实行了一项绿色能源工程，将 10% 的乙醇添加到汽油中供汽车使用，这样既可利用大量陈化粮，又可节约大量石油。

【思政园地】

恪守职业道德，杜绝滥用化学品

不法分子为牟取暴利，往往不择手段，低价购入工业酒精制假贩假。假酒中甲醇含量严重超标。人喝入含甲醇的假酒数小时后便会感到不适，其症状是头晕、头痛、呕吐、烦躁、抽搐、看东西模糊，严重者视力迅速下降，直至双目失明，更严重时会出现心跳加快、脉搏变弱、呼吸麻痹等症状，最后导致死亡。2004 年，发生在广州市白云区的假酒案造成 14 人死亡、41 人受伤的严重后果。

类似事件还有很多。如给家畜饲喂含“瘦肉精”的饲料增加瘦肉比、在乳制品中添加三聚氰胺提高蛋白质的检测值、用甲醛延长海产品保鲜期等，食品中“瘦肉精”、三聚氰胺、甲醛等严重超标，人们食用之后，会给身体健康带来极大的伤害。相关行业和从业人员，应该坚守道德底线，不唯利是图。制假贩假，终将害人害己。

3. 丙三醇

丙三醇俗称甘油，是无色黏稠液体，有甜味，密度为 1.261 3 g·cm^{-3}，熔点为 20 ℃。甘油可由油脂制肥皂的余液中提取。甘油具有吸湿性，能吸收空气中的水分，至含 20% 的水分后，即不再吸水。所以甘油常用作化妆品、皮革、烟草、食品以及纺织品等的吸湿剂。同时，甘油也是一种重要化工原料。

在碱性溶液中，甘油能与 Cu^{2+} 作用而得到深蓝色的甘油铜溶液，实验室中常利用此反应来鉴别甘油和邻二醇结构的化合物。

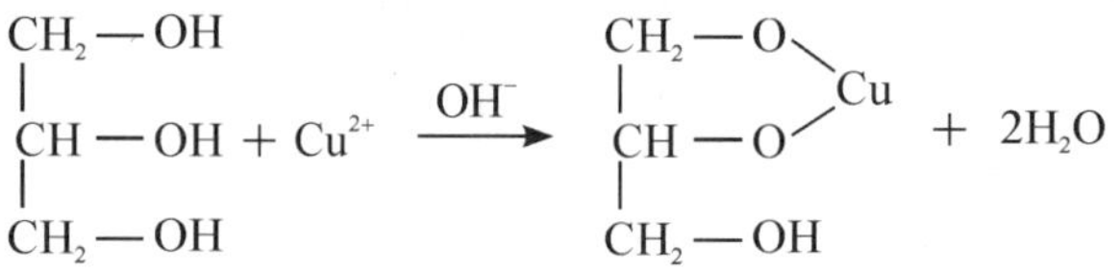

4. 三十烷醇

三十烷醇又称蜂花醇，是从蜂蜡中纯化提取的天然生物产品。它能促进植物发芽、生根、茎叶生长及开花，增强光合作用，使农作物早熟，提高结实率，增强抗寒、抗旱能力，增加产量，改善产品品质。作为一种植物生长调节剂，三十烷醇对人畜无害，对环境无污染，因此，广义上说，它是一种绿色农药。

近几年来，三十烷醇在我国的研制和应用均取得较大的进展，在近 1 000 个市、县的几千万亩地进行了推广应用，涉及的农作物达 50 多种，已取得一定的增产效果。

5. 肌醇

肌醇[$C_6H_6(OH)_6$]为白色晶体，有甜味，熔点为 225 ℃，密度为 1.752 g·cm^{-3}，能溶于水而难溶于有机溶剂。肌醇主要用于治疗肝硬化、脂肪肝等。

肌醇广泛存在于动植物界，例如存在于动物肌肉、心脏、肝、脑等器官中和未成熟的豌豆等中，是某些动物和微生物生长所必需的物质。

肌醇的六磷酸酯广泛存在于植物界，又叫植酸。植酸常以钙镁盐的形式存在于植物体内，在种子、谷类种皮、胚等处含量较多。在种子发芽时，植酸在酶的作用下水解，向幼芽供应生长所需要的磷。

6. 苯甲醇

苯甲醇又称苄醇，为无色液体，沸点 205 ℃，有微弱的香气，微溶于水，能与乙醇、乙醚等混溶，大量用于香料及医药工业。苯甲醇以酯的形式存在于许多植物精油中。

7. 硫醇

醇分子中的氧原子被硫原子代替后所形成的化合物称为硫醇。其通式为 R—SH，官能团是—SH，称为巯基。硫醇的命名与醇相似，只是在“醇”字前面多加一个“硫”字。例如：

$CH_3CH_2—SH$

乙硫醇

$\underset{\displaystyle OH}{\underset{|}{CH_2}}—\underset{\displaystyle SH}{\underset{|}{CH}}—\underset{\displaystyle SH}{\underset{|}{CH_2}}$

2，3-二巯丙醇

除甲硫醇外，多数硫醇是挥发性液体，具有恶臭。在空气中含有 $1\times10^{-8}\ g\cdot L^{-1}$ 的乙硫醇即可闻到其臭味。黄鼠狼的臭味就是由丁硫醇引起的。往煤气中加少量低级硫醇，利用其臭味，便于察觉煤气是否漏气，以免煤气中毒。

硫醇极易被氧化。空气中的氧就能使硫醇氧化，因此硫醇类试剂和硫醇类药物应避光密闭保存。硫醇在稀过氧化氢和碘的作用下可被氧化成二硫化物，二硫化物在一定条件下又可被还原成硫醇。二硫化物分子中的“—S—S—”结构的化学键称为二硫键。二硫键对于保持蛋白质分子的特殊构型具有重要作用。

【阅读与提高】

硫醇的解毒作用

硫醇具有弱酸性，它能与铜、汞、银等重金属离子形成不溶于水的硫醇盐。

$$2RSH+HgO \longrightarrow (RS)_2Hg\downarrow +H_2O$$

所谓重金属中毒是指人、牲畜体内许多酶上巯基与铅、汞等重金属离子发生了上述反应，使酶变性失活而丧失正常的生理功能。2，3-二巯丙醇[商品名(BAL)]和二巯丁二钠等是临床上使用的重金属中毒的解毒剂。解毒剂的作用过程如下：

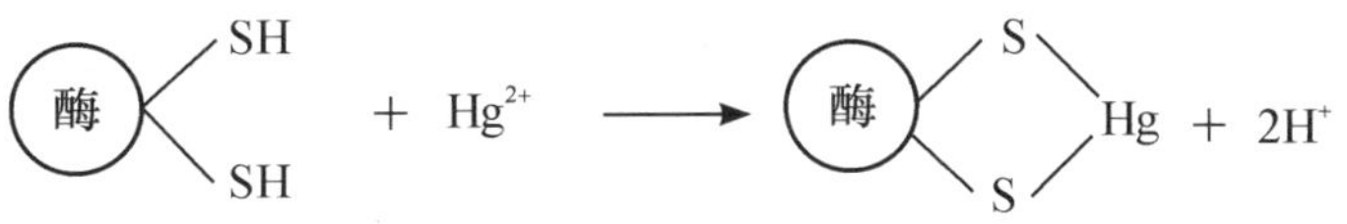

活性酶　　　　中毒酶

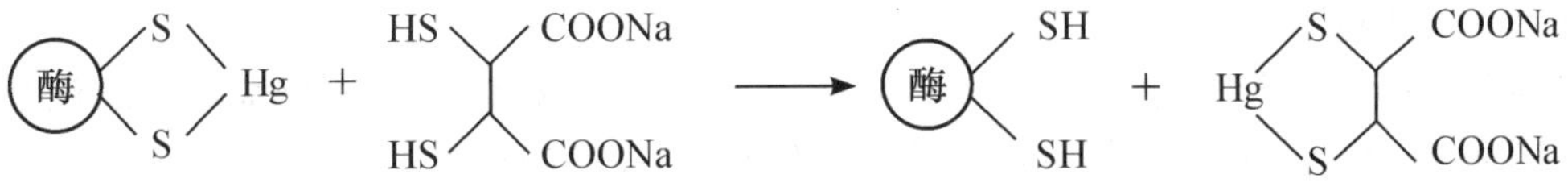

中毒酶　　　　活性酶　　　　无毒配合物（可由尿排出体外）

二、酚

(一)酚的分类和命名

酚是指羟基与芳环直接相连的一类化合物。根据羟基所连芳环不同,酚类可分为苯酚、萘酚、蒽酚等;根据芳环上羟基的数目,酚可分为一元酚、二元酚、三元酚等,其中二元酚以上统称为多元酚。

酚的命名一般是酚字前面加上芳环的名称作为母体,再加上其他取代基的位次、数目和名称,但有时也将羟基当作取代基。例如:

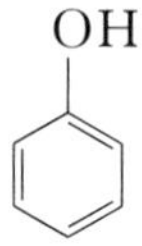

苯酚

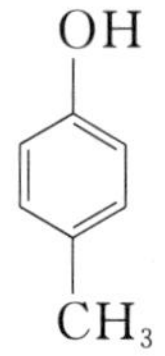

4-甲基苯酚
(对甲苯酚)

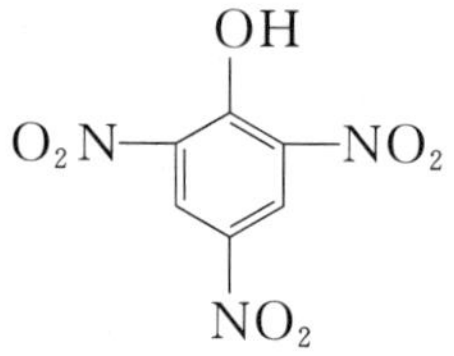

2,4,6-三硝基苯酚
(苦味酸)

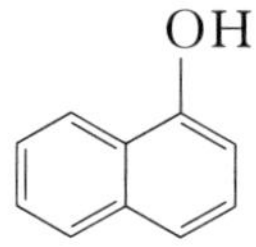

α-萘酚

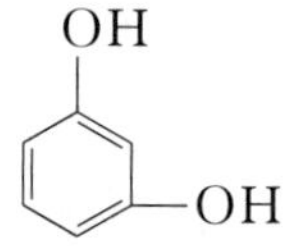

1,3-苯二酚
(间苯二酚)

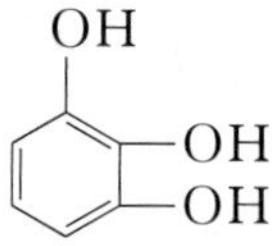

1,2,3-苯三酚
(连苯三酚)

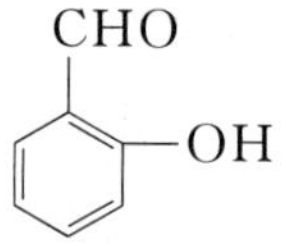

2-羟基苯甲醛
(水杨醛)

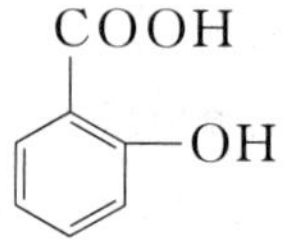

2-羟基苯甲酸
(水杨酸)

(二)酚的化学性质

苯酚是酚中最重要的化合物,接下来以苯酚为例讨论酚的化学性质。

1. 酚的酸性

酚能与氢氧化钠等强碱作用生成酚盐。因此酚虽难溶于水,却能溶解在氢氧化钠溶液中。

由于苯酚的酸性($pK_a=9.96$)比碳酸的酸性($pK_a=6.38$)弱,因此,往苯酚钠水溶液中通入 CO_2,可将苯酚置换出来。

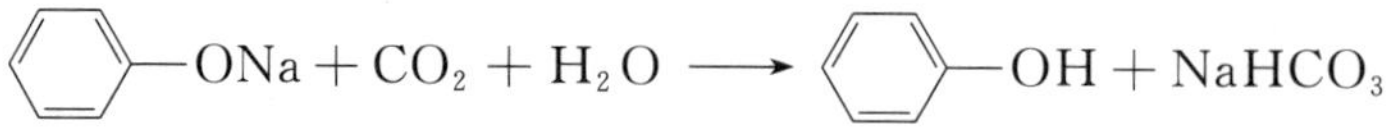

利用此性质可将酚从有机物中分离出来。

酚的酸性因苯环上所连取代基不同而不同。苯环上连有硝基等钝化苯环的取代基时,酚的酸性增强;苯环上连有烃基等活化苯环的取代基时,酚的酸性减弱。

2. 与氯化铁的显色反应

大多数酚及具有烯醇式结构($-\underset{\mid \atop OH}{C}=C-$)的化合物可与 $FeCl_3$ 溶液作用,生成有颜色的物质。例如：

$$6C_6H_5OH + FeCl_3 \longrightarrow \underset{\text{紫色}}{H_3[Fe(OC_6H_5)_6]} + 3HCl$$

不同的酚与 $FeCl_3$ 产生红、绿、蓝、紫等不同颜色的物质，这种显色反应主要用来鉴定酚或烯醇式结构的存在。但有些酚不与 $FeCl_3$ 显色，所以得到阴性结果时，不能说明体系中不存在酚，而需用其他方法验证。

3. 氧化反应

酚比醇更易被氧化，空气中的氧就能将酚氧化。无色的苯酚在空气中能逐渐被氧化而显浅红色、红色或暗红色，产物很复杂。例如，苯酚或对苯二酚氧化都生成对苯醌。

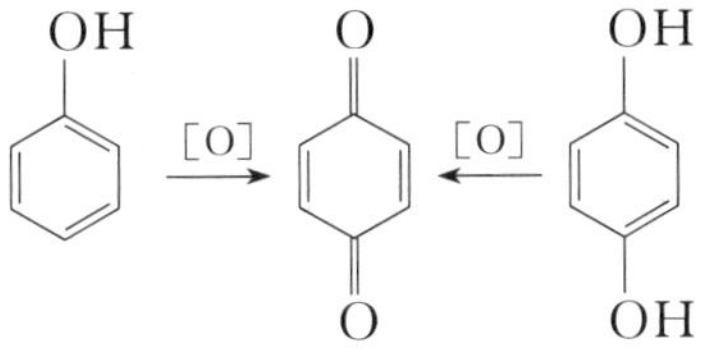

醌酚氧化还原体系在生理生化过程中有重要意义。邻苯二酚被氧化为邻苯醌。

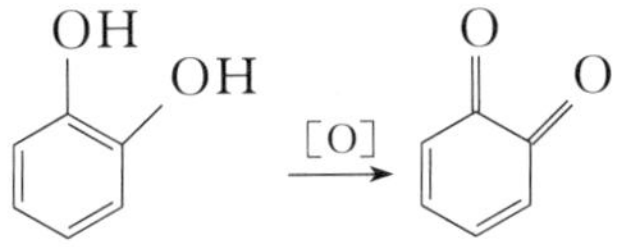

多元酚极易被氧化，其产物为醌类化合物。具有醌式结构的物质都是有颜色的，这是酚常带颜色的原因。

4. 苯环上的取代反应

羟基对苯环有活化作用，因此，在酚的苯环上容易发生各类取代反应。例如，苯酚与溴水在常温下作用，立即生成白色 2,4,6-三溴苯酚沉淀。该反应极为灵敏，在极稀的苯酚溶液(1∶100 000)中加一些溴水，便可看到混浊现象，故此反应可以用于苯酚的定性鉴定或定量测定。

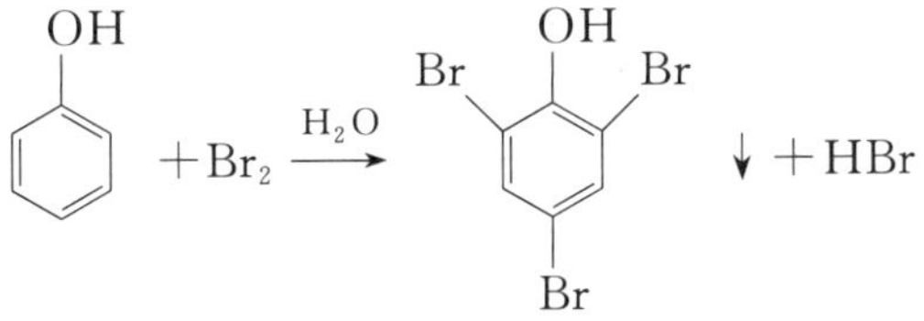

(三)酚代表物的应用

酚及其衍生物在自然界分布极广。例如，存在于百里香中的百里酚(或称麝香草酚)，有杀菌力，可用于医药及配制香精；广泛存在于植物油中的维生素 E 及芝麻中的芝麻酚都是天然抗氧化剂，它们可以抑制自由基对机体细胞的伤害。

1. 苯酚

苯酚俗名石炭酸，可从煤焦油中分馏得到。纯苯酚是无色针状晶体，露置空气中或见阳光则因氧化而呈粉红色。室温下稍溶于水，在 65 ℃以上可与水混溶，易溶于乙醇、苯、乙醚等有机溶剂。

苯酚能凝固蛋白质，因而有杀菌效力。苯酚的稀溶液或与熟石灰混合可用作厕所、马厩、阴沟等的消毒剂。苯酚有毒，致死量为1～15 g，可通过皮肤吸收进入体内而引起中毒，使用时要小心。

在有机合成工业上，苯酚是多种塑料、医药、炸药、染料和农药的重要原料。

2. 甲苯酚

甲苯酚有邻、间和对三种异构体，都存在于煤焦油中。三者都有苯酚气味，其杀菌效力比苯酚强，目前医药上使用的消毒剂"煤酚皂溶液"就是含有47%～53%上述三种甲苯酚的肥皂水溶液，称为来苏儿(Lysol)，它对人畜也是有毒的，可以透过皮肤进入体内，一般家庭和畜舍消毒时可稀释到3%～5%再使用。

3. 苯二酚

苯二酚有邻、间、对三种异构体。邻苯二酚俗名儿茶酚，对苯二酚又称氢醌，两者都易被氧化，主要用作还原剂。间苯二酚用于合成染料、树脂黏合剂等。邻苯二酚常以游离态或化合态存在于动植物体内。例如，肾上腺素含有邻苯二酚结构。

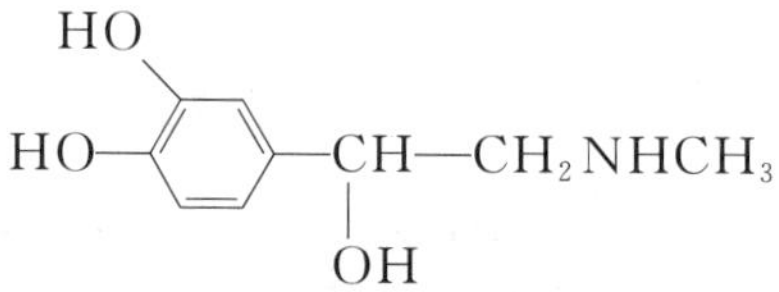

肾上腺素是肾上腺髓质分泌的激素。肾上腺素对交感神经有兴奋作用，有加速心脏跳动、收缩血管、增高血压、放大瞳孔等功能，也有使肝糖分解增加血糖含量，以及使支气管平滑肌松弛的作用。故一般用于支气管哮喘、过敏性休克的急救。

4. 维生素 E

维生素 E 又名生育酚，广泛存在于植物油中。维生素 E 有多种异构体(α、β、γ、δ 等)，其中α-生育酚活性最高，其结构式为：

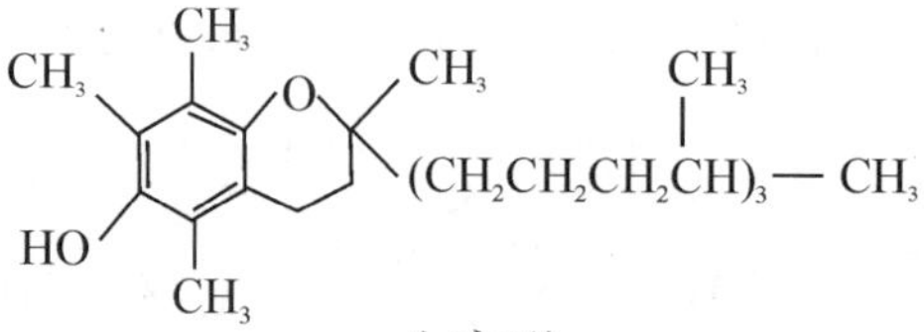

α-生育酚

维生素 E 在临床上用于治疗先兆性流产和习惯性流产，不育症，肌营养不良，胃、十二指肠溃疡等；在油脂和食品工业用作抗氧化剂。维生素 E 也是人体内自由基的清除剂，具有抗衰保健的作用。

三、醚

(一)醚的分类和命名

醚可以看作酚或醇羟基中的氢被烃基取代的产物，两个烃基相同的醚叫简单醚，表示为R—O—R；两个烃基不同的醚叫混合醚，表示为R_1—O—R_2；氧与烃基两头相连接成环的叫环醚。脂肪醚与含相同碳原子数的醇互为同分异构体。

结构比较简单的醚，按它的烃基命名，在烃基之后加一个醚字。两个烃基不同时，将较小的烃基放在前面；烃基中有一个是芳香烃基时，将芳香烃基放在前面。

简单醚：　$CH_3—O—CH_3$　　$CH_3CH_2—O—CH_2CH_3$

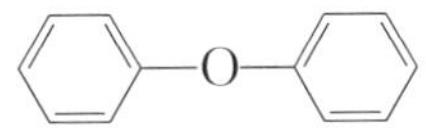

二甲醚（甲醚）　二乙醚（乙醚）　二苯醚

混合醚：　$CH_3—O—CH_2CH_3$

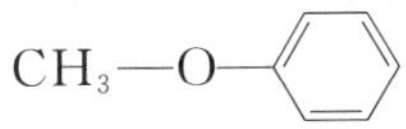

甲乙醚　苯甲醚

结构比较复杂的醚采用系统命名法，将较大烃基当作母体，将剩下的—OR（烃氧基）看作取代基。

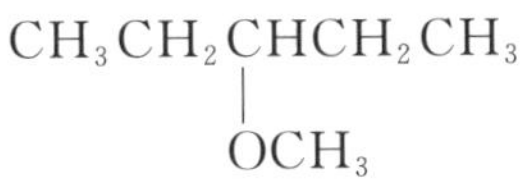

3-甲氧基戊烷

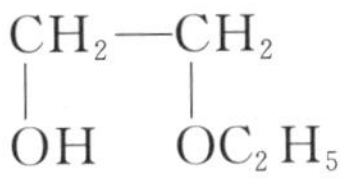

2-乙氧基乙醇

环醚以烃基作母体，叫环氧某烷。

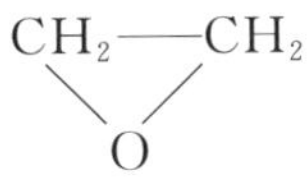

环氧乙烷

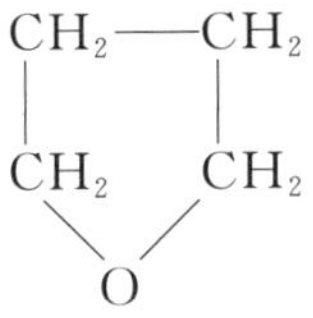

环氧丁烷（四氢呋喃）

（二）醚代表物的应用

乙醚是最常用的一种醚，它是极易挥发的无色液体，沸点 34.5 ℃，比水轻，微溶于水，能溶解许多有机物，因此是常用的有机溶剂。乙醚极易燃烧。乙醚蒸气与空气混合达一定比例时，遇火可发生爆炸，因此在制备和使用乙醚时应远离火源。

与氧原子相连的碳原子上连有氢的醚可被空气中的氧氧化而产生与过氧化氢相似的过氧化物。例如：

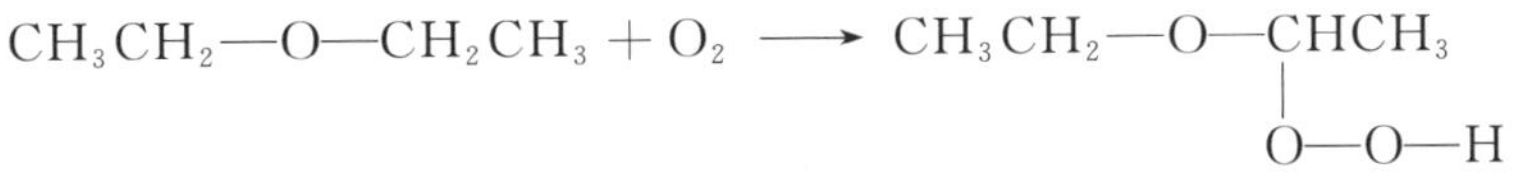

醚的过氧化物不易挥发，并且在受热或摩擦时易发生爆炸，所以蒸馏醚类溶剂时，切记不要把醚蒸得太干，以免发生危险。对久置的醚使用前必须检验其中是否有过氧化物存在。检验方法是，如果待检醚能使湿的淀粉-KI 试纸变蓝或使 $FeSO_4$-KSCN 混合液显红色，则表明醚中含有过氧化物。醚中的过氧化物可加入 $FeSO_4$、Na_2SO_3 等还原剂除去。

乙醚有麻醉作用，因此乙醚曾被用作外科手术的麻醉剂。兽医临床上可用乙醚作大型牲畜外科手术的麻醉剂。

习　题

一、填空题

1. 甲醇________，误服 10 mL 会使人失明，误服 30 mL 会使人死亡。

2. 乙醇俗称________，其结构简式为________。通常可用 70%～75% 的乙醇溶液作________。

3. 在甲醇、乙醇、丙三醇这几种物质中，是饮用酒主要成分的是________；俗称甘油的是________；有毒的是________。

4. 苯酚俗名________，可从煤焦油分馏得到。纯苯酚是________色针状晶体，露置空气中或见阳光则因氧化而呈________色。

5. 医药上使用的“来苏儿”又叫“煤酚皂溶液”，是含 47%～53%的________的肥皂水溶液。

6. 维生素 E 又名________，广泛存在于________中。

7. 乙醚是最常用的一种醚，它是极易________的无色液体，沸点 34.5 ℃，比水________，微溶于水。

8. 醚的过氧化物不易挥发，并且在受热或摩擦时易发生________，所以蒸馏醚类溶剂时，切记不要把醚蒸得太干，以免发生危险。对久置的醚必须检验是否有________存在。

二、选择题

1. 下列物质中，氧化产物为丁酮的是(　　)。

A 叔丁醇　　B. 2-丁醇　　C. 2-甲基丁醇　　D. 1-丁醇

2. 一般条件下不能使重铬酸钾溶液褪色的是(　　)。

A 正丁醇　　B. 仲丁醇　　C. 叔丁醇

3. 下列物质中，误食可引起人失明的是（　　）。

A 甘油　　B. 甲醇　　C. 乙醇

4. 医药上使用的消毒剂“煤酚皂”，是含 47%～53% 的(　　)的肥皂水溶液。

A 苯酚　　B. 甲苯酚　　C. 硝基苯酚　　D. 苯二酚

三、简答题

1. 给下列化合物命名或写出其结构简式。

(1) 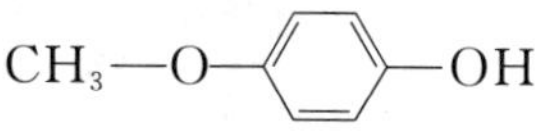　　(2)CH_3CH_2OH　　(3)甘油　　(4)苯酚　　(5)乙醚

2. 完成下列反应。

(1)$CH_2COOH+CH_3CH_2OH \underset{\triangle}{\overset{H^+}{\rightleftharpoons}}$

(2) $\underset{\displaystyle OH}{CH_3\overset{}{C}HCH_2CH_3} \xrightarrow{[O]}$

(3) $CH_3\underset{\displaystyle CH_3}{CH}—\underset{\displaystyle OH}{CH}—CH_3 \xrightarrow[\triangle]{H^+}$

(4) 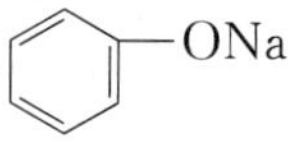 $+CO_2+H_2O \longrightarrow$

3. 某醇 A 分子式为 $C_5H_{12}O$，醇 A 氧化得酮，脱水则得一种烃 B，烃 B 经氧化可生成另一种酮 C 和一种羧酸 D，试写出 A、B、C、D 的结构式和有关反应方程式。

第四节　醛、酮、醌

二维码 3-4　醛、酮、醌课程 PPT

【学习目标】

知识目标：

1. 掌握醛、酮、醌的命名方法。
2. 熟悉醛、酮的主要化学性质。
3. 了解醛、酮代表化合物的作用；熟悉生物体内主要醌类化合物的结构和作用。

能力目标：

1. 能对简单的醛、酮、醌类化合物进行命名。
2. 能写出醛、酮类化合物主要的化学反应式。
3. 能运用醛、酮、醌类代表化合物的作用解释农业生产、生活中的某些现象。

素质目标：

1. 树立严谨认真的科学态度。
2. 认识甲醛的毒性，不滥用甲醛，树立安全生产意识。

醛、酮、醌都是含有羰基（$\rangle C{=}O$）的化合物，统称为羰基化合物。羰基碳上结合着氢原子和一个烃基的化合物称为醛（甲醛除外），醛基（—CHO）是醛的官能团；羰基与两个烃基相连的化合物称为酮，酮分子中的羰基称为酮基；醌则是具有特殊结构的环状不饱和二酮。含有羰基结构的化合物广泛存在于自然界，在生物体的代谢过程中起着重要的作用。

一、醛、酮

（一）醛、酮的分类和命名

1. 分类

根据与羰基相连的烃基不同，醛、酮可分为脂肪族醛、酮和芳香族醛、酮；根据烃基是否饱和，可分为饱和醛、酮和不饱和醛、酮。

2. 命名

（1）普通命名法　结构简单的醛、酮常用普通命名法。醛的普通命名法与伯醇相似。酮的普通命名法与醚相似。例如：

CH_3CH_2CHO

丙醛

$(CH_3)_2CHCHO$

异丁醛

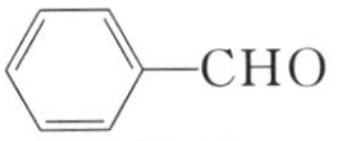

苯甲醛

$$CH_3—\overset{\overset{\Large O}{\|}}{C}—CH_2CH_3$$

甲乙酮

$$CH_3CH_2—\overset{\overset{\Large O}{\|}}{C}—CH_2CH_3$$

二乙酮

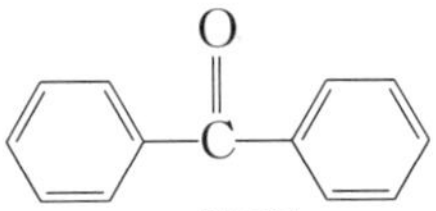

二苯酮

(2)系统命名法　选择含有羰基的最长碳链(若有不饱和键,应包含不饱和键在内)为主链,按照主链碳原子数称为某醛或某酮。主链碳原子的编号,从靠近羰基的一端开始,醛基始终是第一位,不必用数字标明其位次,酮应标明羰基的位次。芳香族醛、酮常将芳香基作为取代基来命名。括号内为俗名。

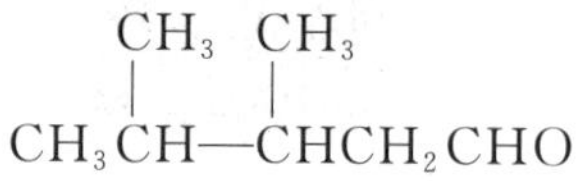

3,4-二甲基戊醛

$CH_3CH=CHCHO$

2-丁烯醛

(巴豆醛)

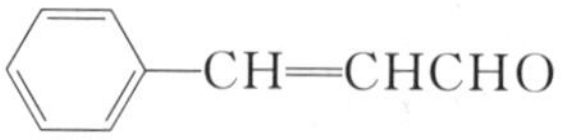

3-苯基丙烯醛

(肉桂醛)

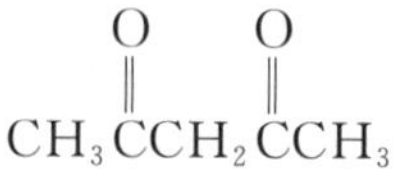

2,4-戊二酮

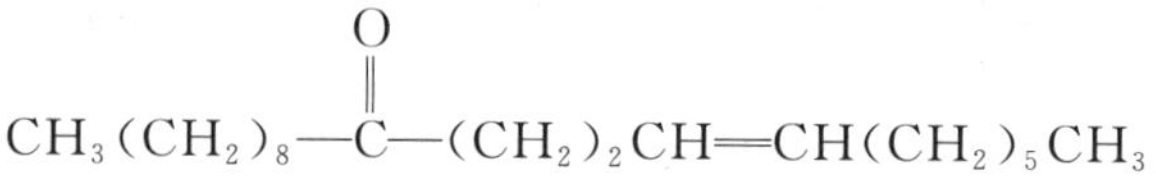

13-二十碳烯-10-酮

(桃小食心虫性信息素)

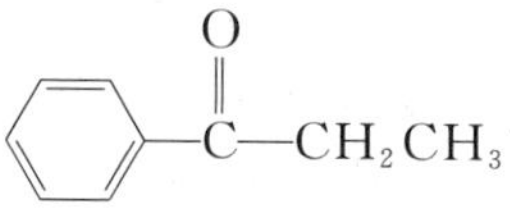

1-苯基-1-丙酮

(二)醛、酮的化学性质

1. 加成反应

(1)与醇的加成　在干燥的 HCl 催化下,醛与醇发生加成反应,生成不稳定的半缩醛。

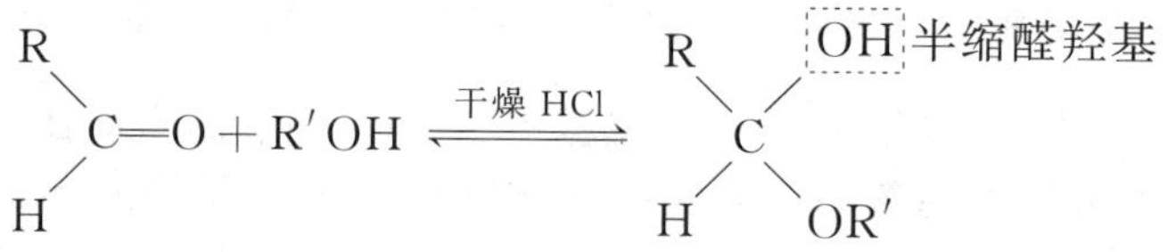

半缩醛

半缩醛分子中的羟基称为半缩醛羟基。半缩醛羟基很活泼,可继续与醇反应,脱去一分子水生成稳定的缩醛。

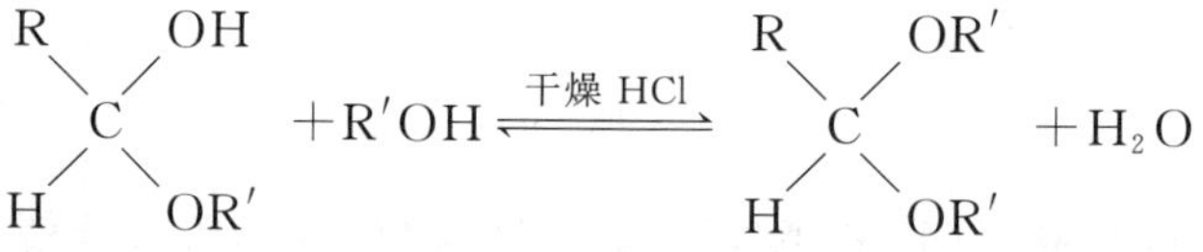

缩醛

缩醛在碱溶液中比较稳定,但在酸性溶液中又易水解成为原来的醛和醇,所以制备缩醛的反应应在无水条件下进行。一般情况下,酮和醇难以加成形成缩酮。

某些多羟基醛和多羟基酮能以稳定的环状半缩醛和半缩酮的形式存在于自然界。如葡萄糖、果糖等。因此,上述讨论对了解糖类化合物的结构和性质有重要的意义。

(2)与氨的衍生物的加成缩合　醛、酮与氨的某些衍生物,如羟胺($HO-NH_2$)、肼(H_2N-NH_2)、苯肼($C_6H_5-NHNH_2$)、伯胺($R-NH_2$)等发生加成反应。如以 Y 表示上述试剂中除氨基以外的其他基团,则其反应过程可表示如下:

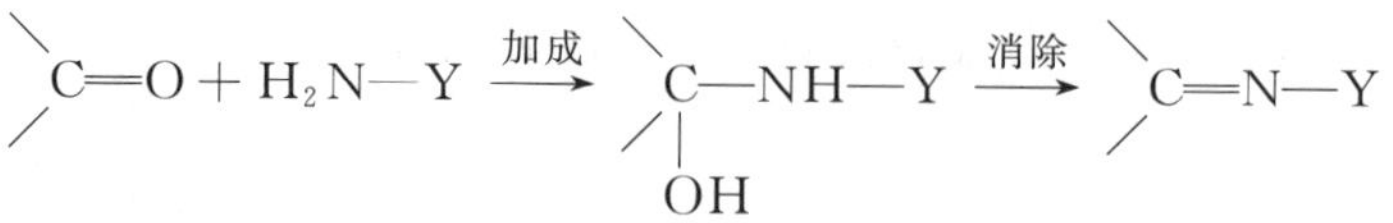

上述反应中，先生成不稳定的加成产物，然后脱去一分子水，形成含碳氮双键的加成缩合产物。加成缩合产物都具有很好的结晶性，易于提纯，在稀酸的作用下又能分解为原来的醛或酮，所以可以利用这种性质分离、提纯醛或酮。同时，缩合产物各具一定的熔点，又可以利用这种性质来鉴别醛、酮。因此，氨的衍生物又称为羰基试剂。

2. 氧化反应

醛的羰基上连有可被氧化的氢原子，所以醛很容易被空气中的氧及一些弱氧化剂氧化成碳原子数相同的羧酸，酮在同样条件下不被氧化，据此可区别醛和酮。常用的弱氧化剂有托伦(Tollen)试剂、费林(Fehling)试剂和本尼迪克特(Benedict)试剂。

托伦试剂：硝酸银的氨溶液。

费林试剂：由Ⅰ、Ⅱ 两种溶液组成，Ⅰ是硫酸铜溶液，Ⅱ是氢氧化钠和酒石酸钾钠的混合液。使用时将二者等体积混合。

本尼迪克特试剂：硫酸铜、碳酸钠和柠檬酸钠的混合液。

上述试剂中起氧化作用的分别是银离子或铜离子，它们将醛氧化为羧酸，其本身被还原为金属银或 Cu_2O 沉淀。

$$RCHO+Ag(NH_3)_2^+ +OH^- \xrightarrow{\triangle} RCOONH_4+Ag\downarrow +NH_3\uparrow +H_2O$$

$$RCHO+Cu^{2+} +OH^- \xrightarrow{\triangle} RCOO^- +Cu_2O\downarrow +H_2O$$

当试管很干净时，还原出来的银附着在试管壁上形成光亮的银镜，因此托伦试剂与醛的反应又称为银镜试验。氧化亚铜为红色沉淀，铜离子与羰基反应的现象非常明显。利用这些试剂可鉴别醛和酮。芳香醛只能起银镜反应，而不能还原费林试剂和本尼迪克特试剂。甲醛不能还原本尼迪克特试剂。

3. 还原反应

羰基可在催化剂铂、钯、镍等催化下与氢发生加成反应，醛被还原成伯醇，酮被还原成仲醇。

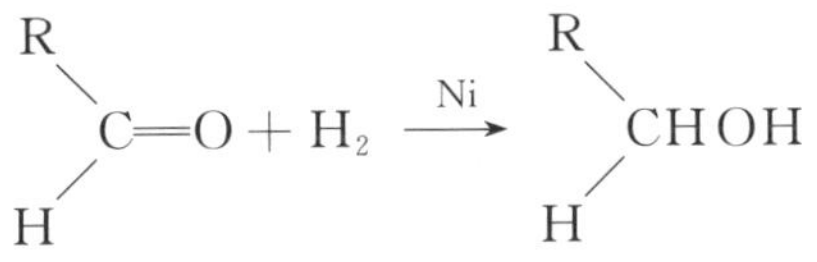
伯醇

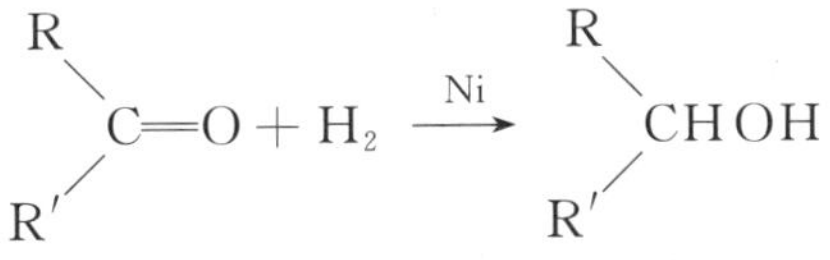
仲醇

$$CH_3CH{=}CHCHO+H_2 \xrightarrow{Ni} CH_3CH_2CH_2CH_2OH$$

在生物体内，羰基还原成羟基的反应是在酶的催化下进行的。

4. 歧化反应

不含 α-氢的醛，如 HCHO、R_3CCHO、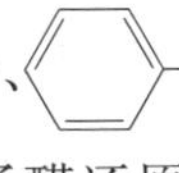—CHO等，在浓碱作用下，能发生自身的氧化还原反应，即一分子醛氧化成酸，另一分子醛还原成醇，这种反应称**歧化反应**。

$$HCHO+HCHO \xrightarrow{浓\ NaOH} HCOONa+CH_3OH$$

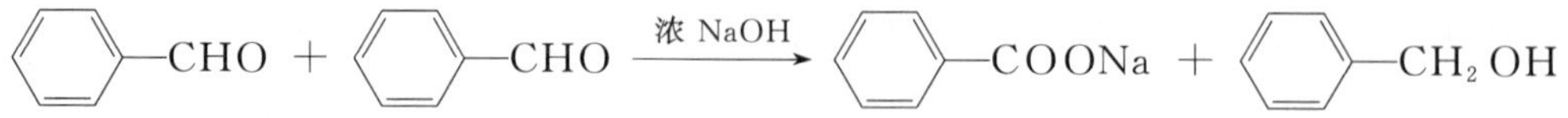

这个反应是康尼查罗(Cannizzaro)于1853年发现的，故也称康尼查罗反应。生物体内也有类似的氧化还原过程。

5. α-氢的反应

由于受到羰基的影响，醛、酮分子中的α-氢原子比较活泼，因此，具有α-氢的醛、酮，可以发生羟醛缩合反应。

在稀碱催化下，含有α-氢的醛可以发生自身加成反应，即一分子醛以其α-碳对另一分子醛的羰基加成，生成β-羟基醛，此反应称为羟醛缩合反应。例如：

$$CH_3CHO + \underset{\displaystyle \mid \atop \displaystyle H}{CH_2}CHO \xrightarrow{OH^-} CH_3\underset{\displaystyle \mid \atop \displaystyle OH}{CH}CH_2CHO$$

β-羟基醛中的α-氢更活泼，在稍受热的情况下能与羟基脱水生成α,β-不饱和醛。

$$CH_3\underset{\displaystyle \mid \atop \displaystyle OH}{CH}\ CH_2CHO \xrightarrow[\triangle]{OH^-} CH_3CH{=\!=}CHCHO + H_2O$$

含有α-氢的醛可以与另一种不含α-氢的醛发生加成反应，即一分子醛以其α-碳对另一分子不含α-氢的醛的羰基加成，产物也是β-羟基醛，此反应称为交叉羟醛缩合反应。例如：

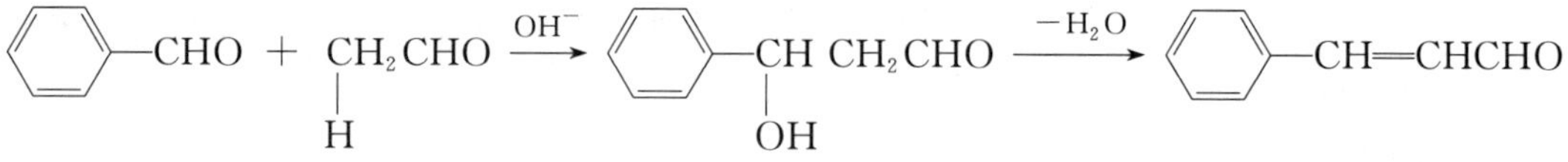

羟醛缩合反应是增长碳链的方法之一。生物体内也有类似的反应。

(三)醛、酮代表物的应用

1. 甲醛

甲醛又叫蚁醛，是无色、对黏膜有刺激性的气体，沸点−21 ℃，易溶于水。甲醛有凝固蛋白质的作用，因而有杀菌和防腐能力。市售的福尔马林便是37%～40%的甲醛水溶液，是常用的消毒剂和防腐剂，多用于畜禽棚舍、仓库、皮毛等的熏蒸消毒和标本、尸体的防腐。

甲醛与氨作用生成六亚甲基四胺[$(CH_2)_6N_4$]，商品名为乌洛托品(urotropine)。六亚甲基四胺在医药上用于抗流感、抗风湿以及作为利尿剂和尿道消毒剂；在工业上其可用作橡胶硫化促进剂、纺织品的防缩剂。

2. 乙醛及三氯乙醛

乙醛是无色易挥发的液体，有刺激气味，沸点20.3 ℃，可溶于水、乙醇和乙醚中。乙醛能聚合成三聚乙醛，三聚乙醛在稀硫酸中加热可解聚而放出乙醛。工业上常用形成三聚乙醛的方法来保存易挥发的乙醛。乙醛是有机合成的重要原料。

三氯乙醛(Cl_3CCHO)为无色液体，沸点98 ℃，与水生成稳定的水合三氯乙醛。水合三氯乙醛有快速催眠的作用。在工业上，三氯乙醛是制备药物和农药的原料。

【阅读与提高】

甲醛的毒性

研究表明，甲醛对人体健康有负面影响。当室内甲醛浓度为 0.1 $mg \cdot m^{-3}$ 时，有异味和引起不适感；浓度为 0.5 $mg \cdot m^{-3}$ 时可刺激眼睛引起流泪；浓度为 0.6 $mg \cdot m^{-3}$ 时引起咽喉不适或疼痛；浓度再高可引起恶心、呕吐、咳嗽、胸闷、气喘甚至肺气肿；当空气中甲醛浓度达到 230 $mg \cdot m^{-3}$ 时可立即致人死亡。

长期接触低剂量甲醛可以引起慢性呼吸道疾病、女性月经紊乱、妊娠综合征，引起新生儿体质降低、染色体异常等。高浓度的甲醛对神经系统、免疫系统、肝脏等都有毒害。据流行病学调查，长期接触甲醛可以引发鼻腔、口腔、鼻咽、咽喉、皮肤和消化道的癌症。甲醛已经被世界卫生组织确定为致癌和致畸形物质。

甲醛是室内环境的污染源之一。目前，各种人造装饰板生产中使用的以脲醛树脂为主的胶黏剂中未参与反应的残留甲醛是室内空气中甲醛的主要来源。《居室空气中甲醛的卫生标准》(GB/T 16127—1995)规定：居室空气中甲醛的最高容许浓度为 0.08 $mg \cdot m^{-3}$。通过对大量数据分析后发现，正常情况下，室内装饰、装修 7 个月后，甲醛含量可降至 0.08 $mg \cdot m^{-3}$ 以下。

采用低甲醛含量和不含甲醛的装饰、装修材料是降低室内空气中甲醛含量的根本措施，保持室内空气流通是清除室内甲醛的有效办法。

3. 苯甲醛

苯甲醛又叫苦杏仁油，是无色有苦杏仁味的液体，沸点 179 ℃，稍溶于水，易溶于乙醇、乙醚。苯甲醛和糖、氢氰酸等结合而存在于杏、桃、李等的种子中，其中以苦杏仁中含量最高。苯甲醛在空气中放置能够被氧化为苯甲酸。苯甲醛可作为制作香料和染料的原料。

4. 丙酮

丙酮是具有令人愉快的香味、无色、易挥发的易燃液体，沸点 56.2 ℃，能与水、乙醇、乙醚、氯仿等混溶。丙酮能溶解树脂、油脂等多种有机物，是常用的有机溶剂。丙酮也是重要的化工原料。在生物体内物质代谢中，丙酮是油脂在肝脏中分解的产物。

二、醌

(一)醌的结构和命名

醌是一类环状的不饱和二元酮，其结构上的特点是分子中含有以下醌型结构。

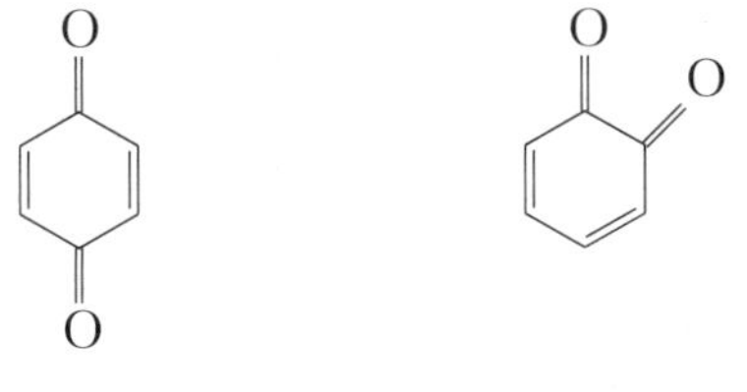

一般将醌看作芳烃的衍生物来命名，且羰基的位次较小，即在醌字前加上芳基的名称，再用邻、对或阿拉伯数字标明羰基的位置，放在名称之前。例如：

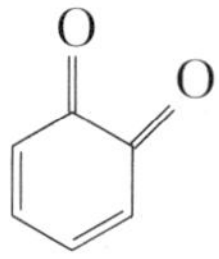

1,2-苯醌
（邻苯醌）

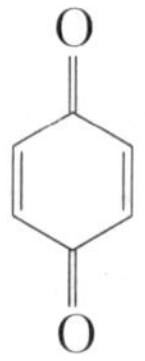

1,4-苯醌
（对苯醌）

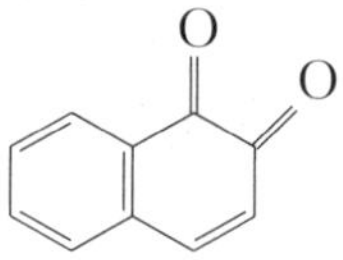

1,2-萘醌

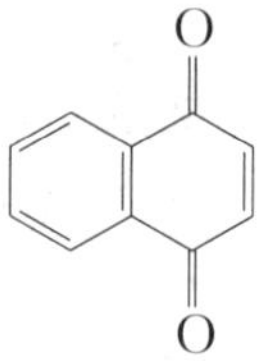

1,4-萘醌

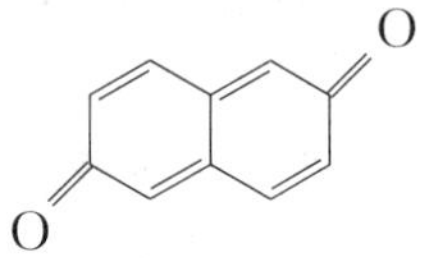

2,6-萘醌

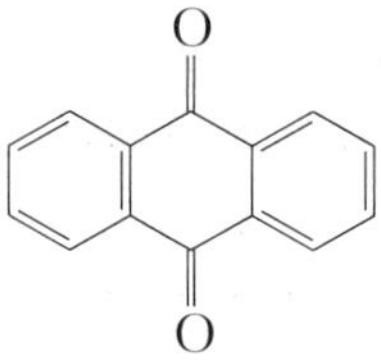

9,10-蒽醌

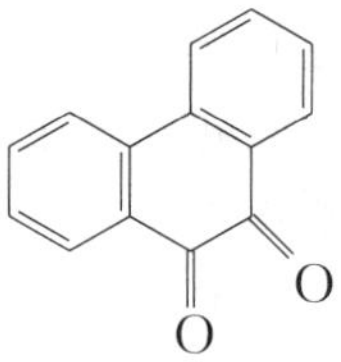

9,10-菲醌

（二）生物体内重要的醌

1. 泛醌、质醌、维生素 K

某些醌的衍生物对生物体有重要的生理作用。

（1）泛醌（辅酶 Q）　为苯醌的衍生物，是所有需氧生物体内氧化还原过程中极为重要的物质。它通过醌酚氧化还原过程在生物体内转移电子。

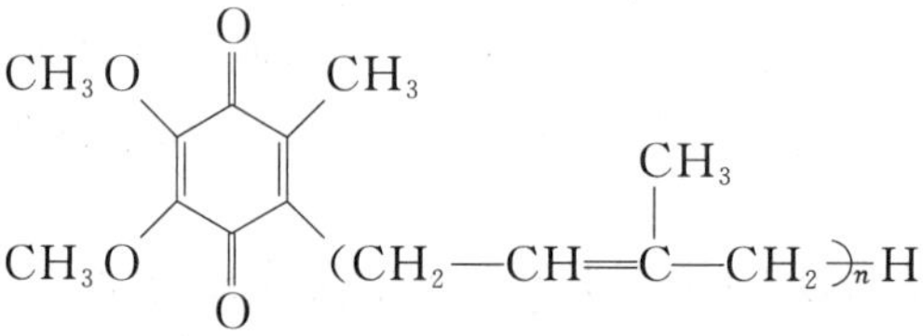

分子中一个长的侧链是由异戊二烯单位组成的，在不同的生物体中其异戊二烯单位的数目不同。人体中，异戊二烯单位一般为 10 个。

（2）质醌　也是苯醌的衍生物，在植物光合作用中参与氢的传递和电子的转移，是植物体内一类重要的化合物。

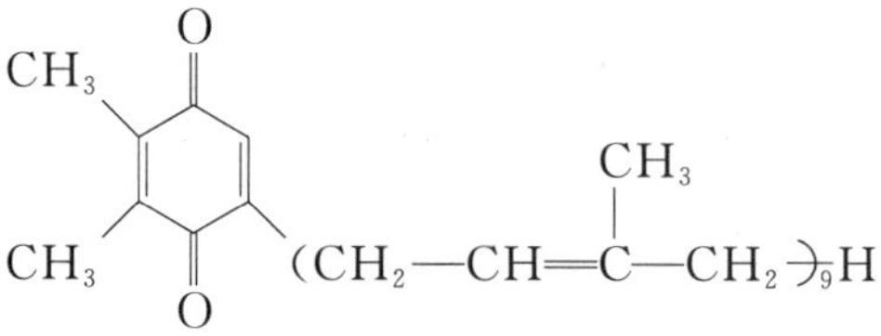

（3）维生素 K　萘醌的衍生物，存在于多种绿叶蔬菜中，它有促进凝血酶原生成的作用，是人和动物不可缺少的维生素。人和动物缺乏维生素 K 时，受伤后常会出血不止。维生素 K 在临床上用于治疗阻塞性黄疸和新生儿出血病；在养殖业上，鸡雏断喙前后常需饮用含维生素 K 的水。

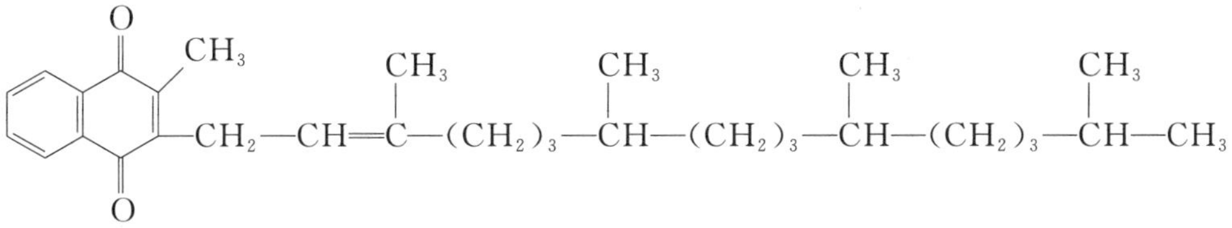

2. 茜红和大黄素

具有醌式结构的物质都是有颜色的，因此，许多醌的衍生物是重要的染料中间体。如茜草中的茜红，是最早被使用的天然染料之一。存在于中药大黄中的大黄素，也广泛分布于霉菌、真菌、地衣、昆虫及花色素中，对葡萄球菌、某些革兰氏阴性杆菌及流感病毒都有抑制作用。

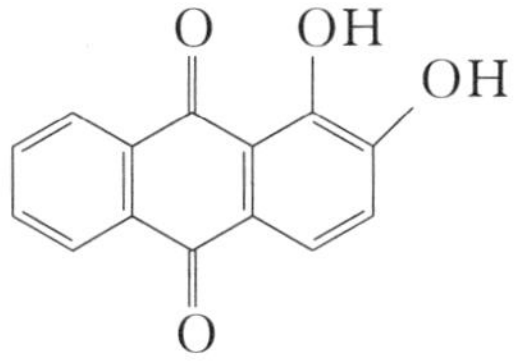

茜红

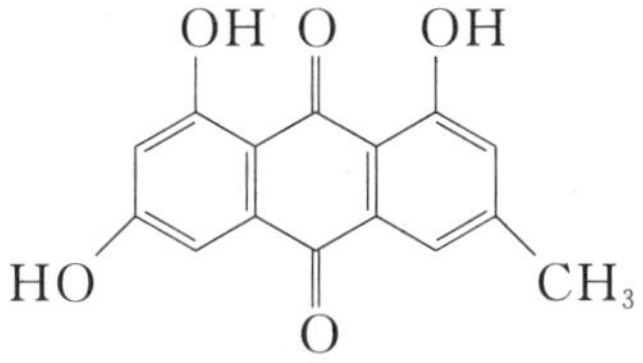

大黄素

习　题

一、填空题

1. 在干燥的 HCl 催化下，醛与醇发生加成反应，生成不稳定的________。

2. 缩醛在碱溶液中比较稳定，但在________性溶液中又易水解成为原来的________和________，所以生成缩醛的反应在________条件下进行。

3. 托伦试剂与醛的反应又称为________。

4. 泛醌（辅酶 Q）为________的衍生物，是所有需氧生物体内________过程中极为重要的物质。

5. 维生素 K 是________的衍生物，存在于多种绿叶蔬菜中，它有促进凝血酶原生成的作用，是人和动物不可缺少的维生素。

6. 福尔马林溶液的主要成分是________。

二、简答题

1. 给下列化合物命名或写出结构简式。

（1）甲醛　（2）乙醛　（3）丙酮　（4）丁酮　（5）$CH_2{=}CHCHO$

（6）$CH_3\overset{\overset{\displaystyle CH_3}{|}}{C}HCHO$　（7）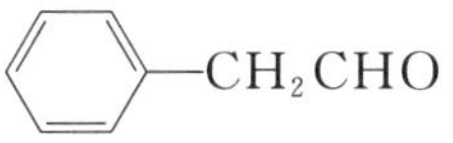　（8）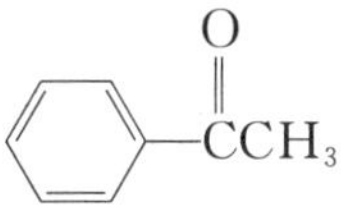

2. 完成下列反应。

（1）$CH_3CHO \xrightarrow[\text{无水 HCl}]{CH_3OH}$

（2）$(CH_3)_3CCHO \xrightarrow{\text{浓 NaOH}}$

（3）$CH_3CH_2CHO \xrightarrow{\text{稀 NaOH}}$

3. 用福尔马林溶液可以保存动植物标本，请写出福尔马林溶液有效成分的名称和结构简式，并回答这利用了它的什么性质？

第五节　羧酸及其衍生物

二维码 3-5　羧酸及其衍生物课程PPT

【学习目标】

知识目标：

1. 掌握羧酸、羧酸衍生物的分类和命名方法。
2. 熟悉羧酸及羧酸衍生物的主要化学性质。
3. 了解羧酸代表化合物的作用及自然界中的羧酸衍生物。

能力目标：

1. 能对简单的羧酸类化合物进行命名。
2. 能写出羧酸类化合物主要的化学反应式。
3. 能运用羧酸代表化合物、羟基酸的作用解释农业生产、生活中的某些现象。

素质目标：

培养严谨认真的科学态度及条理清晰的逻辑思维能力。

羧酸及其衍生物和取代酸广泛存在于自然界，是动、植物体内重要的生理物质，在动、植物的代谢过程中起着重要作用。

一、羧酸

羧酸是指分子中含有羧基（—COOH）的化合物，羧基是羧酸的官能团。

（一）分类和命名

1. 分类

根据与羧基相连的烃基的差异，羧酸可分为脂肪羧酸（又可分为饱和和不饱和两类）、脂环羧酸和芳香羧酸；根据分子中所含羧基的数目，可分为一元羧酸、二元羧酸和多元羧酸等。饱和一元脂肪羧酸的通式为 $C_nH_{2n+1}COOH$。

2. 命名

（1）俗名　许多羧酸都有俗名，即根据来源或性质进行命名。

（2）系统命名法　脂肪羧酸的系统命名原则与醛类似，是选择含有羧基的最长的碳链作主链，编号从羧基碳原子开始。命名一些简单的脂肪羧酸时，常习惯用 α、β、γ 等希腊字母表示取代基的位置。对不饱和羧酸（常见的是烯酸），应选择含羧基及双键的最长的碳链作主链，同时必须指明双键的位置，并称为某烯酸。

$HCOOH$	CH_3COOH	$CH_3CH{=}CHCOOH$	$HOOCCH{=}CHCOOH$
甲酸	乙酸	2-丁烯酸	丁烯二酸
（蚁酸）	（醋酸）	（巴豆酸）	

芳香羧酸和脂环羧酸的命名，通常把芳环或脂环当作取代基。

CH_3CHCH_2COOH（其中 CH 上连有 CH_3）

3-甲基丁酸
或β-甲基丁酸

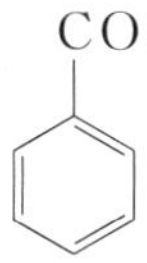

苯甲酸
（安息香酸）

环己基甲酸

$HOOC—COOH$

乙二酸
（草酸）

（二）化学性质

1. 酸性

羧酸在水中可电离出部分氢离子而显酸性。

$$RCOOH \rightleftharpoons RCOO^- + H^+$$

羧酸的电离常数一般都很小，大多数是弱酸，但比碳酸和苯酚的酸性要强。羧酸具有酸的通性，能使石蕊变红，能与碱性氧化物、碱和某些盐发生反应。

$$2RCOOH + MgO \longrightarrow (RCOO)_2Mg + H_2O$$
$$RCOOH + NaOH \longrightarrow RCOONa + H_2O$$
$$2RCOOH + Na_2CO_3 \longrightarrow 2RCOONa + H_2O + CO_2\uparrow$$

【阅读与提高】

有机体中的羧酸

大多数羧酸的 pK_a 为 4～5，而生物细胞中的 pH 一般在 5～9，所以在有机体中，羧酸往往以盐的形式（多为与有机碱形成的盐）存在。同时，由于羧基的极性而使羧酸在水中有一定的溶解度，羧酸盐在水中的溶解度更大。在许多天然有机物中，羧基的存在增加了其分子的水溶性。

2. 羧酸衍生物的生成

（1）酯的生成　在强酸（如浓硫酸）的催化下，羧酸与醇作用生成酯。有机酸和醇的酯化反应是可逆的。

$$RCOOH + HOR' \xrightleftharpoons[\triangle]{\text{浓 } H_2SO_4} RCOOR' + H_2O$$

（2）酰胺的生成　羧酸与氨作用，得到羧酸的铵盐，铵盐受热脱水生成酰胺。

$$RCOOH + NH_3 \longrightarrow RCOONH_4 \xrightarrow{\triangle} RCONH_2 + H_2O$$

3. 脱羧反应

从羧酸分子中脱去一分子二氧化碳而生成少一个碳原子的化合物的反应，叫作脱羧反应。饱和一元脂肪羧酸盐与碱石灰共热，可脱羧生成比原来羧酸少一个碳原子的烃。

$$R—COONa + NaOH \xrightarrow[\triangle]{CaO} R—H + Na_2CO_3$$

α-碳原子上连有强吸电子基团的一元羧酸,更容易发生脱羧反应。

$$CH_3COCH_2COOH \xrightarrow{\triangle} CH_3COCH_3 + CO_2\uparrow$$

$$Cl_3CCOOH \xrightarrow{\triangle} CHCl_3 + CO_2\uparrow$$

低级的二元羧酸受热比较容易脱羧。

$$HOOC—COOH \xrightarrow{\triangle} HCOOH + CO_2\uparrow$$

$$HOOC—CH_2—COOH \xrightarrow{\triangle} CH_3COOH + CO_2\uparrow$$

脱羧反应也可在酶的催化下进行,这类反应在动植物的生理生化过程中是常见的。

4. α-氢的取代反应

脂肪羧酸中的α-氢可被卤素取代生成卤代酸,但较醛、酮的卤代反应困难,如乙酸在日光或红磷的催化下,α-氢可逐渐被氯取代,生成一氯乙酸、二氯乙酸或三氯乙酸。

$$CH_3COOH + Cl_2 \xrightarrow{日光} ClCH_2COOH \xrightarrow[日光]{Cl_2} Cl_2CHCOOH \xrightarrow[日光]{Cl_2} Cl_3CCOOH$$

【阅读与提高】

植物生长调节剂

植物生长调节剂是人工合成的与植物激素具有类似生理和生物学效应的物质。适时适量使用植物生长调节剂可以有效调节作物的生育过程,达到稳产增产、改善品质、增强作物抗逆性等目的。

应用在农业生产中的植物生长调节剂有胺鲜酯(DA-6)、氯吡脲、复硝酚钠、生长素、赤霉素、乙烯、细胞分裂素、脱落酸、油菜素内酯这9类。按照登记批准标签上标明的剂量、时期和方法使用植物生长调节剂对人体健康一般不会产生危害。如果使用上出现不规范,可能会使作物生长过快,或者使生长受到抑制,甚至死亡;对农产品的品质会有一定影响,并且对人体健康产生危害。

(三)羧酸代表物的应用

1. 甲酸

甲酸俗称蚁酸,存在于蜂类的螫针、某些蚁类以及毛虫的分泌物中,同时也广泛存在于植物界,如荨麻、松叶及某些果实中。它是无色、有刺激性气味的液体,沸点100.7 ℃,溶于水,有很强的腐蚀性,能刺激皮肤起泡。

甲酸具有酸的通性,酸性比乙酸强。同时分子内还含有醛基,所以具有还原性,能使$KMnO_4$褪色,能发生银镜反应。

$$H—\overset{\overset{\large O}{\|}}{C}—OH \xrightarrow{[O]} [HO—\overset{\overset{\large O}{\|}}{C}—OH] \longrightarrow CO_2 + H_2O$$

甲酸有杀菌力,可作消毒或防腐剂,还可作橡胶的凝结剂。

2. 乙酸

乙酸是食醋的主要成分，因此俗称醋酸。乙酸在自然界分布很广，常以盐、酯或游离态存在于动植物体内。

纯乙酸是无色、有刺激性气味的液体，沸点 117.9 ℃，熔点 16.6 ℃。由于纯乙酸在 16 ℃以下能结成似冰状的固体，所以常把无水乙酸称为冰醋酸。乙酸易溶于水及其他许多有机物，是重要的化工原料。

3. 乙二酸

乙二酸也称草酸，常以盐的形式存在于许多植物的细胞壁中，如菠菜、草莓、大黄、酸模中含量很多。

草酸通常含两分子结晶水，是无色晶体，易溶于水，不溶于乙醚等有机溶剂。草酸容易精制，在空气中稳定，在分析化学中，常用作基准物质。

草酸的酸性比乙酸强。在草酸或草酸盐溶液中加入可溶性钙盐，则生成白色的草酸钙沉淀。这个反应很灵敏，分析上常用来相互检验钙离子和草酸根离子。

$$C_2O_4^{2-} + Ca^{2+} \longrightarrow CaC_2O_4 \downarrow$$

草酸还具有以下特性：

(1)草酸具有还原性，易被氧化。在酸性溶液中，草酸能还原高锰酸钾并使之褪色。因此，在分析化学上常用它来标定高锰酸钾溶液的浓度。

$$5H_2C_2O_4 + 2KMnO_4 + 3H_2SO_4 = K_2SO_4 + 2MnSO_4 + 10CO_2 \uparrow + 8H_2O$$

(2)草酸可以与许多金属离子形成溶于水的配合物，如 $K_3[Fe(C_2O_4)_3] \cdot 6H_2O$。因此，可用草酸来除去铁锈或蓝墨水的污迹。

4. 丁烯二酸

丁烯二酸有顺式及反式两种异构体。

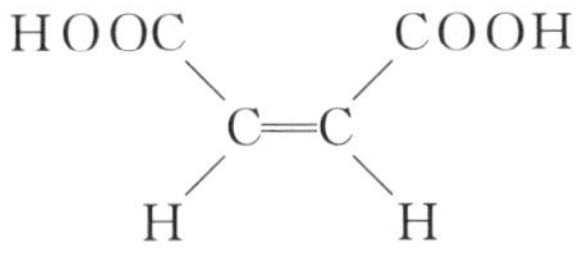

顺-丁烯二酸

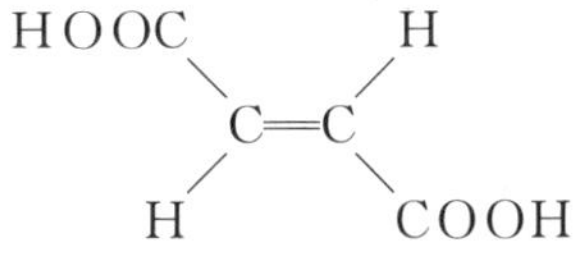

反-丁烯二酸

顺-丁烯二酸俗称马来酸或失水苹果酸，是无色晶体，易溶于水，熔点低，受热易脱水形成酸酐。反-丁烯二酸俗称延胡索酸或富马酸，是无色晶体，难溶于水，难脱水形成酸酐。反-丁烯二酸广泛存在于动植物体内，是生物体内物质代谢的重要中间产物之一。

5. 苯甲酸

苯甲酸常以酯的形式存在于一些树脂和安息香胶中，因此，俗名为安息香酸。苯甲酸是无色晶体，熔点 122 ℃，微溶于水，易升华。苯甲酸具有抑菌防腐能力，它的钠盐常用作食品和药物中的防腐剂。

苯甲酸

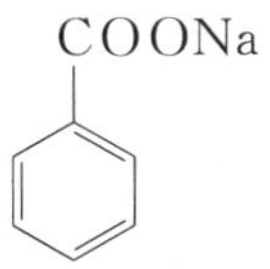

苯甲酸钠

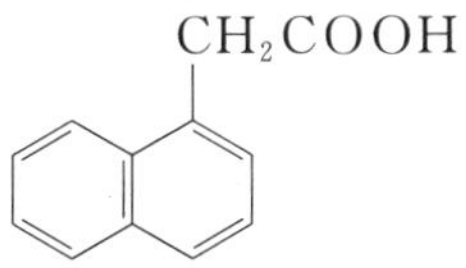

α-萘乙酸

6. α-萘乙酸

α-萘乙酸简称 NAA，是白色晶状固体，熔点 133 ℃，难溶于水，但其钠盐和钾盐易溶于水。α-萘乙酸是一种常用的植物生长调节剂，低浓度时可以刺激植物生长，防止落花落果，高浓度时能抑制植物生长，可作为除草剂，并能防止马铃薯在贮存时发芽。

二、羧酸的衍生物

羧酸分子中的羧羟基被其他原子或原子团取代后所生成的化合物，统称为羧酸的衍生物。重要的羧酸衍生物有酯和酰胺，它们在化学性质上有许多相似之处。

(一)命名

酯是根据形成它的羧酸和醇(或酚)的名称命名，称为“某酸某酯”。

乙酸乙酯

乙酸异戊酯

甲酸正丙酯

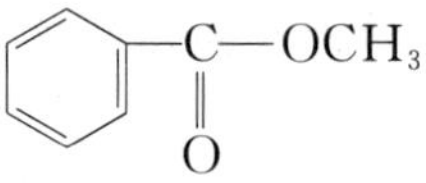
苯甲酸甲酯

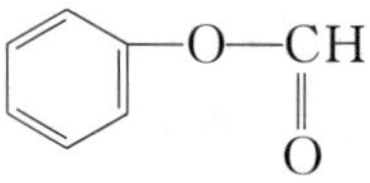
甲酸苯酯

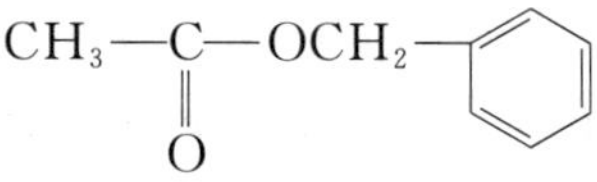
乙酸苯甲酯

酰胺的命名是根据酰基和氨(或胺)基的名称而称为“某酰胺”，并在酰胺名称前指明氮上所连的烃基。

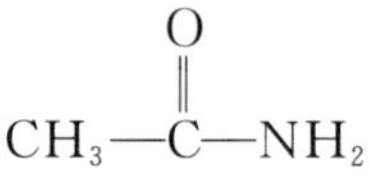
乙酰胺

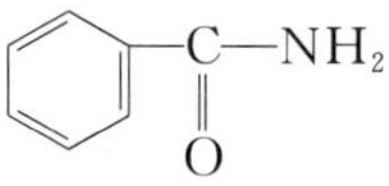
苯甲酰胺

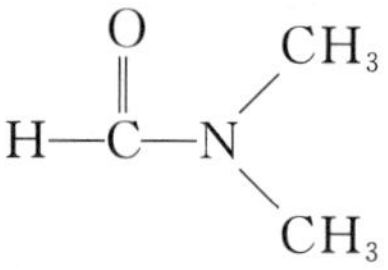
N,*N*-二甲基甲酰胺

(二)化学性质

1. 水解反应

酯和酰胺都能发生水解反应，反应需要在酸或碱的催化下进行，并且需要加热。

酯在酸催化下的水解反应是酯化反应的逆反应，水解不完全。酯在碱作用下的水解产物是羧酸盐和醇，酯在碱性条件下的水解反应又称为皂化反应。

$$R-\overset{\overset{\displaystyle O}{\|}}{C}-O-R' + H_2O \xrightleftharpoons{\text{浓 } H_2SO_4} R-\overset{\overset{\displaystyle O}{\|}}{C}-OH + R'OH$$

$$R-\overset{\overset{\displaystyle O}{\|}}{C}-O-R' + H_2O \xrightarrow{NaOH} R-\overset{\overset{\displaystyle O}{\|}}{C}-ONa + R'OH$$

【阅读与提高】

乙酰胆碱与有机磷中毒

在生物体内，胆碱在胆碱乙酰酶作用下，可与乙酸发生酯化反应生成乙酰胆碱；乙酰胆碱在胆碱酯酶的作用下又可水解生成胆碱和乙酸。乙酰胆碱是生物体内传导神经冲动的重要物质，它在体内的正常合成与分解，能保证生理代谢的正常进行。有机磷农药对昆虫有毒杀作用，此类农药对有机体内的胆碱酯酶有强烈的抑制作用，使其失去活性，使虫体内只发生乙酰胆碱的合成而无乙酰胆碱的水解，乙酰胆碱堆积过多，造成昆虫神经过度兴奋，无休止地抽搐，窒息而亡。人畜有机磷中毒的机理与昆虫相似，因此，使用此类农药时必须注意人畜的安全防护。

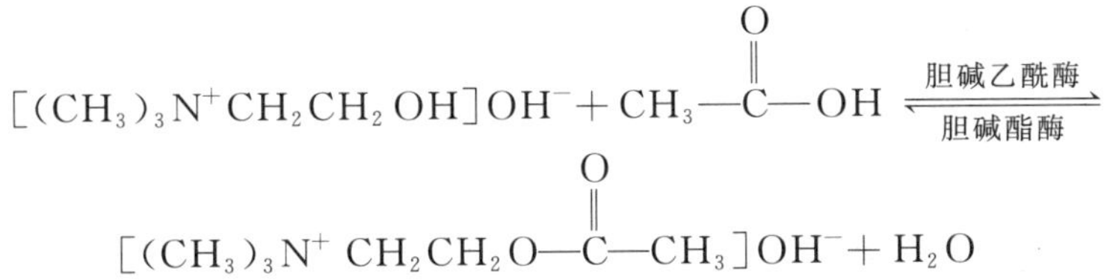

酰胺在酸性溶液中水解得到羧酸和铵盐，在碱作用下水解时则得到羧酸盐并放出氨。

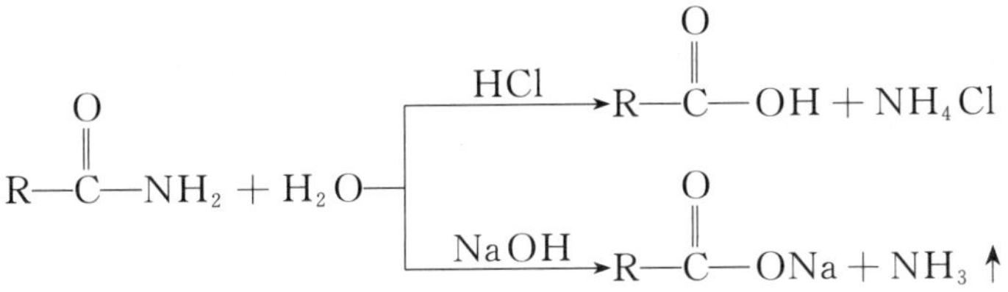

2. 酯交换反应

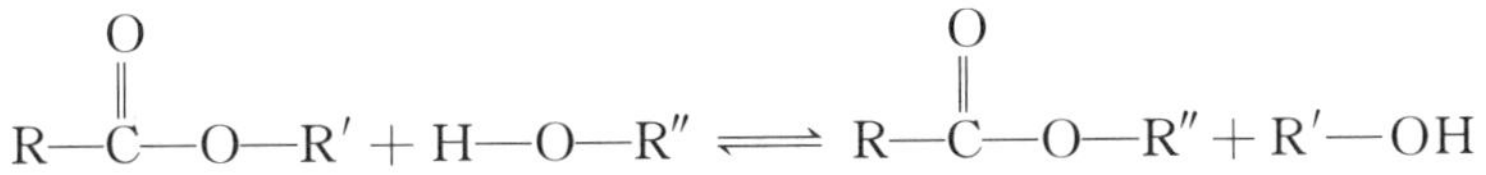

酯交换反应通常是“以大换小”，生成较高级醇的酯。在生物体内，乙酰辅酶 A 与胆碱形成乙酰胆碱的反应，就与酯交换反应类似。

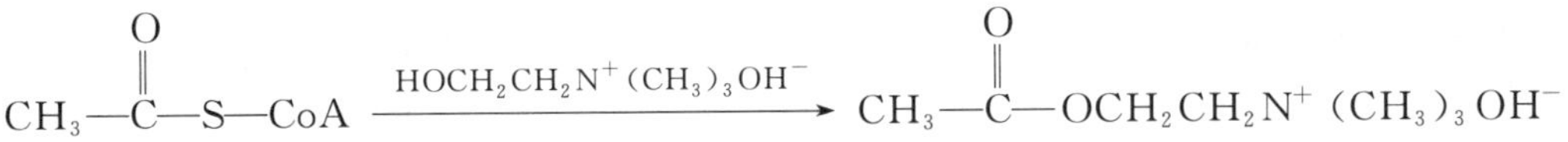

乙酰辅酶 A　　　　乙酰胆碱

3. 酯缩合反应

酯中的 α-H 是比较活泼的，在醇钠的作用下，能与另一分子酯缩去一分子醇，生成 β-酮酸酯，这个反应叫作酯缩合，或叫克莱森(Claisen)酯缩合。

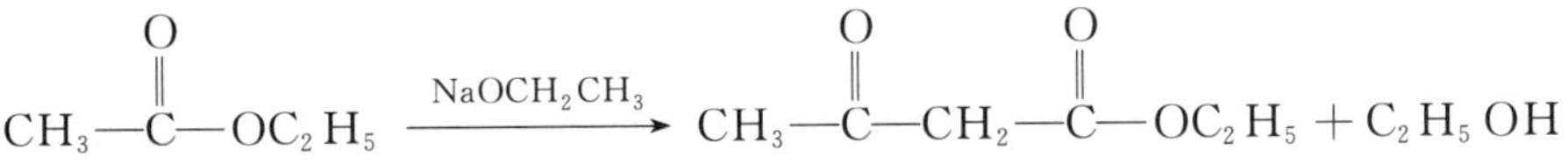

乙酰乙酸乙酯

酯缩合反应是生物体内的一个重要反应。生物体内长链脂肪酸以及一些其他化合物的生成就是由乙酰辅酶 A 经过一系列复杂的生化过程形成的。

(三)自然界中的羧酸衍生物

酯广泛分布于自然界。如水果的香气是由多种酯和一些其他物质共同产生的,其中的酯是由相对分子质量不太大的醇和酸形成的。例如,由菠萝取得的香精油中含有乙酸乙酯、戊酸甲酯、异戊酸甲酯、异己酸甲酯和辛酸甲酯等。动物脂肪和植物油是高级脂肪酸和甘油形成的酯。蜡是高级脂肪酸和高级醇的酯。

7-十二碳烯-1-醇的乙酸酯是梨小食心虫的性信息素,其顺式异构体对雄蛾有极强的引诱作用。

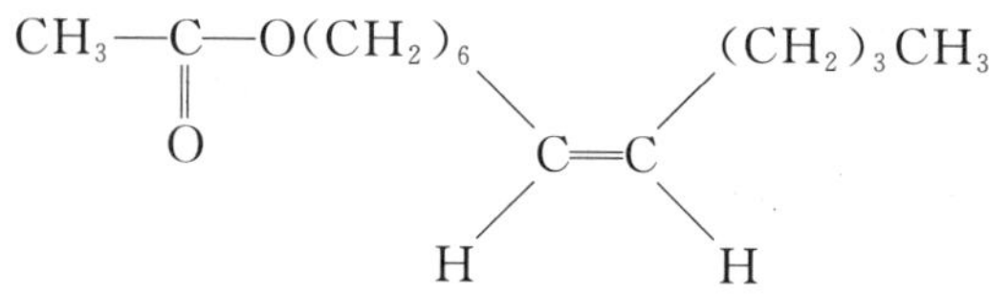

自然界分布最广的酰胺就是蛋白质。此外,某些抗生素,如青霉素、头孢菌素、四环系抗生素等都属酰胺类化合物。

三、取代酸

羧酸分子中烃基上的氢原子被其他原子或基团取代的衍生物,叫作取代酸。按照分子中取代基的不同,可分为卤代酸、羟基酸、羰基酸和氨基酸等。这里主要讨论羟基酸和羰基酸。

(一)羟基酸

羟基酸包括醇酸和酚酸两类,前者是指脂肪羧酸烃基上的氢原子被羟基取代的衍生物,后者是指芳香羧酸芳香环上的氢原子被羟基取代的衍生物。它们都广泛存在于动植物界。

1. 乳酸

乳酸($CH_3CHOHCOOH$)的化学名称叫 2-羟基丙酸(或 α-羟基丙酸)。乳酸最初来自酸牛奶,它是牛奶中含有的乳糖在微生物的作用下分解而成的。蔗糖发酵也能得到乳酸。此外,人在剧烈运动时,糖原分解产生乳酸,当肌肉中乳酸含量增多时,会感到酸痛,经休息后,肌肉里的乳酸就转化为水、二氧化碳和糖原。

乳酸有很强的吸湿性,一般为糖浆状液体,在食品工业中用作增酸剂,乳酸钙是补充体内钙质的药物之一。

乳酸能够被托伦试剂氧化。在生物体内,乳酸在酶的作用下可脱氢生成丙酮酸,这个反应是可逆的。

$$CH_3\underset{\substack{|\\OH}}{C}HCOOH \underset{+2H}{\overset{-2H}{\rightleftharpoons}} CH_3\overset{\substack{O\\\|}}{C}COOH$$

2. β-羟基丁酸

β-羟基丁酸($CH_3CHOHCH_2COOH$)是吸湿性很强的无色晶体,一般为糖浆状液体,易溶于水。它是人体内脂肪酸代谢的中间产物,在酶的催化下脱氢生成 β-丁酮酸。

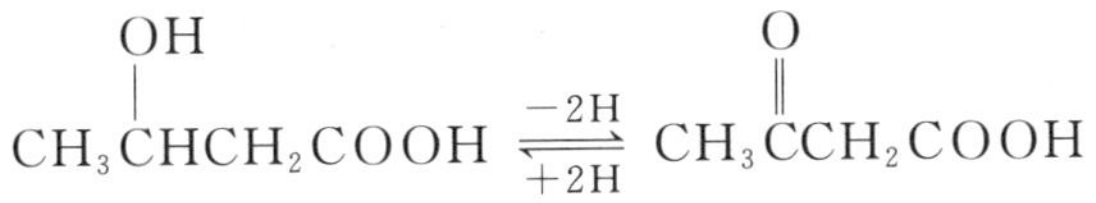

3. 苹果酸

苹果酸（$HOOCCHOHCH_2COOH$）即羟基丁二酸。苹果酸最初由苹果制得并因此而得名。它多存在于未成熟的果实内，在山楂中含量较多，也存在于一些植物的叶子中。苹果酸在食品工业中用作酸味剂，其钠盐可作为禁盐病人的食盐代用品。

苹果酸是生物体内糖代谢的中间产物，在生物体内延胡索酸酶的作用下，反-丁烯二酸（延胡索酸）可与水加成形成苹果酸，而苹果酸在苹果酸脱氢酶的作用下，又可氧化成草酰乙酸。

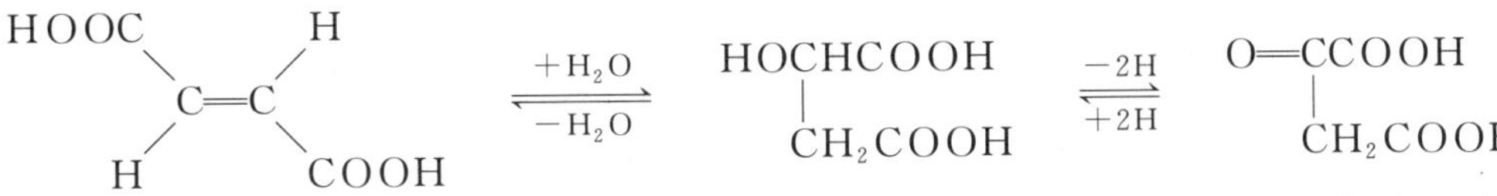

延胡索酸　　　　苹果酸　　　　草酰乙酸

4. 酒石酸

酒石酸（HOOCCHOHCHOHCOOH）即 α，β-二羟基丁二酸或 2，3-二羟基丁二酸。酒石酸以游离状态或盐的形式存在于多种水果中。在食品工业上，酒石酸可用作酸味剂。酒石酸锑钾俗称吐酒石，可用作催吐剂和治疗血吸虫病。酒石酸钾钠可用于配制费林试剂。

5. 柠檬酸

柠檬酸又叫枸橼酸，广泛存在于多种植物的果实中，尤以柠檬中含量最高。柠檬酸是无色晶体，易溶于水和乙醇，有酸味。在食品工业中用作糖果及清凉饮料的调味品；也用于制药，如柠檬酸铁铵可作补血剂。

将柠檬酸加热到 150 ℃，可发生分子内脱水生成顺乌头酸，顺乌头酸加水又可生成柠檬酸和异柠檬酸两种异构体。

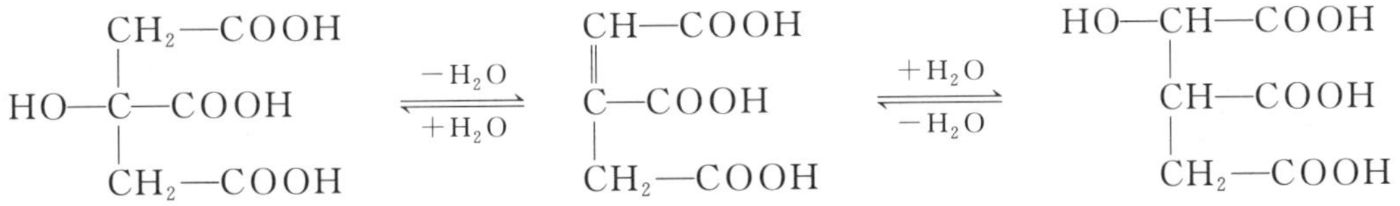

柠檬酸　　　　顺乌头酸　　　　异柠檬酸

生物体中的糖、脂肪和蛋白质代谢过程中，都包含柠檬酸经顺乌头酸转化为异柠檬酸的过程，这种化学变化是在酶的催化下进行的。

6. 水杨酸

水杨酸又称柳酸，存在于柳树皮、白珠树叶及甜桦树中。微溶于冷水，易溶于乙醇、乙醚和沸水中，与氯化铁水溶液反应显紫红色。

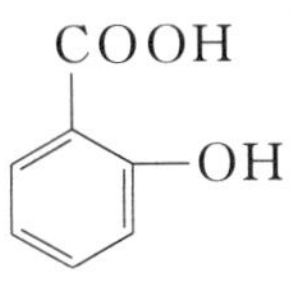

水杨酸

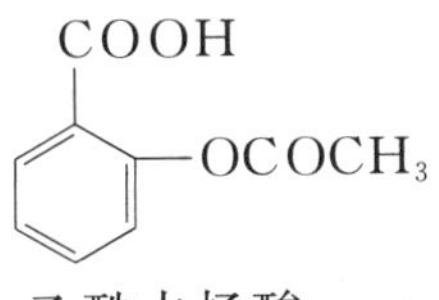

乙酰水杨酸

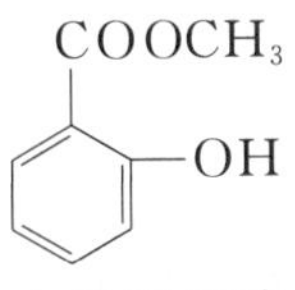

水杨酸甲酯

乙酰水杨酸(即阿司匹林)有解热、镇痛作用。近年的研究发现阿司匹林还具有抗血小板聚集作用,可防止血栓形成。

水杨酸甲酯是由冬青树叶中取得的冬青油的主要成分,因此常将水杨酸甲酯称为冬青油。水杨酸甲酯可作扭伤时的外擦药,因其有特殊的香气,也用作配制牙膏、糖果的香精。

7. 没食子酸

没食子酸就是3,4,5-三羟基苯甲酸,又叫五倍子酸或棓酸,以单宁的形式存在于五倍子、槲树皮和茶叶等中。将没食子酸加热到210 ℃以上时,可脱羧生成没食子酚。

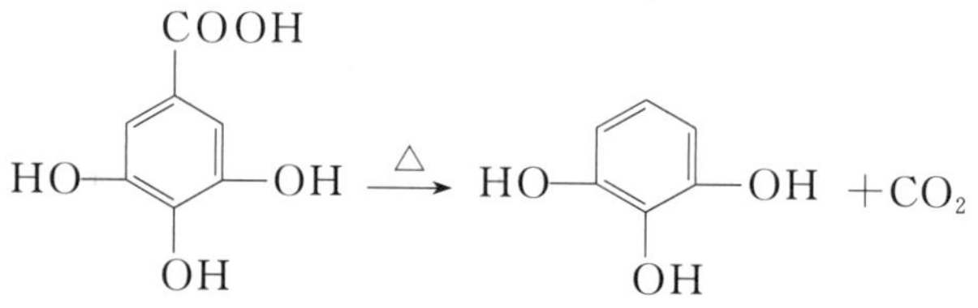

没食子酸　　没食子酚

【阅读与提高】

单宁(鞣酸)的性质

单宁存在于许多植物如石榴、咖啡、茶叶、柿子等中,因其有鞣皮的作用,所以又叫鞣质或鞣酸。由不同植物提取到的单宁结构不同,但它们都是没食子酸的衍生物,有一些共同的性质:单宁都是无定形粉末,有涩味,易被氧化变成褐色,能与铁盐生成蓝黑色沉淀,并能与蛋白质、多种生物碱形成沉淀。由于单宁有杀菌、防腐和凝固蛋白质的作用,所以在医学上可用作止血及收敛剂。

去了皮的土豆及苹果易褐变,柿子及某些未成熟的水果比较涩,就是因为里面含有单宁。

(二)羰基酸

羰基酸是分子中含有羰基的羧酸,羰基在碳链一端的是醛酸,居于碳链中间的是酮酸。系统命名时是选择含羰基和羧基的最长的碳链为主链,称为某酮酸或某醛酸。命名酮酸时,常根据羰基和羧基的距离分为α-酮酸、β-酮酸等。

1. 乙醛酸

乙醛酸(OHC—COOH)是最简单的醛酸,存在于未成熟的水果和动植物组织中。乙醛酸易溶于水,有醛和羧酸的典型反应性能,并能进行康尼查罗反应。

$$2\begin{array}{l}CHO\\|\\COOH\end{array}\xrightarrow{NaOH}\begin{array}{l}CH_2OH\\|\\COONa\end{array}+\begin{array}{l}COONa\\|\\COONa\end{array}$$

2. 丙酮酸

丙酮酸($CH_3COCOOH$)是最简单的酮酸,易溶于水。

乳酸氧化可得丙酮酸,由酒石酸失水、失羧也可制得丙酮酸。丙酮酸是生物体内糖、脂肪、蛋白质代谢的中间产物。

丙酮酸可以脱羧或脱羰，分别形成乙醛或乙酸。

$$CH_3-\overset{\overset{\displaystyle O}{\|}}{C}-COOH \xrightarrow[\triangle]{\text{稀 } H_2SO_4} CH_3CHO+CO_2\uparrow$$

$$CH_3-\overset{\overset{\displaystyle O}{\|}}{C}-COOH \xrightarrow[\text{或}\triangle]{\text{浓 } H_2SO_4} CH_3COOH+CO\uparrow$$

在二价铁离子存在的条件下，丙酮酸能被过氧化氢氧化成乙酸，并放出二氧化碳。

$$CH_3-\overset{\overset{\displaystyle O}{\|}}{C}-COOH \xrightarrow{Fe^{2+},H_2O_2} CH_3COOH+CO_2\uparrow$$

3. 乙酰乙酸及乙酰乙酸乙酯

乙酰乙酸（CH_3COCH_2COOH）又称 β-丁酮酸，是 β-酮酸的典型代表。乙酰乙酸只在低温下稳定，在室温以上即失羧而成丙酮。

$$CH_3-\overset{\overset{\displaystyle O}{\|}}{C}-CH_2COOH \xrightarrow{\triangle} CH_3COCH_3+CO_2\uparrow$$

β-丁酮酸是机体内脂肪代谢的中间产物。在酶的作用下能与 β-羟基丁酸互变。

$$CH_3-\overset{\overset{\displaystyle O}{\|}}{C}-CH_2COOH \underset{-2H}{\overset{+2H}{\rightleftharpoons}} CH_3-\overset{\overset{\displaystyle OH}{|}}{CH}-CH_2COOH$$

【阅读与提高】

酮　体

临床上把 β-羟基丁酸、β-丁酮酸和丙酮三者总称为酮体，酮体是脂肪酸在肝脏氧化分解时产生的正常的中间产物。正常人的血液中酮体的含量低于 10 $mg\cdot L^{-1}$，糖尿病人因糖代谢不正常，靠消耗脂肪提供能量，其血液中酮体的含量在 3～4 $g\cdot L^{-1}$ 及以上。

由于 β-羟基丁酸、β-丁酮酸均具有较强的酸性，所以酮体含量过高的晚期糖尿病患者易发生酮症酸中毒。

乙酰乙酸乙酯是无色液体，有令人愉快的香味，在水中有一定的溶解度。研究表明，乙酰乙酸乙酯是由酮式和烯醇式两种异构体组成的一个互变平衡体系：

$$\underset{\text{酮式}(92.5\%)}{CH_3-\overset{\overset{\displaystyle O}{\|}}{C}-CH_2-\overset{\overset{\displaystyle O}{\|}}{C}-OC_2H_5} \rightleftharpoons \underset{\text{烯醇式}(7.5\%)}{CH_3-\overset{\overset{\displaystyle OH}{|}}{C}=CH-\overset{\overset{\displaystyle O}{\|}}{C}-OC_2H_5}$$

这种同分异构体间以一定的比例平衡存在，并能相互转化的现象叫互变异构现象。酮式和烯醇式是互变异构现象中最常见的一种。除乙酰乙酸乙酯外，β-二酮、β-酮酸酯以及某些糖和含氮的化合物等，也都能产生这类互变异构现象。异构体之间的互变均为1，3-移变，即与第一个原子相连的氢转移到第三个原子上。原来在第二、第三个原子间的双键移至第一、第二个原子间。

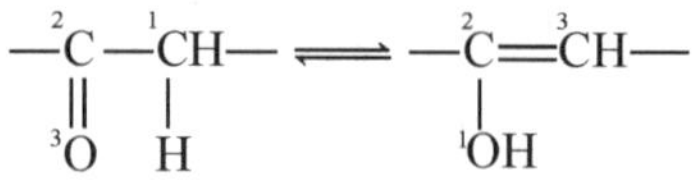

4. α-酮丁二酸

α-酮丁二酸（$HOOCCOCH_2COOH$）又称草酰乙酸，能溶于水，在水溶液中产生互变异构，生成α-羟基丁烯二酸。在生物体内由于酶的作用，α-酮丁二酸能进行脱羧反应，生成丙酮酸。

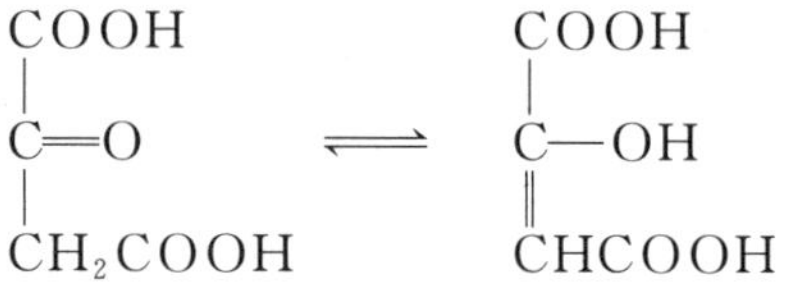

习　题

一、填空题

1. 在强酸（如浓硫酸）的催化下，羧酸与醇作用生成________。

2. 羧酸与氨作用，得到羧酸的________，继续受热脱水生成________。

3. 从羧酸分子中脱去一分子________而生成少一个________的化合物的反应，称为脱羧反应。

4. 苯甲酸常以________的形式存在于一些树脂和安息香胶中，所以俗名称为安息香酸。

5. 酯和酰胺都能发生水解反应，反应需要在________或________的催化下进行，并且需要________。

6. 柠檬酸又叫________。广泛存在于多种植物的果实中，尤以________中含量最高。

二、选择题

1. 下列物质中，可作食品或药品防腐剂的是（　　），可作植物生长调节剂的是（　　）。

A. 苯甲酸钠　　B. 苯甲醇　　C. α-萘乙酸

2. 下列物质中，酸性最强的是（　　）。

A. H_2CO_3　　B. $H_2C_2O_4$　　C. CH_3COOH

3. 酮体是丙酮、β-羟基丁酸、β-丁酮酸的总称，下列物质中不属于酮体的是（　　）。

A. 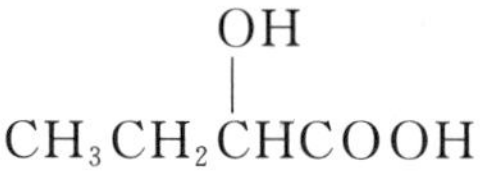　　B. 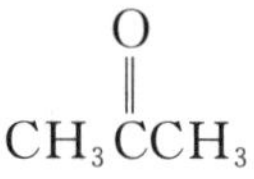　　C. 

4. 下列物质中，不能发生银镜反应的是（　　）。

A. 甲醛　　B. 甲酸　　C. 甲醇

5. 下列物质中，(　　)是甘油；(　　)是延胡索酸；(　　)是乳酸。

A. 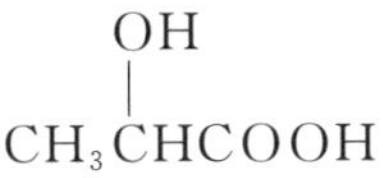　B. 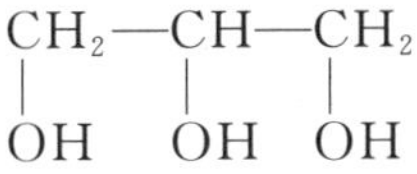　C. 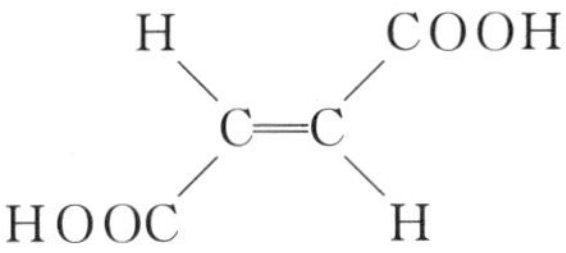

6. 下列有机物中属于醇的是(　　)，属于羧酸的是(　　)。

A. CH_3CH_2COOH　B. CH_3CH_2OH　C. CH_3CHO

7. 通式为 $RCONH_2$ 的化合物属于(　　)

A. 胺　B. 酰胺　C. 酮　D. 酯

三、简答题

1. 给下列化合物命名或写出结构简式。

(1) 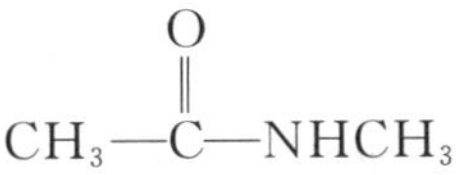　(2) 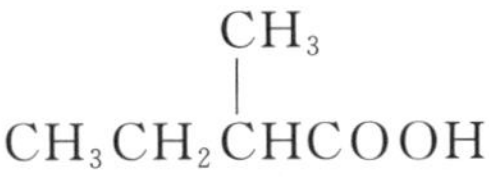　(3) 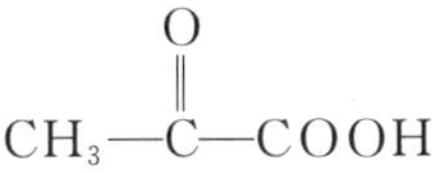

(4)乙酸　(5)苯甲酸　(6)延胡索酸　(7)乳酸　(8)乙酸乙酯

2. 写出下列反应的主要产物。

(1) $CH_3COOH + CH_3OH \underset{\triangle}{\overset{H^+}{\rightleftharpoons}}$

(2) $CH_3COOC_2H_5 + CH_3CH_2CH_2OH \rightleftharpoons$

(3) $CH_3COOH + CaCO_3 \longrightarrow$

(4) $CH_3COCH_2COOH \xrightarrow{\triangle}$

3. 用草酸作基准物质可以标定哪些性质的标准溶液，各举一例，并回答标定过程分别利用了草酸的什么性质？

4. 怎样用简单的化学方法鉴别乙酸、乙醇和乙醛？

二维码 3-6　模块三在线自测练习

模块四

三大营养物质

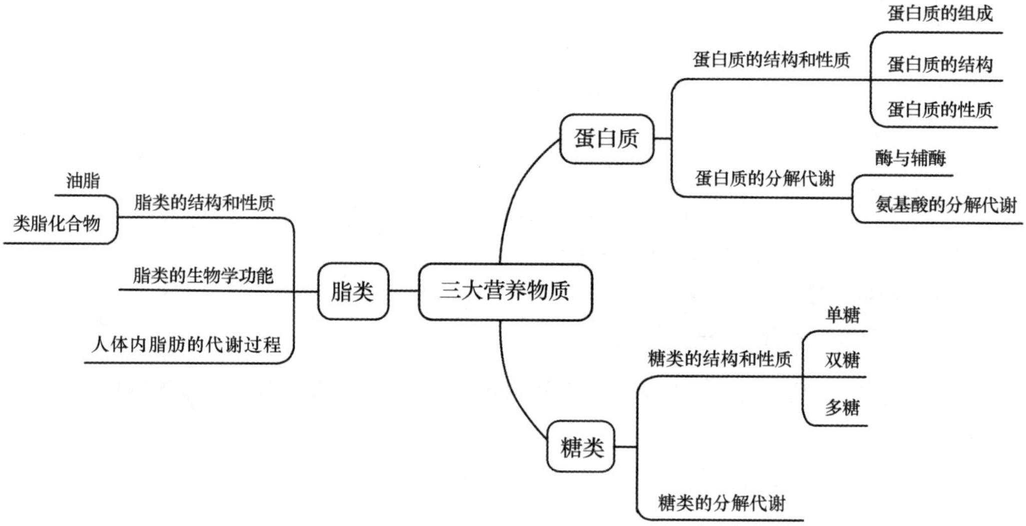

第一节　蛋白质

【学习目标】

知识目标：

1. 掌握氨基酸和蛋白质的化学性质。
2. 了解氨基酸形成蛋白质的过程，掌握蛋白质一级结构的特点。
3. 了解酶的组成、结构，掌握酶促反应的作用特点及其影响因素。
4. 了解蛋白质在体内的代谢过程。

能力目标：

1. 能用化学方法鉴别氨基酸和蛋白质。
2. 能将蛋白质的变性原理应用到专业实践中。

二维码 4-1　蛋白质课程 PPT

3. 能分离提纯蛋白质。

素质目标：

培养科学分析、细心踏实、认真钻研的基础素养。

蛋白质存在于一切生物体的每个活细胞中。从高等植物到低等的微生物，从人类到最简单的生物病毒，都含有蛋白质，也都是以蛋白质为主要的组成成分。例如，肌肉、毛发、皮肤、指甲、腱、神经、激素、抗体、血清、血红蛋白、酶等都是由不同蛋白质组成的。蛋白质不仅是生物体的主要组成成分，更重要的是蛋白质在有机体中承担着多种生物功能，它们能供给机体营养，输送氧气，控制代谢过程，防御疾病，传递遗传信息，负责机械运动，执行保护功能等。可见，蛋白质是生命的物质基础，是参与体内各种生物化学变化最重要的组分。生命的基本特征就是蛋白质的不断自我更新。

一、蛋白质的结构和性质

（一）蛋白质的组成

蛋白质是由氨基酸组成的一类天然高分子化合物。通常把相对分子质量在 1 万以上的多肽称为蛋白质。

1. 蛋白质的元素组成

所有蛋白质都含有碳、氢、氧、氮 4 种元素；大多数蛋白质含有硫；有些蛋白质含有磷；少量蛋白质含有微量铁、铜、锰、锌；个别蛋白质还含有碘等元素。

生物组织中所含的氮，绝大部分存在于蛋白质中，且氮含量的变化幅度不大，一般为 15%～17%，平均为 16%。生物样品中每克氮大约相当于 6.25 g 蛋白质（粗蛋白），6.25 常用作蛋白质转换系数。只要测定出样品的含氮量，再乘以转换系数 6.25，即可求出蛋白质的近似含量，或叫粗蛋白含量。

$$粗蛋白含量 \approx 样品的含氮量 \times 6.25$$

2. 蛋白质的基本结构单元——氨基酸

各种不同来源的蛋白质，在酸、碱或酶的作用下，水解的最终产物都是各种氨基酸，氨基酸是蛋白质的基本组成单位。

（1）结构　分子中既含有氨基（$—NH_2$），又含有羧基（—COOH）的化合物叫氨基酸。组成蛋白质的氨基酸几乎都是 α-氨基酸，即羧酸分子中 α-碳原子上的氢原子被氨基（$—NH_2$）取代而生成的一类化合物。目前已知的在自然界存在的 α-氨基酸有 200 多种，但参与组成蛋白质的 α-氨基酸仅 20 多种（表 4-1），并且具有 L-构型（除甘氨酸外），即与手性碳原子（α-碳原子）相连的氨基在费歇尔投影式碳链的左边。L-α-氨基酸的通式如下：

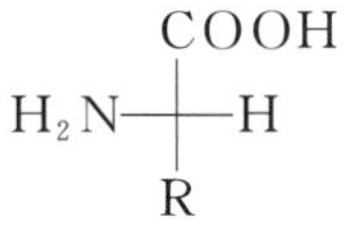

L-α-氨基酸

蛋白质中的氨基酸成分与动物的营养有很大的关系。有些氨基酸在哺乳动物体内不能合成而必须从食物中摄取,这些氨基酸称为必需氨基酸(表 4-1 中标有 * 的氨基酸)。当食物中缺乏必需氨基酸时,会影响动物的生长和发育。

表 4-1　常见氨基酸及其等电点

结　构　式	中文名	中文简称	缩写符号	等电点(20 ℃)
中性氨基酸				
$CH_2(NH_2)COOH$	甘氨酸	甘	Gly	5.97
$CH_3CH(NH_2)COOH$	丙氨酸	丙	Ala	6.02
$CH_2(OH)CH(NH_2)COOH$	丝氨酸	丝	Ser	5.68
$CH_2(SH)CH(NH_2)COOH$	半胱氨酸	半胱	Cys	5.02
$SCH_2CH(NH_2)COOH$ $SCH_2CH(NH_2)COOH$	胱氨酸	胱	Cys-Cys	4.60 (30 ℃)
$CH_3CH(OH)CH(NH_2)COOH$	苏氨酸*	苏	Thr	6.53
$(CH_3)_2CHCH(NH_2)COOH$	缬氨酸*	缬	Val	5.96
$CH_3SCH_2CH_2CH(NH_2)COOH$	蛋氨酸*	蛋	Met	5.74
$(CH_3)_2CHCH_2CH(NH_2)COOH$	亮氨酸*	亮	Leu	5.98
$CH_3CH_2CH(CH_3)CH(NH_2)COOH$	异亮氨酸*	异亮	Ile	6.02
	苯丙氨酸*	苯丙	Phe	5.48
	酪氨酸	酪	Tyr	5.66
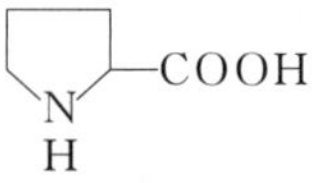	脯氨酸	脯	Pho	6.30
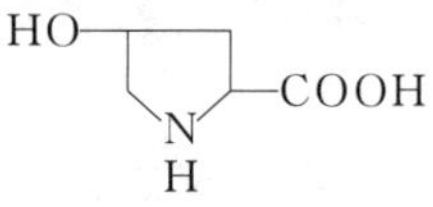	羟基脯氨酸	羟脯	Hyp	5.83
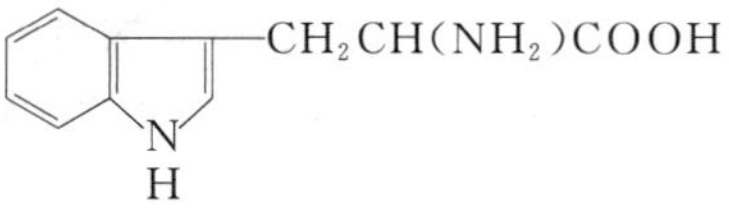	色氨酸*	色	Trp	5.89
酸性氨基酸				
$HOOCCH_2CH(NH_2)COOH$	天冬氨酸	天冬	Asp	2.77
$HOOCCH_2CH_2CH(NH_2)COOH$	谷氨酸	谷	Glu	3.22

续表 4-1

结 构 式	中文名	中文简称	缩写符号	等电点(20 ℃)
碱性氨基酸				
$H_2N—\underset{\underset{NH}{\parallel}}{C}—NH(CH_2)_3CH(NH_2)COOH$	精氨酸	精	Arg	10.76
$H_2N(CH_2)_4CH(NH_2)COOH$	赖氨酸*	赖	Lys	9.74
	组氨酸	组	His	7.59

引自:有机化学,汪小兰,2005

(2)分类　氨基酸有不同的分类方法。按 R 基团的类型可分为脂肪族氨基酸、芳香族氨基酸和杂环族氨基酸;按分子中氨基和羧基的数目又可分为中性氨基酸(氨基数目和羧基数目相等)、酸性氨基酸(羧基数目大于氨基数目)、碱性氨基酸(氨基数目大于羧基数目)。表 4-1 按后者分类。

(3)命名　天然氨基酸多用俗名,即根据氨基酸的来源或性质来命名,例如,天冬氨酸最初是由天门冬的幼苗中发现的,并因此得名;甘氨酸是因为有甜味而得名。有时,氨基酸还用中文简称或英文缩写符号表示。氨基酸也可用系统命名法命名。命名方法和其他取代酸相同,即以羧酸为母体,氨基作为取代基,氨基所连的位次以阿拉伯数字或希腊字母表示。

3. 氨基酸的理化性质

(1)氨基酸的物理性质　氨基酸是无色结晶。除胱氨酸和酪氨酸外,氨基酸易溶于水;除脯氨酸和半胱氨酸外,一般都难溶于有机溶剂。有些氨基酸有甜味,有些有苦味,有些则无味。味精即谷氨酸的钠盐,它具有鲜味。氨基酸的熔点一般在 200 ℃以上,比相应的羧酸高。

(2)氨基酸的化学性质　氨基酸具有羧基和氨基的典型性质。同时由于氨基酸分子中羧基和氨基的相互影响,又显示出其特殊的性质。

①两性性质及其等电点。氨基酸分子中的氨基是碱性的,羧基是酸性的,所以它本身就能在分子内部形成盐。这样生成的盐叫作内盐。

$$\underset{\text{氨基酸}}{R—\underset{\underset{NH_2}{|}}{CH}—COOH} \rightleftharpoons \underset{\text{内盐(两性离子或偶极离子)}}{R\underset{\underset{NH_3^+}{|}}{CH}COO^-}$$

内盐带有两种相反的电荷,是一个带有双重电荷的离子,这样的离子叫作两性离子或偶极离子。偶极离子与酸反应,生成胺盐;与碱反应则生成羧酸盐。所以氨基酸属于两性化合物。氨基酸在水溶液中形成如下的平衡体系:

$$H_3O^+ + \underset{\text{阴离子}}{R\underset{\underset{NH_2}{|}}{CH}COO^-} \rightleftharpoons \underset{\text{偶极离子}}{R\underset{\underset{NH_3^+}{|}}{CH}COO^-} + H_2O \rightleftharpoons \underset{\text{阳离子}}{R\underset{\underset{NH_3^+}{|}}{CH}COOH} + OH^-$$

由于$—NH_3^+$ 给出质子的能力大于$—COO^-$结合质子的能力,所以中性氨基酸水溶液的 pH 不等于 7,一般略小于 7,也就是阴离子多些。加入适量的酸,便有可能使阳离子与阴离子的量相等。这时溶液的 pH 便是该氨基酸的等电点。等电点习惯上用符号 pI 表示。酸性氨基酸的等电点小于 7，碱性氨基酸的等电点大于 7。

等电点是每一种氨基酸的特定常数。受氨基酸分子中的氨基和羧基的数目及其他基团的影响，氨基酸的等电点各不相同。各种氨基酸在其等电点时主要以偶极离子状态存在，即氨基酸在其等电点时净电荷为零。在电场中，偶极离子不向任一电极移动，带净电荷的氨基酸向电极移动。因此可以利用不同的移动方向和速度来分离和鉴别氨基酸。这种带电粒子在电场中所发生的移动现象叫作电泳。这种分离和鉴别氨基酸的方法叫作电泳法。

各种氨基酸在等电点时，其溶解度为最小，因而利用调节等电点的方法，可以从含有多种氨基酸的混合物中把不同的氨基酸分离开来。

②茚三酮反应。α-氨基酸与水合茚三酮弱酸溶液共热，生成蓝紫色溶液(脯氨酸、羟脯氨酸除外)。这种颜色反应叫茚三酮反应。这个方法常用于 α-氨基酸的定性鉴定和定量测定。

③脱羧反应。将氨基酸小心加热或在高沸点溶剂中回流，可使其失去二氧化碳而得到胺。例如，赖氨酸脱羧后便得到戊二胺。

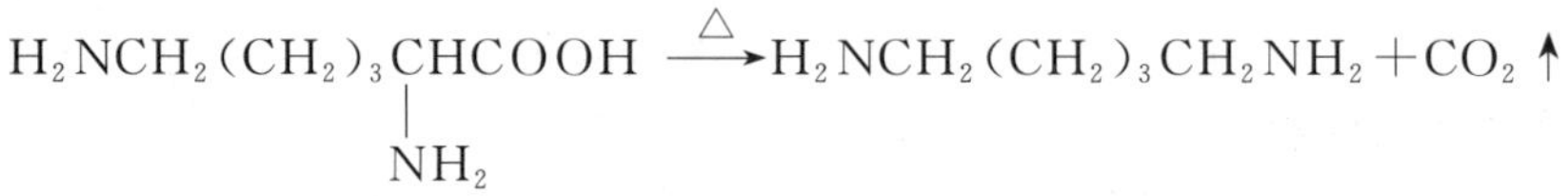

变质蛋白质分子中的氨基酸在细菌或动植物体内脱羧酶的作用下发生脱羧反应，生成毒性很大的尸胺($H_2NCH_2CH_2CH_2CH_2CH_2NH_2$)和腐胺($H_2NCH_2CH_2CH_2CH_2NH_2$)。因此食用变质的鱼、肉等会导致食物中毒。

④脱氨基反应。氨基酸与过氧化氢或高锰酸钾等氧化剂作用，使氨基氧化脱氢，而后生成 α-酮酸并放出氨气。这个反应称为氧化脱氨反应。

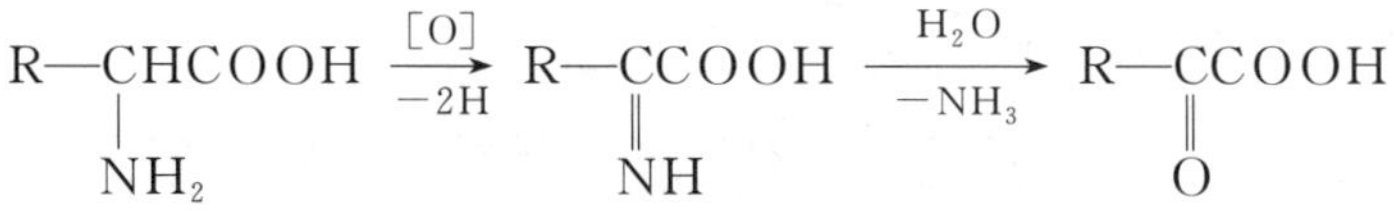

这是生物体内氨基酸分解代谢的一个重要反应。脱下的氨可用作氮素代谢的氮源。在生物体内，在转氨酶的作用下，某些氨基酸还可将氨基转移给另一个酮酸而形成一个新的氨基酸。

4. 蛋白质分子中的氨基酸连接方式

(1)肽和肽键　蛋白质分子是由种类不同、数量不等的氨基酸通过肽键相连而形成的多聚氨基酸的高分子化合物。一分子 α-氨基酸的氨基与另一分子 α-氨基酸的羧基之间脱水缩合所生成的酰胺化合物叫肽。肽分子中的酰胺键叫肽键。

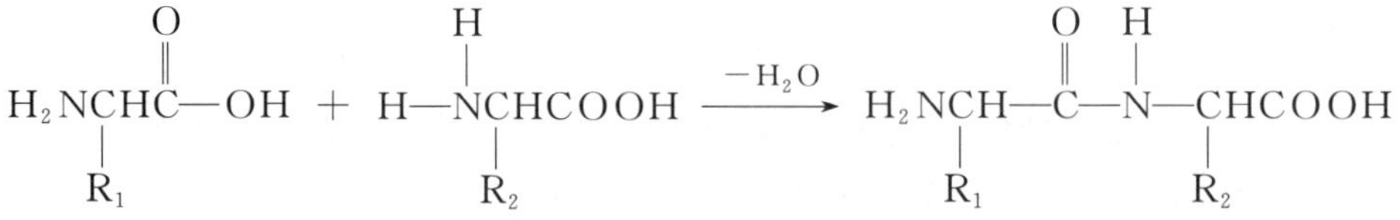

2 个氨基酸形成的肽叫二肽，3 个氨基酸形成的肽叫三肽，依此类推，多个氨基酸则形成多肽，多肽的长链叫多肽链。肽分子中的氨基酸不再是一个完整的氨基酸分子，因此称为氨基酸残基。蛋白质结构的基本形式是由许多氨基酸分子以残基形式通过肽键连接而成的多肽长链。肽链两端的氨基酸残基叫作末端氨基酸。通常将 α-碳原子上连有游离氨基的一端称为 N-端，而将在 α-碳原子上连有游离羧基的一端称为 C-端。习惯上常把 N-端写在肽链左边，C-端写在肽链右边。

(2)肽的命名　肽的系统命名是以 C-端氨基酸残基为母体，把肽链中其他氨基酸残基名称的酸字改成酰字。例如：

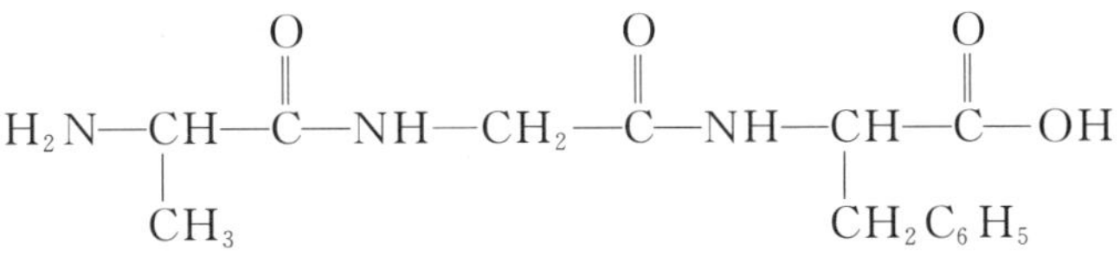

丙氨酰-甘氨酰-苯丙氨酸

(3)生物活性肽　生物体内存在某些重要的活性肽，它们在体内一般含量较少，却起着重要的生理作用。生命科学中的某些重要课题研究，如细胞分化、肿瘤发生、生殖控制以及某些疾病的病因与治疗等，均涉及活性肽的结构和功能。

①谷胱甘肽。谷胱甘肽是谷氨酰-半胱氨酰-甘氨酸的俗称，它是一种广泛存在于动植物细胞中的重要三肽，它是由谷氨酸、半胱氨酸和甘氨酸组成的。

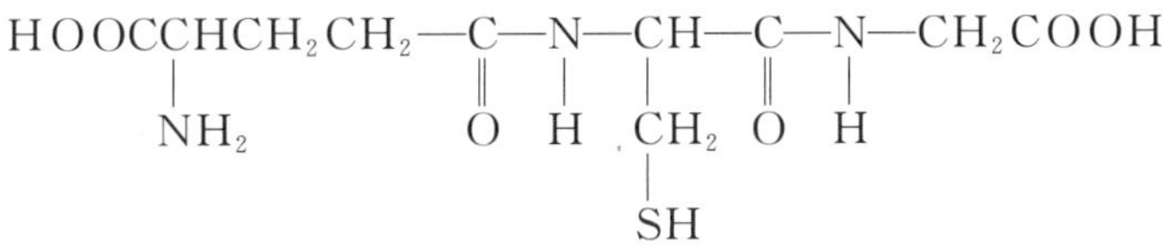

谷胱甘肽(GSH)

谷胱甘肽分子中含有巯基（—SH)，极易被氧化，被称为还原型谷胱甘肽，简写为 GSH。在体内两分子谷胱甘肽脱氢生成以二硫键(—S—S—)相连接的氧化型谷胱甘肽，简写为 GSSG。

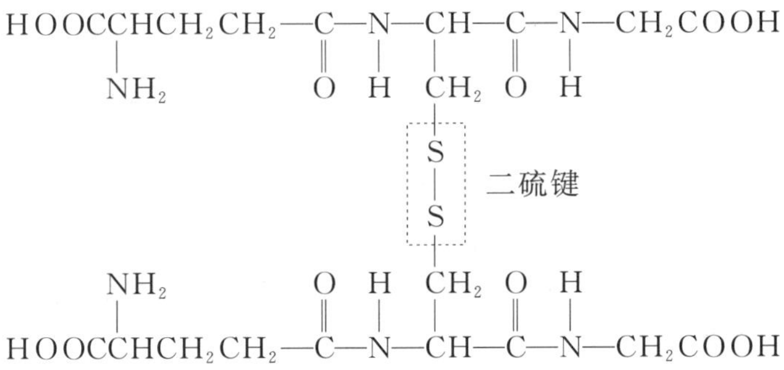

氧化型谷胱甘肽(GSSG)

还原型谷胱甘肽与氧化型谷胱甘肽之间的转变是可逆的。

$$2GSH \underset{+2H}{\overset{-2H}{\rightleftharpoons}} GSSG$$

还原型谷胱甘肽参与细胞内的氧化还原作用，因此它在人类及其他哺乳类动物体内极为重要，它可保护细胞膜上含巯基的膜蛋白或含巯基的酶类免受氧化，从而维持细胞的完整性和可塑性。

②催产素。催产素存在于垂体后叶腺中，它是由 8 种氨基酸组成的肽类激素。因催产素能够促进子宫收缩，因而具有催产作用。催产素的结构简式如下：

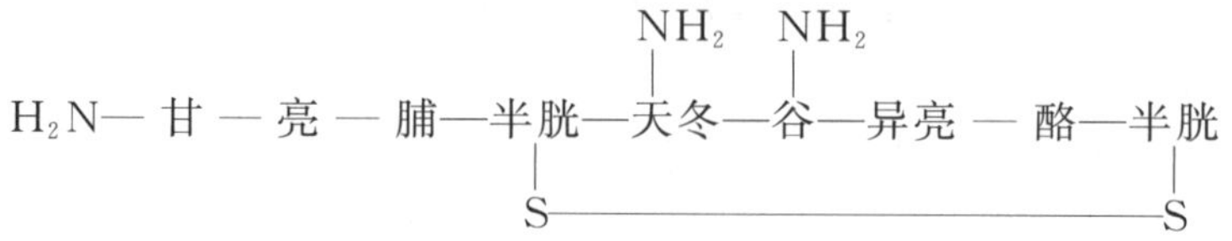

③胰岛素。胰岛素是动物胰脏分泌出来的激素，它能控制碳水化合物正常代谢。它是由 51 个氨基酸组成的多肽，含有两个长肽链，A 链含有 21 个氨基酸残基，B 链含有 30 个氨基酸残基，两条肽链通过两个—S—S—键相连。

我国科学工作者经过艰苦努力，于 1965 年首次合成了具有全部生理活性的结晶牛胰岛素。这是我国科学史上的重大成就，它使人类在认识生命、揭开生命奥秘的伟大历程中又前进了一大步。牛胰岛素的结构简式如下：

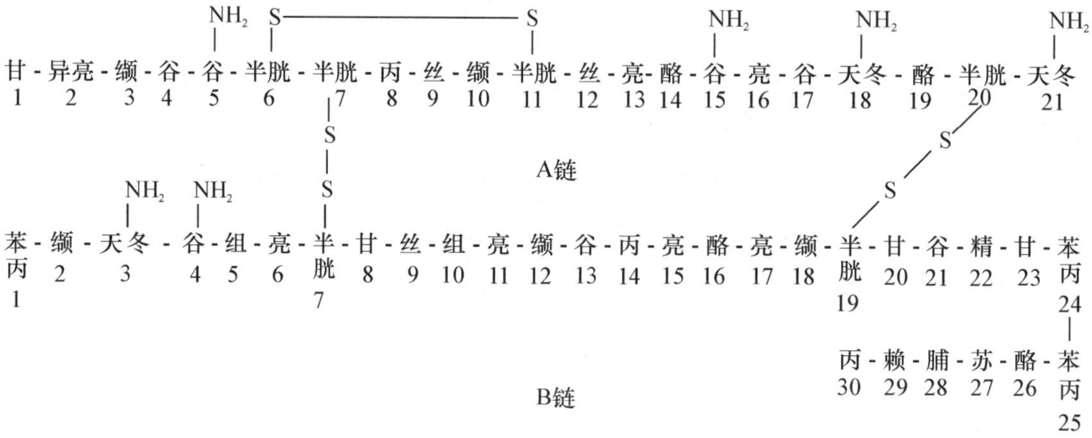

(二)蛋白质的结构

蛋白质的物理、化学性质和生理功能都依赖于它们的结构，因此，了解蛋白质的结构有利于掌握蛋白质的理化性质和研究蛋白质的生物化学功能。

蛋白质的结构相当复杂，通常用一级结构、二级结构、三级结构、四级结构 4 种不同的层次来描述。通常将蛋白质的一级结构称为初级结构，属于化学键结构；蛋白质的二级、三级、四级结构统称空间结构，指的是蛋白质分子中原子和基团在三维空间的排列和分布。

1. 蛋白质的一级结构

一级结构是指蛋白质分子中氨基酸残基按一定顺序排列以肽键连接的多肽长链。各种蛋白质的生物活性首先是由一级结构决定的。蛋白质分子中只要改变一个氨基酸的种类和位置，就可能导致整个蛋白质的空间结构和生理功能改变。目前已获得了多种蛋白质的一级结构，如牛胰岛素的结构简式，就是它的一级结构。

2. 蛋白质的二级结构

蛋白质的二级结构是指蛋白质分子中的原子和基团在空间的排列分布以及肽链的走向。

蛋白质的二级结构的一种形式是 α 螺旋，即一条肽链可以通过一个肽键中羰基氧与另一个肽键中亚氨基氢形成氢键而绕成螺旋，如图 4-1 所示。

天然蛋白质的 α 螺旋绝大多数是右手螺旋，每圈有 3.6 个氨基酸单位。相隔 4 个肽键形成氢键，氢键取向几乎与中心轴平行。氨基酸的侧链 R 伸向外侧，两个螺旋之间的距离大约为 5.4×10^{-10} m。螺旋直径为 $1\times10^{-9}\sim1.1\times10^{-9}$ m，中间空隙很小，溶剂分子无法进入。α 螺旋是蛋白质二级结构的主要形式，α 螺旋在蛋白质中的含量，因蛋白质种类不同而异。如毛发中的角蛋白、肌组织中的肌球蛋白、皮肤表皮蛋白等纤维状蛋白，都呈 α 螺旋结构，且往往数条螺旋拧在一起形成缆索状，从而增强其机械强度并使其具有弹性。有些蛋白质中的多肽链不是整条肽链形成螺旋，而是部分呈 α 螺旋。

蛋白质的另一种二级结构是由两条肽链之间，或一条肽链的两段之间形成氢键而将肽链拉在一起形成折叠片状，叫作 β 折叠片。两条肽链可以是平行的（N-端到 C-端是相同的），也可以是反平行的。图 4-2 表示的是蛋白质肽链的反平行 β 折叠片结构。

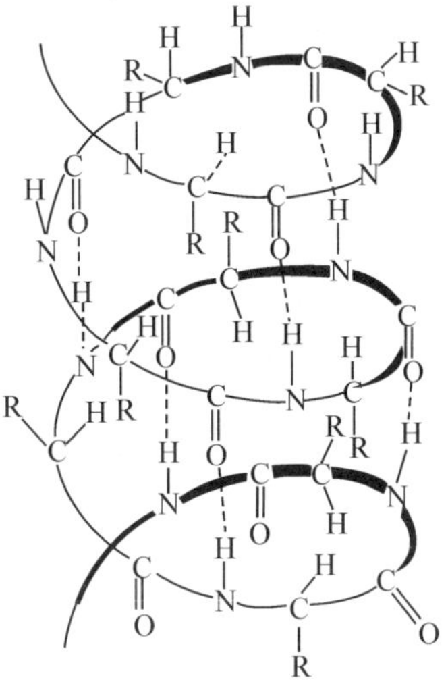

图 4-1　蛋白质的 α 螺旋结构

（有机化学，王积涛，2003）

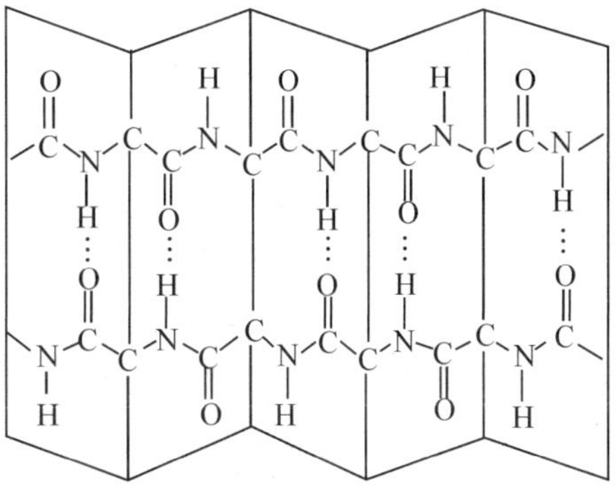

图 4-2　肽链的反平行 β 折叠片结构

（有机化学，王积涛，2003）

3. 蛋白质的三级结构

蛋白质的三级结构是指在二级结构的基础上进一步卷曲折叠，构成具有特定构象的紧凑结构。蛋白质的三级结构稳定性主要靠二硫键、氢键、酯键、盐键和疏水作用（统称为副键）等维持。

具有三级结构的蛋白质分子一般都是球蛋白分子，例如存在于哺乳类动物体中的肌红蛋白，见图 4-3。

4. 蛋白质的四级结构

蛋白质的四级结构是指由两条或两条以上具有三级结构的多肽链通过副键形成的更为复杂的结构。每一条具有三级结构的多肽链称为亚基。生物功能较复杂的蛋白质都具有亚基。图 4-4 表示的是血红蛋白的四级结构，其中 α_1、α_2、β_1、β_2 代表 4 个亚基。

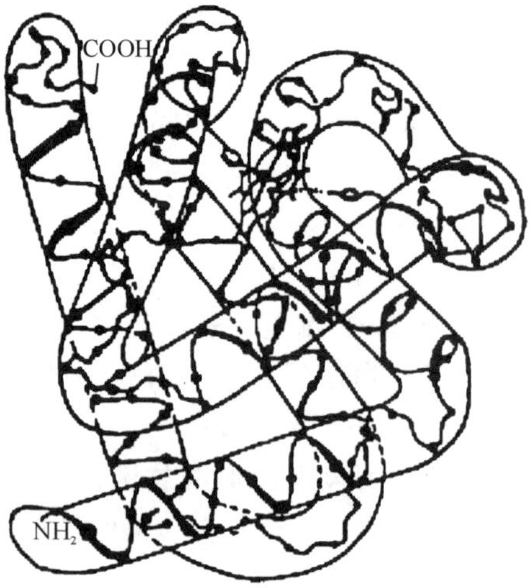

图 4-3　肌红蛋白的三级结构

（有机化学，王积涛，2003）

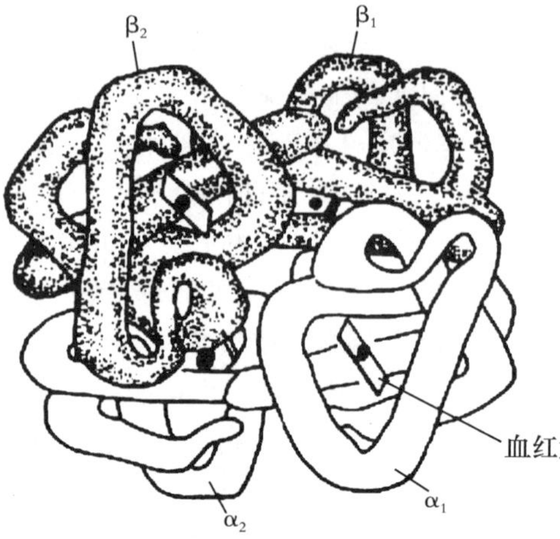

图 4-4　血红蛋白的四级结构

（有机化学，王积涛，2003）

（三）蛋白质的性质

1. 蛋白质的胶体性质

蛋白质的分子较大，溶于水后，虽以单分子形式分散在水中，但其分子直径的大小在 $10^{-9}\sim10^{-7}$ m，属于胶体分散范围。因此，蛋白质水溶液具有胶体溶液的一切性质，如具有布朗运动、丁达尔效应、不能透过半透膜以及具有吸附能力等。

蛋白质分子表面带有许多极性基团，如$—NH_2$、—COOH、—OH、—SH 及肽键等，在水溶液中都能与水分子起水化作用，使蛋白质的每一分子周围都形成一层较厚的水化膜。水化膜的存在使蛋白质分子相互隔开，分子之间不会碰撞而聚成大的颗粒，因此，蛋白质水溶液是一种比较稳定的亲水胶体。蛋白质能形成比较稳定的亲水胶体的另一个原因，是因为在非等电点状态时蛋白质分子上带有同性电荷，使蛋白质分子之间相互排斥，保持一定距离，不致相互凝聚沉淀。

2. 蛋白质的两性性质和等电点

蛋白质的多肽链上除 N-端和 C-端有自由氨基和自由羧基外，侧链上也存在有碱性基团和酸性基团，因此，蛋白质和氨基酸一样，具有两性性质和等电点。

调节蛋白质水溶液到某一 pH 时，蛋白质主要以偶极离子存在，净电荷为零，这时溶液的 pH 称为该蛋白质的等电点(pI)。在不同 pH 的水溶液里，蛋白质的主要存在形式可表示为：

$$\mathrm{Pr}\begin{cases}COO^-\\NH_2\end{cases}\underset{OH^-}{\overset{H^+}{\rightleftharpoons}}\mathrm{Pr}\begin{cases}COO^-\\NH_3^+\end{cases}\underset{OH^-}{\overset{H^+}{\rightleftharpoons}}\mathrm{Pr}\begin{cases}COOH\\NH_3^+\end{cases}$$

阴离子	偶极离子	阳离子
pH＞pI	等电点(pI)	pH＜pI

各种蛋白质由于组成的氨基酸不同，故等电点不同。在等电点时，蛋白质的溶解度最小。利用这一性质，可以从蛋白质的混合物中把各种蛋白质彼此分离。大多数蛋白质的等电点接

近于 5,故在动植物组织中(pH 近于 7),蛋白质大都以阴离子存在。

蛋白质可随外界酸碱条件的变化,而改变其带电情况。这一性质可使蛋白质对外来的酸、碱具有一定的抵抗能力,在一定程度上可使生物的体液保持一定的 pH,因而蛋白质是生物体内重要的缓冲剂。例如,哺乳动物血液的 pH,主要靠血红蛋白的缓冲能力来调节,控制 pH 在 7.3～7.5 这个较小的范围内。

蛋白质和氨基酸一样,它的离子在电场中也可以发生电泳现象。电泳的速度则取决于蛋白质颗粒所带电荷量的多少和质点的大小。各种蛋白质的等电点不同,它们的颗粒带电荷量的多少不同,质点的大小也各不相同。因此,在同一电场中,蛋白质混合物的各成分移动的方向、速度也各不相同。故可利用电泳的方法把蛋白质混合液中的各种蛋白质分离开来。

3. 蛋白质的沉淀

蛋白质的水溶液是比较稳定的。如除去其稳定因素,蛋白质就会凝聚下沉,称为蛋白质的沉淀。使蛋白质沉淀的方法很多,常用的有以下几种:

(1)盐析法　在蛋白质水溶液中,蛋白质分子带有同种电荷和水化膜,这是使蛋白质水溶液稳定的两个因素。如果破坏或削弱这两个因素,蛋白质就会聚集而沉淀。

为了达到破坏或削弱上述两种因素,在蛋白质水溶液中,加入足量的盐类,可使很多蛋白质从其水溶液中沉淀出来,这种现象叫作**盐析**。盐析是由于盐类离子的水化能力比蛋白质分子水化能力强,所以加入的大量盐离子夺去了蛋白质水化膜中的水分子,破坏了水化膜;另外,盐类离子所带的电荷,也会中和、削弱蛋白质分子表面带有的相反的电荷。盐析常用的盐有硫酸铵、氯化钠、氯化铵、硫酸钠等,其中以硫酸铵最为常用。盐析法生成的沉淀是可逆的,即盐析所得的蛋白质在适宜的条件下可重新溶解,并仍保留原有的结构和性质。不同的蛋白质盐析时所需盐的浓度不同,因此,可以利用不同浓度的盐溶液使不同的蛋白质分段析出,达到分离和提纯蛋白质的目的。

(2)有机溶剂沉淀法　某些水溶性有机溶剂如乙醇、丙酮等,能夺去蛋白质分子外面的水化膜,并可进入蛋白质分子内部,有利于蛋白质的沉淀。如果在低温下用这类有机溶剂处理蛋白质,在短时间内,沉淀还是可逆的;若经过长时间接触后,就会导致蛋白质结构的改变,沉淀就变为不可逆了。

(3)生物碱沉淀试剂沉淀法　三氯乙酸、苦味酸、磷钼酸、鞣酸等都是生物碱沉淀试剂,能使蛋白质沉淀。当蛋白质水溶液的 pH 较其等电点为小时,沉淀才容易析出。例如:

在生物检验中,常用此类试剂沉淀血液中的蛋白质,制备无蛋白的血滤液。

(4)重金属盐沉淀法　蛋白质在其水溶液的 pH 大于它的等电点时,可与重金属离子(如 Cu^{2+}、Hg^{2+}、Pb^{2+}、Ag^{+})结合生成不溶性的蛋白质盐沉淀,反应式如下:

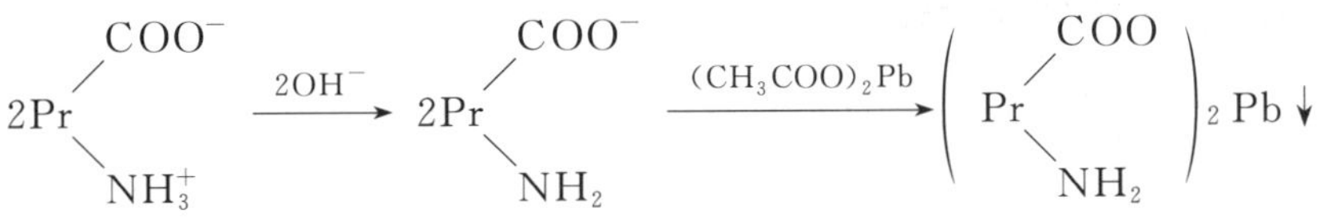

重金属盐能使人、畜中毒,就是这个道理。在发生重金属盐中毒时,立即大量喝牛奶或鸡

蛋清则有助于解毒。

4. 蛋白质的变性

蛋白质的严密空间结构决定了蛋白质的生物活性和某些理化性质。蛋白质受到物理或化学因素的影响，严格的空间结构遭到破坏，而引起蛋白质的生物活性丧失和某些理化性质改变，这种现象称为蛋白质的变性。

能使蛋白质变性的因素很多。化学因素有强酸、强碱、重金属盐、生物碱沉淀试剂等。物理因素有加热、高压、强烈振荡、紫外线照射等。随着蛋白质变性而出现的表观现象也不尽相同。有些可出现凝固现象；有些可出现沉淀或结絮现象；也有的可仍保留在胶体中而不表现什么现象。在大多数情况下，变性是不可逆的。

有时我们需要使蛋白质变性，例如，临床上用酒精、蒸煮或高压等方法进行消毒灭菌，其原理就是使细菌体内蛋白质变性而失去生物活性。有时则需要避免蛋白质变性，例如，用于预防接种的疫苗需储存在冰箱中，以免温度过高，使蛋白质变性而失去生物活性。

5. 蛋白质的水解

蛋白质在酸、碱或酶的作用下都可以水解而生成 α-氨基酸。例如，在酶的作用下，蛋白质的水解过程如下：

$$蛋白质\rightarrow蛋白胨\rightarrow较小的肽\rightarrow二肽\rightarrow\alpha\text{-}氨基酸$$

蛋白质的水解反应，对于蛋白质的研究以及蛋白质在生物体中的代谢，都有十分重要的意义。

新鲜菠萝中含有水解蛋白质的酶，它具有破坏凝胶的作用，故不能用来制作果冻类甜点。

6. 蛋白质的颜色反应

蛋白质可与某些试剂产生颜色反应。这些颜色反应可用来检验某种样品中是否有蛋白质存在。蛋白质的重要颜色反应有：

(1)水合茚三酮反应　蛋白质与稀的水合茚三酮一起加热呈现蓝色。该反应主要用于纸层析。

(2)缩二脲反应　在蛋白质水溶液中加入氢氧化钠溶液后，逐滴加入 0.5%硫酸铜溶液，则出现紫色或紫红色。此反应是蛋白质分子中含有的肽键结构引起的，肽键越多颜色越红。此反应可用于蛋白质的定性鉴定或定量测定。

(3)黄蛋白反应　蛋白质分子中若含有具苯环的氨基酸，如酪氨酸、色氨酸等，当其遇浓硝酸后产生白色沉淀，加热时沉淀变成黄色，再加碱时黄色转变为橙色，这个反应称为黄蛋白反应。很多蛋白质分子结构中都含有具苯环的氨基酸，因此这也是检验蛋白质的比较普遍的方法。皮肤被硝酸沾到后变黄就是这个道理。

(4)米伦反应　米伦试剂是硝酸、亚硝酸、硝酸汞、亚硝酸汞的混合溶液。米伦试剂遇到含有酪氨酸残基的蛋白质能生成白色的蛋白质汞盐沉淀，加热后转变成砖红色，即米伦反应。大多数蛋白质含有酪氨酸，所以这个反应有普遍性。利用该反应可以检验蛋白质中有无酪氨酸存在。

二、蛋白质的分解代谢

生物的生命活动都与酶的催化过程紧密相关，酶是生命活动的产物，又是生命活动必不可少的条件之一。酶的化学本质是蛋白质，是由活细胞分泌的在体内和体外都具有催化功能的生物催化剂。

(一)酶与辅酶

1. 酶的作用特点

(1)酶催化作用的专一性　大多数酶只能催化一种或一类相似的底物,根据酶对底物选择性的不同,酶的专一性可分为两类。

①绝对专一性。有些酶只能作用于一种底物,生成特定产物,而不能促使其他任何物质反应,这种专一性称为绝对专一性。大多数酶都是这一类型,比如淀粉酶只作用于淀粉,而不作用于纤维素。

②相对专一性。有些酶作用的底物是一类结构相似的物质,这种专一性称为相对专一性。相对专一性包括基团专一性和键专一性。

具有相对专一性的酶作用于底物时,要求底物含有某一相同的基团,这种相对专一性称为族专一性或基团专一性。有些酶对基团没有要求,但是却要求作用于底物相同的化学键,这种相对专一性称为键专一性。

(2)酶催化作用的高效性　酶作为生物催化剂能够显著地改变化学反应速率,具有很高的催化效率。酶催化作用的反应效率比相应的非催化反应快 $10^8 \sim 10^{20}$ 倍,比一般催化剂快 $10^7 \sim 10^{13}$ 倍。在一定条件下,过氧化氢酶的催化效率是铁离子的 10^{10} 倍。据报道,人的消化道如果没有酶的催化作用,在 37 ℃的体温下消化一顿午餐,大约需要 50 年。唾液淀粉酶被稀释 100 万倍后,仍具有消化能力。

(3)反应条件温和　大多数酶属于蛋白质,是细胞产生的生物大分子,稳定性较差,任何能使蛋白质变性的因素都会使酶失活,因此反应只能在比较温和的常温、常压和 pH 接近中性的条件下进行。

(4)酶的活性是可调控的　一般催化剂的催化能力是不变的,而酶的催化能力受很多因素的影响。酶活性的可调控性使酶能够适应生物体内复杂多变的环境条件和各种各样的生理需要。

2. 酶的组成和结构

(1)酶的组成　酶根据化学组成可分为单纯蛋白酶和结合蛋白酶两大类。单纯蛋白酶仅由氨基酸构成,通常只有一条多肽链,不含其他物质,如蛋白酶、脂肪酶、淀粉酶等。结合蛋白酶除蛋白质外,还要结合一些对热稳定的非蛋白质小分子物质或金属离子作为辅因子,酶蛋白和辅因子结合后所形成的复合物称为“全酶”。根据辅因子与酶蛋白结合的紧密程度不同,又分成辅酶和辅基。在酶催化时,一定要有酶蛋白和辅因子共同存在才起作用,当单独存在时,均没有催化作用。

全酶＝酶蛋白＋辅因子

酶的辅因子是酶呈现催化活性必不可少的,辅因子可以分为无机辅因子和有机辅因子。无机辅因子主要是指各种金属离子,金属离子在酶的催化过程中起着传递电子、稳定酶分子的构象、促进酶与底物的结合等作用。常见的无机辅因子有镁离子、锌离子、铁离子、铜离子、锰离子、钙离子等。有机辅因子是指酶中相对分子质量较小的有机化合物,它们在酶催化过程中起着传递电子、原子或基团的作用,常见的有机辅因子包括烟酰胺核苷酸、黄素核苷酸、铁卟啉、硫辛酸、辅酶 Q、辅酶 A 等。

(2)酶的结构　酶的催化功能和特性是由酶的空间结构决定的。酶的特殊催化能力只局限于特定空间构象的区域,该区域的氨基酸能与底物结合,并将底物转变为产物,这个与酶活力直接相关的区域称为酶的活性中心。活性中心中包括两个功能部位，与底物结合的基团称为结合基团，一般由一个或几个氨基酸残基组成，它决定了酶的专一性；促进底物发生化学变化的基团称为催化基团，一般由 2～3 个氨基酸残基组成，它决定了酶的催化能力。两者的区别并不是绝对的，有些基团既有底物结合功能又有催化功能。酶分子中活性中心和活性中心以外的维持酶的空间结构完整性的基团称为必需基团。非必需基团对酶的活性影响不大，但是与酶的运输、调控和寿命等有关。图 4-5 为酶的活性中心与必需基团示意图。

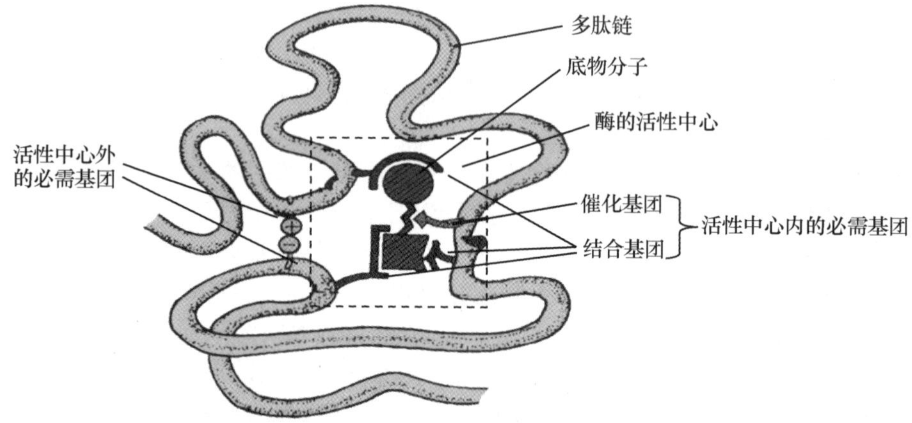

图 4-5 酶活性中心与必需基团示意图

3. 酶促反应的机理

酶-底物复合物的形成与诱导契合学说：酶与底物相互接近时，其结构相互诱导、相互变形和相互适应，进而相互结合(图 4-6)。

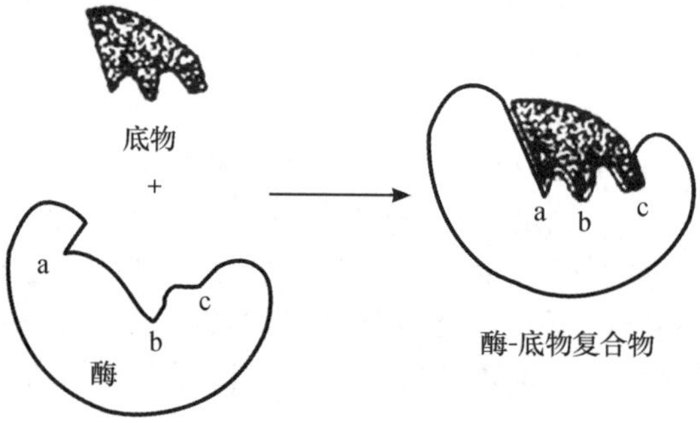

图 4-6 酶促反应作用机理

4. 影响酶促反应的因素

(1)底物浓度的影响　在其他条件均不变的情况下，底物浓度[S]是影响酶催化反应速率的主要因素，在底物浓度较低的情况下，酶催化反应速率与底物浓度成正比，反应速率随着底物浓度的增加而加快；随底物浓度增加，反应速率随底物浓度增加的程度变小，底物浓度对反应速率的影响逐渐变小，反应速率的上升不再与底物浓度成正比，而是达到最大值并趋于恒定，此时再增加底物浓度，反应速率不再改变(图 4-7)。

(2)酶浓度的影响　当底物浓度足够大时，酶促反应的速率随酶浓度[E]增大而增大，如图 4-8 所示。当酶浓度越高，反应速率越快，底物浓度很低时，底物与酶全部变成中间产物，这时增加酶的浓度，中间产物也不会增加，所以反应速率不会增大。

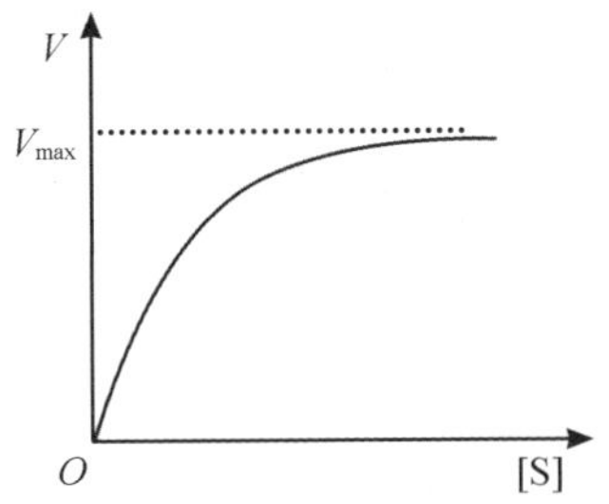

图 4-7　底物浓度对反应速率的影响

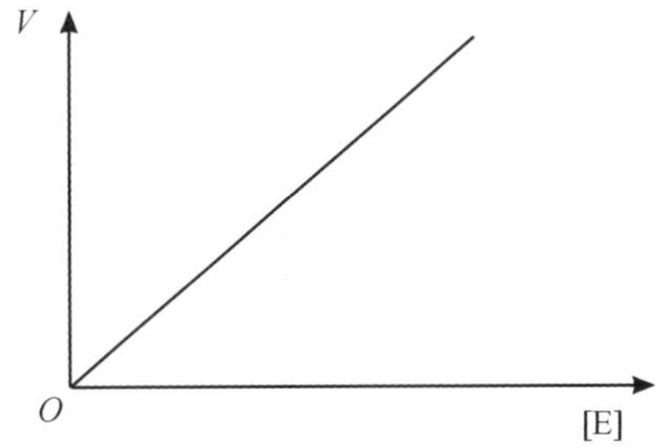

图 4-8　酶浓度对酶促反应速率的影响

(3)温度的影响　在一定的范围内，温度升高酶促反应速率增大；当达到最适温度时，酶促反应速率达到最大；由于温度过高会使酶蛋白变性失活，超过最适温度，反应速率逐渐降低。动物体内酶的最适温度一般为 35～45 ℃。大部分酶在 60 ℃以上即开始变性；80 ℃时，多数酶的变性不可逆转。如图 4-9 所示。

一般酶在最适温度下活性最强，但低温和高温的作用不同。低温可降低酶的活性，但一般不会使酶变性，升温后酶的活性恢复；高温会使酶变性失活，且降温后不恢复。低温保存生物制剂和菌种、高温灭菌都是基于这一原理。

(4)pH 的影响　pH 对酶催化作用的影响很大，每一种酶都有各自适宜的 pH 范围，在一定 pH 下，酶促反应具有最大速率，高于或低于此值，反应速率下降。酶活力最大时的 pH 称为酶的最适 pH。pH 过高或过低，都可能引起酶的变性失活，如图 4-10 所示。因此，在酶催化反应过程中，必须控制好 pH。大多数酶的最适 pH 在 5～8，动物体中酶的最适 pH 一般在 6.5～8.0，植物和微生物中酶的最适 pH 一般在 4.5～6.5。

pH 对酶促反应的影响主要有以下几个方面：

①破坏酶的空间结构，引起酶的失活。这种失活包括可逆以及不可逆两种情况。

②改变了酶蛋白中活性部位的解离状态。结合基团的解离状态受到影响，底物无法与酶蛋白结合；催化基团的解离受到影响，使底物不能被酶分子分解成产物。

③改变了底物的解离状态，可能导致底物不能与酶结合。

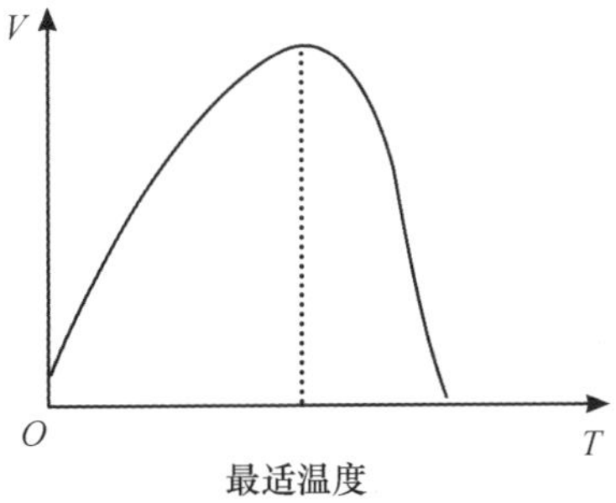

图 4-9　温度对反应速率的影响

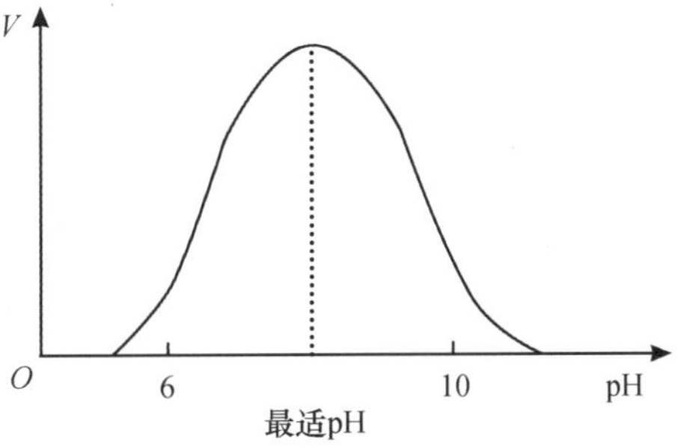

图 4-10　pH 对反应速率的影响

(二)氨基酸的分解代谢

生物体的新陈代谢过程中，蛋白质的代谢十分重要，但是蛋白质需要先水解成氨基酸才能被生物体吸收，因此，蛋白质的分解代谢实质是氨基酸的分解代谢。从食物中摄取的氨基酸为外源氨基酸；组织蛋白质降解产生的氨基酸和体内合成的氨基酸为内源氨基酸。外源氨基酸和内源氨基酸总称为氨基酸的代谢库。氨基酸的主要代谢去路是合成蛋白质和肽类。此外，也可以转变为某些生理活性物质，如激素、嘌呤和嘧啶、卟啉、胆碱和胆胺等；也可以转变为糖或脂肪；还可以直接氧化分解供能。氨基酸分解代谢的途径主要有两条，即脱氨基作用和脱羧基作用。脱氨基作用是氨基酸分解代谢的主要途径。

1. 氨基酸的脱氨基作用

氨基酸的脱氨基作用是指氨基酸脱去氨基生成相应α-酮酸的过程，共四种方式。

（1）L-谷氨酸氧化脱氨基作用　线粒体基质中存在L-谷氨酸脱氢酶，该酶催化L-谷氨酸氧化脱氨生成α-酮戊二酸，反应可逆。一般情况下，反应偏向于谷氨酸的合成，但当谷氨酸浓度高，氨浓度低时，则有利于α-酮戊二酸的生成，即催化L-谷氨酸氧化脱氨。L-谷氨酸脱氢酶属不需氧脱氢酶，辅酶是 NAD^+ 或 $NADP^+$，特异性强，分布广泛，肝脏中含量最为丰富，其次是肾、脑、心、肺等，骨骼肌中最少。

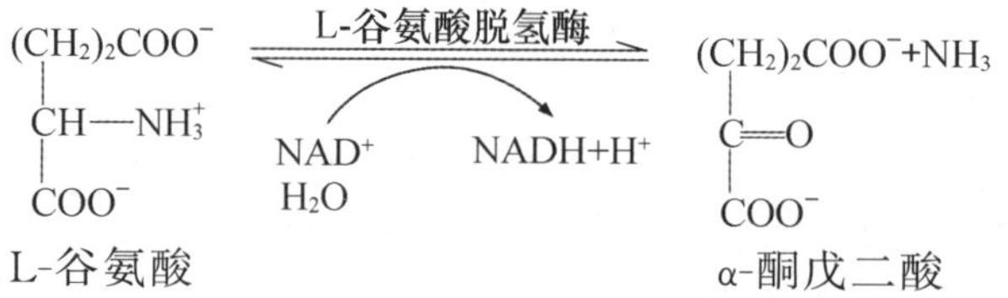

（2）转氨基作用　转氨基作用是在转氨酶的催化下，α-氨基酸的氨基转移到α-酮酸的酮基上，生成相应的氨基酸，原来的氨基酸则转变为α-酮酸。

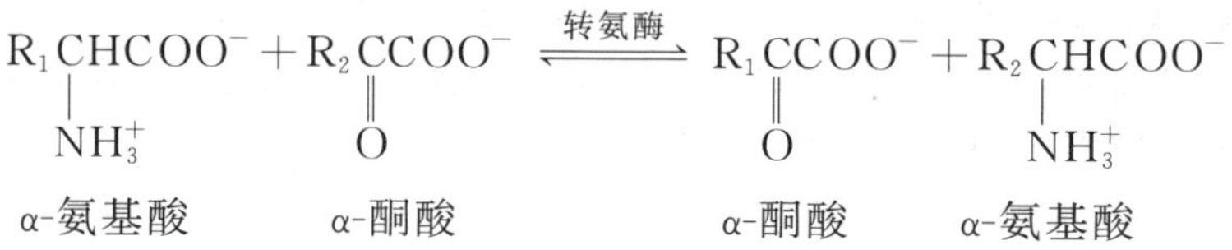

转氨酶分布广泛，除赖、苏、脯、羟脯氨酸外（例如，由于相应于赖氨酸的α-酮酸不稳定，所以赖氨酸不能通过转氨作用生成），体内大多数氨基酸都可以经转氨基作用生成。转氨基作用是可逆反应，因此也是体内合成非必需氨基酸的重要途径。

谷草转氨酶（AST）和谷丙转氨酶（ALT）都是细胞内酶，正常动物血清中含量甚微，若因疾病造成组织细胞破损或细胞膜通透性增加，则它们在血清中的浓度大大增高。例如，心肌梗死患者血清AST常升高，传染性肝炎患者可表现为血清ALT升高，所以，临床上两者可分别作为判断这两个组织功能正常与否的辅助指标。

转氨酶的辅酶是磷酸吡哆醛（含维生素 B_6），起着传递氨基的作用。磷酸吡哆醛在转氨酶的作用下，接受来自氨基酸的氨基生成磷酸吡哆胺，磷酸吡哆胺再将氨基转递给α-酮戊二酸，生成谷氨酸，而磷酸吡哆胺又再恢复成磷酸吡哆醛。

（3）联合脱氨基作用　上述转氨基作用虽然是体内普遍存在的一种脱氨基方式，但它仅仅是将氨基转移到α-酮酸分子上生成另一分子氨基酸，从整体上看，氨基并未脱去。而氧化脱氨基作用仅限于L-谷氨酸，其他氨基酸并不能直接经这一途径脱去氨基。事实上，体内绝大多数氨基酸的脱氨基作用，是上述两种方式联合的结果，即氨基酸的氨基经转氨基作用转给α-酮戊二酸生成L-谷氨酸，又通过L-谷氨酸氧化脱氨基作用脱掉氨基，是转氨基作用和谷氨酸氧化脱氨基作用偶联的过程，这种方式称为联合脱氨基作用。这是体内主要的脱氨基方式，反应可逆，也是体内合成非必需氨基酸的重要途径。

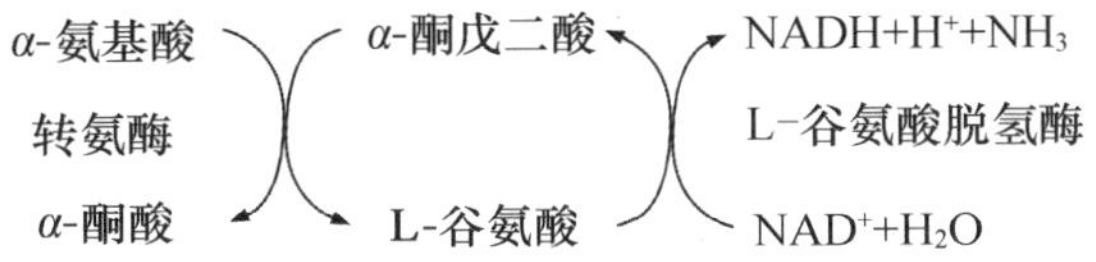

(4)嘌呤核苷酸循环　在肌肉细胞中的一种特殊的联合脱氨基作用方式。骨骼肌中谷氨酸脱氢酶活性很低，氨基酸可通过嘌呤核苷酸循环而脱去氨基，这是骨骼肌中的氨基酸主要的脱氨基方式。

氨基酸通过转氨基作用生成天冬氨酸，后者再和次黄嘌呤核苷酸（IMP）反应生成腺苷酸代琥珀酸，然后裂解出延胡索酸，同时生成腺嘌呤核苷酸（AMP），AMP 又在腺苷酸脱氨酶催化下脱去氨基，最终完成了氨基酸的脱氨基作用。IMP 可以再参加循环。由此可见，嘌呤核苷酸循环实际上也可以看成是另一种形式的联合脱氨基作用。

2. 氨基酸的脱羧基作用

氨基酸可以通过脱羧基作用生成相应的胺类；催化脱羧基作用的酶是氨基酸脱羧酶，其辅酶是磷酸吡哆醛；正常情况下，胺在体内含量不高，但却具有重要的生理功能。

氨基酸脱羧生成伯胺是氨基酸分解代谢的另一途径。氨基酸在脱羧酶的作用下，脱去羧基，生成伯胺和 CO_2。

$$\underset{\displaystyle \underset{|}{} NH_3^+}{RCHCOO^-} \xrightarrow{\text{氨基酸脱羧酶}} R—CH_2—NH_2 + CO_2$$

氨基酸脱羧后形成的胺类化合物有些是生物体的重要物质，如丝氨酸分解后生成胆碱，是构成磷脂的重要成分。有些胺类是有害的如鸟氨酸分解后生成腐胺、赖氨酸分解后生成尸胺，二者都是有毒物质。

习　题

一、填空题

1. 组成蛋白质的元素一定有________、________、________、________。

2. 不同蛋白质中含量相近的元素是________，其平均含量为________。

3. 蛋白质是由许多________通过________形成的一条多肽链，在每条多肽链的两端有自由的________基和自由的________基，这两端分别称为________末端和________末端。

4. 蛋白质二级结构的主要构象形式有________和________。

5. 蛋白质分子一、二级结构的稳定性主要靠________、________来维持。

6. 盐析法生成的蛋白质沉淀是可逆的，因蛋白质的________和________仍然保留，因此可以用盐析法________和________蛋白质。

7. 蛋白质变性时，不受影响的结构是________级结构。

8. 酶促反应中决定酶专一性的部分是________。

9. 其他条件适宜，酶促反应处于某一温度时反应速率最高，该温度为酶促反应的________。

二、选择题

1. 某蛋白质水溶液中蛋白质的含量为45%，则蛋白质水溶液中氮的含量为(　　)。

A. 9.6%　　B. 8.2%　　C. 6.7%　　D. 7.2%

2. 变性蛋白质的主要特点是(　　)。

A. 黏度下降　　B. 溶解度增加

C. 不易被蛋白酶水解　　D. 生物学活性丧失

3. 蛋白质变性是由于(　　)。

A. 氨基酸排列顺序的改变　　B. 氨基酸组成的改变

C. 肽键的断裂　　D. 蛋白质空间构象被破坏

4. 人或者牲畜误食重金属盐中毒后，可以立即大量喝(　　)，再快速送医。

A. 蔗糖水　　B. 淀粉水　　C. 生蛋清　　D. 白开水

5. 欲将蛋白质从水中析出而又不改变它的性质，应加入(　　)。

A. 饱和 Na_2SO_4 溶液　　B. 浓硫酸

C. 甲醛溶液　　D. $CuSO_4$溶液

6. 在三鹿奶粉中发现对人体有害的物质是(　　)。

A. 三聚氰胺　　B. 苏丹红　　C. 瘦肉精

7. 关于酶活性中心的叙述，正确的是(　　)。

A. 酶原有能发挥催化作用的活性中心　　B. 由一级结构上相互临近的氨基酸组成

C. 必需基团存在的唯一部位　　D. 含结合基团和催化基团

8. 关于酶的叙述正确的是(　　)。

A. 不能在胞外发挥作用　　B. 能改变反应的平衡点

C. 能大大降低反应的活化能　　D. 与底物结合具有绝对特异性

9. 在底物足量时，生理条件下决定酶促反应速率的因素是(　　)。

A. 酶含量　　B. 温度　　C. 酸碱度　　D. 辅酶含量

10. 酶的最适 pH 是(　　)。

A. 酶的特征性常数　　B. 酶反应速度最大时的 pH

C. 酶最稳定时的 pH　　D. 酶的等电点

11. 下列关于蛋白质的叙述中不正确的是(　　)。

A. 人工合成具有生命活力的蛋白质——结晶牛胰岛素是我国科学家在1965年首次合成的

B. 在蛋白质溶液中加入饱和硫酸铵溶液，蛋白质析出，虽再加水，也不溶解

C. 重金属盐类能使蛋白质凝结，所以误食重金属盐类能使人中毒

D. 浓硝酸溅在皮肤上能使皮肤呈现黄色，这是由于浓硝酸和蛋白质发生了颜色反应

三、简答题

1. 可以通过调节溶液 pH 的方法将几种不同的氨基酸分离，这是利用了氨基酸的什么性质？(试运用等电点的有关知识加以回答)。

2. 当人误食重金属盐时，可以喝大量牛奶、蛋清或豆浆解毒，为什么？

3. 蛋白质变性原理有哪些应用？举例说明。

4. 哪些氨基酸属于必需氨基酸？

第二节　糖　　类

【学习目标】

知识目标：

1. 掌握单糖的组成及结构。
2. 掌握单糖、双糖、多糖的典型化学性质。

能力目标：

能定性鉴别葡萄糖、果糖、蔗糖、麦芽糖及淀粉。

素质目标：

培养求真务实的科学素养及运用理论知识思考问题的习惯。

二维码 4-2　糖类课程 PPT

糖类也叫碳水化合物，在自然界中分布极为广泛，例如葡萄糖、淀粉、纤维素、糖原等都属于糖类。糖类是动、植物体的重要组成成分，是一切生物体维持生命活动所需能量的主要来源。从化学结构上看，它们是多羟基醛、酮或多羟基醛、酮的缩合物。

根据能否水解及水解的产物，糖类可以分为单糖、低聚糖和多糖。单糖是指不能水解成更小的分子的糖类，如葡萄糖、核糖、果糖等。低聚糖是指能水解成 2～10 个单糖分子的糖类，其中最主要的是能水解成两分子单糖的双糖，如蔗糖、麦芽糖、乳糖等。多糖是指能水解成许多单糖分子的糖类，如淀粉、纤维素、糖原等。

一、糖类的结构和性质

（一）单糖

根据分子中所含羰基的不同，单糖可以分为醛糖和酮糖两类。自然界的单糖以含 5 或 6 个碳原子的最为普遍，如核糖、脱氧核糖、葡萄糖、果糖等。

1. 单糖的结构

(1)单糖的开链结构和构型　单糖的开链结构可用费歇尔(Fischer)投影式表示，即将碳链放在垂直线上，主链中第一号碳原子在上方，“十”字线的交点代表链中碳原子，每个链中碳原子上各连有一个氢原子和一个羟基(或连有两个氢原子)，分别位于碳链的左、右两侧。

投影式中编号最大的手性碳原子(和 4 个不相同的原子或基团相连的碳原子)上所连羟基在碳链右侧的称为 D-型糖，在左侧的称为 L-型糖。自然界存在的单糖多数是 D-型糖。D-核糖、D-葡萄糖、D-半乳糖、D-果糖的费歇尔投影式如下：

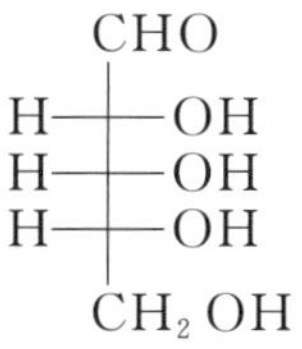

D-核糖

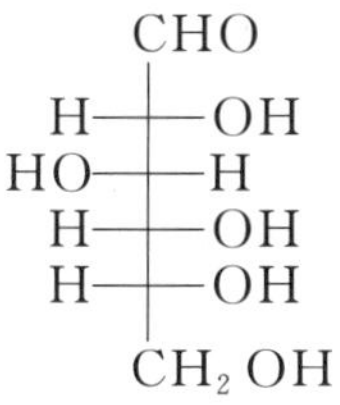

D-葡萄糖

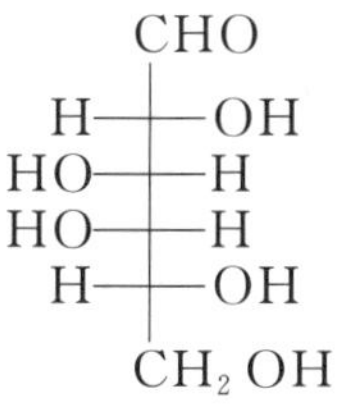

D-半乳糖

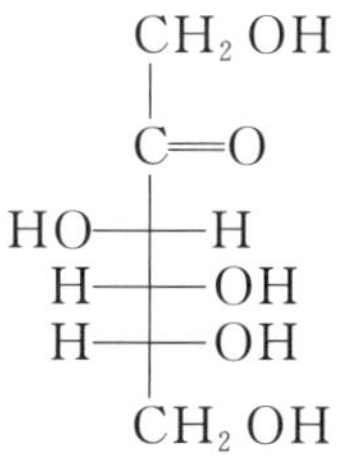

D-果糖

(2)单糖的环状结构　单糖在溶液中、结晶状态和生物体内主要以环状结构形式存在。单糖的环状结构是其羰基与羟基发生半缩醛(或半缩酮)反应而形成的,常见的是五元环和六元环,形成的半缩醛(或半缩酮)羟基与决定单糖构型的碳原子上的羟基处于碳链同侧的为 α-型,处于异侧的为 β-型。单糖的 α-型和 β-型环状结构之间可以通过链状结构相互转化。

一般情况下,己醛糖形成的是六元环。例如,D-葡萄糖就可以形成下面两种环形半缩醛:

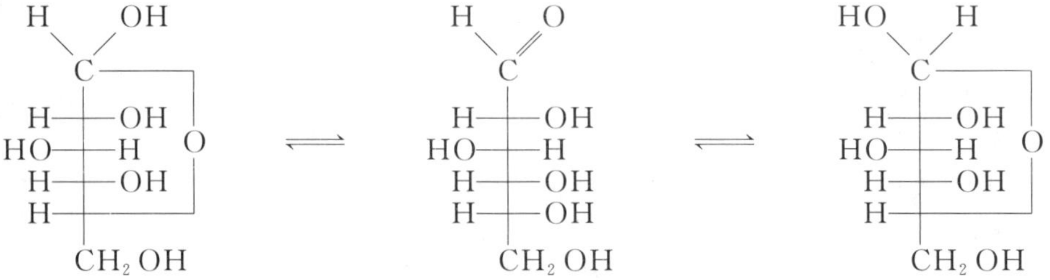

α-D-葡萄糖　　D-葡萄糖　　β-D-葡萄糖

在上述互变平衡体系中,α-D-葡萄糖约占 37%,β-D-葡萄糖约占 63%,而醛式仅占 0.1%,醛式虽然含量极少,但 α 式与 β 式之间的互变必须通过醛式才能完成。

用费歇尔投影式所写的单糖的环形结构式,不能反映出原子和基团在空间的相互关系,所以应把环形结构写成透视式或称哈沃斯(Haworth)投影式。将六元环形的单糖看成吡喃的衍生物,称为吡喃糖;将五元环形的单糖看成是呋喃的衍生物,称为呋喃糖。葡萄糖、果糖的透视式为:

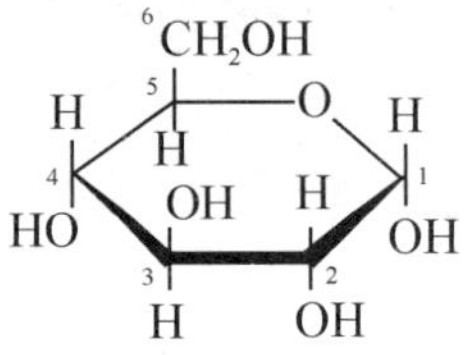

α-D-吡喃葡萄糖

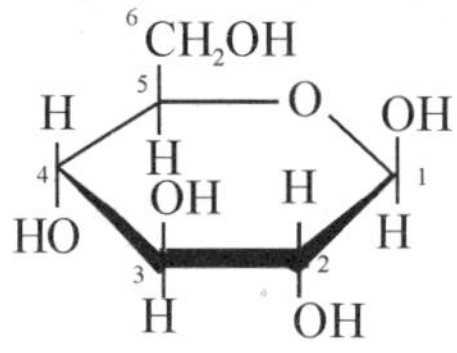

β-D-吡喃葡萄糖

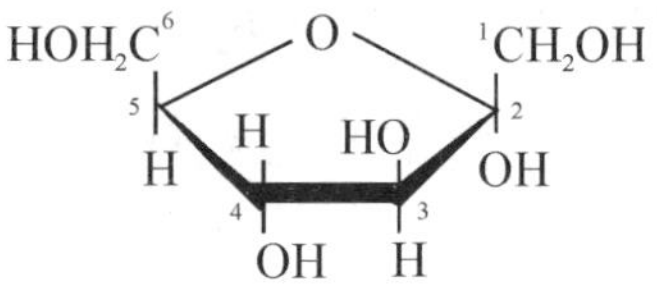

α-D-呋喃果糖

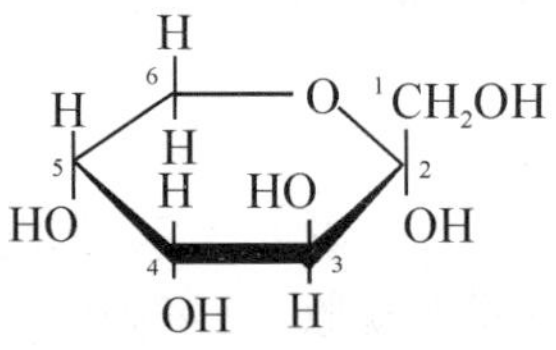

α-D-吡喃果糖

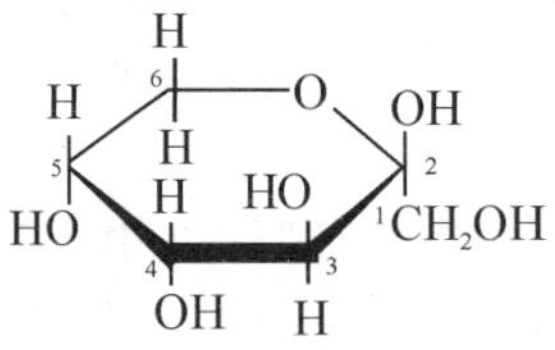

β-D-吡喃果糖

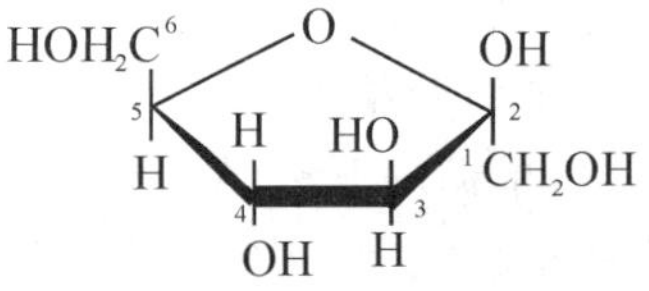

β-D-呋喃果糖

果糖可以形成吡喃环和呋喃环两种环状结构。游离状态的果糖含有吡喃环结构,结合状态的果糖,如蔗糖中的果糖具有呋喃环结构。

2. 单糖的性质

(1)氧化反应　单糖都容易被弱氧化剂氧化。单糖能将托伦试剂还原生成银镜,能与费林试剂及本尼迪克特试剂作用生成氧化亚铜砖红色沉淀,糖分子本身被氧化成糖酸。凡是能被上述弱氧化剂氧化的糖,都称为还原糖。利用糖的还原性可作糖的定量测定,例如,在临床上可采用本尼迪克特试剂检验尿液中是否含有葡萄糖,并根据产生 Cu_2O 沉淀的颜色来判断葡萄糖的含量,代以诊断糖尿病。现已改用仪器测量,既快捷又方便。

在不同条件下,单糖可被氧化为不同产物,例如,D-葡萄糖用硝酸氧化可得 D-葡萄糖二酸，而用溴水氧化则可得 D-葡萄糖酸。

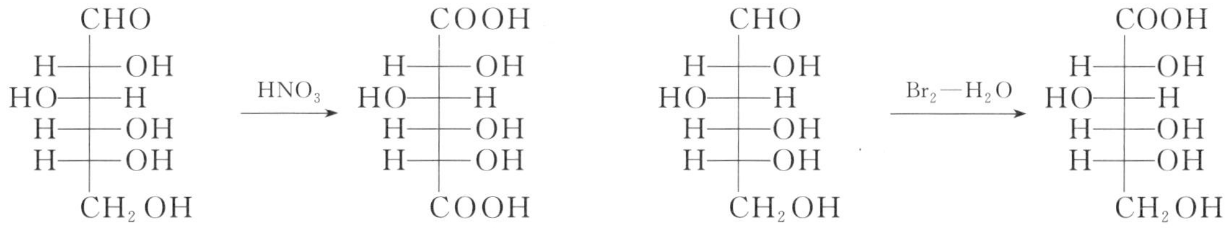

D-葡萄糖　　D-葡萄糖二酸　　D-葡萄糖　　D-葡萄糖酸

酮糖与硝酸作用，生成小分子的醇酸。而酮糖与溴水不起反应，因此利用溴水可以鉴别醛糖和酮糖。

（2）还原反应　单糖分子中的羰基和醛、酮分子中的羰基一样，可被许多还原剂还原生成相应的糖醇（多元醇）。在生物体内，这一还原反应是在酶的作用下完成的。

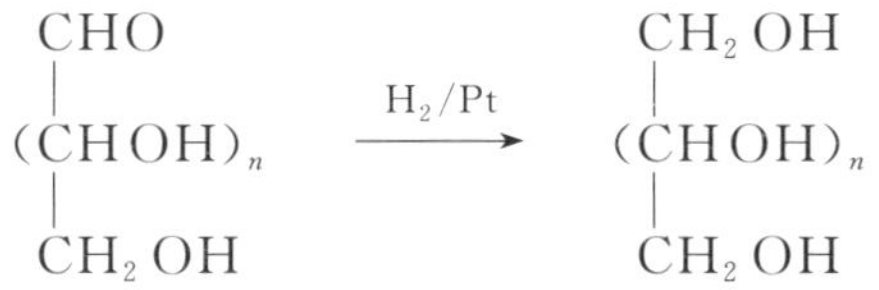

糖醇

D-葡萄糖还原生成山梨醇，D-甘露糖还原生成甘露醇，D-果糖还原生成甘露醇和山梨醇的混合物。山梨醇和甘露醇广泛存在于植物体内。药用甘露醇能降低颅内压和眼内压，能减轻脑水肿、防治肾功能衰竭等。

（3）成苷反应　糖的半缩醛羟基与其他含羟基的化合物如醇、酚等形成的缩醛（或缩酮）叫作**糖苷**。如 α-D-葡萄糖在无水氯化氢催化下与甲醇反应可生成甲基-α-D-葡萄糖苷。

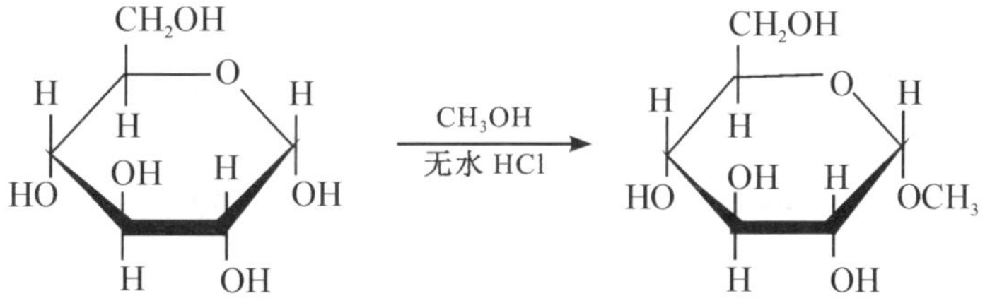

α-D-葡萄糖　　甲基-α-D-葡萄糖苷

糖苷中糖的部分叫糖基，非糖部分称为配基（配糖物），连接糖基和配基的键叫糖苷键。α-糖形成的糖苷键叫 α-糖苷键，β-糖形成的糖苷键叫 β-糖苷键。

糖苷结构中没有半缩醛羟基，在溶液中不能通过互变异构转化为链式，因而不能被弱氧化剂氧化，不具有还原性。糖苷在碱性条件下能够稳定存在，在酸或酶的作用下，可以水解为糖和其他含羟基的化合物。但酶对糖苷的水解有专一性，如麦芽糖酶只能水解 α-葡萄糖苷，而不能水解 β-葡萄糖苷，苦杏仁酶则水解 β-葡萄糖苷，不能水解 α-葡萄糖苷。

糖苷类物质广泛存在于自然界，尤其植物中更多。例如，杨树皮中的水杨苷，是由 β-D-葡萄糖和水杨醇形成的苷；中药苦杏仁及桃仁中含有苦杏仁苷，其是由龙胆二糖和苦杏仁腈形成的。自然界的糖苷多为 β-型。

（4）成酯反应　单糖分子中都含有羟基，这些羟基都可以与酸作用生成酯，与磷酸作用则生成磷酸酯。在生物体内常见的糖的磷酸酯有1-磷酸葡萄糖、6-磷酸葡萄糖、6-磷酸果糖和1,6-二磷酸果糖,其结构式如下:

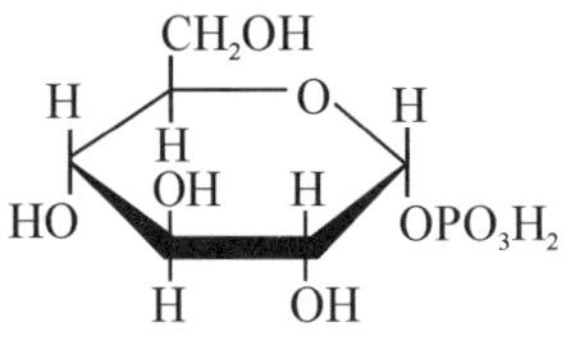

1-磷酸葡萄糖

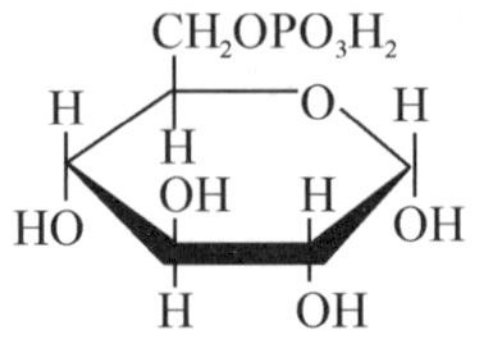

6-磷酸葡萄糖

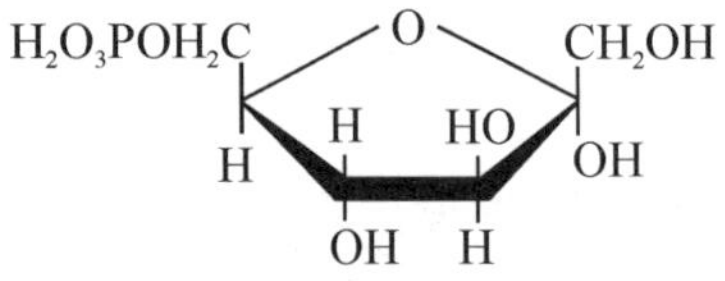

6-磷酸果糖

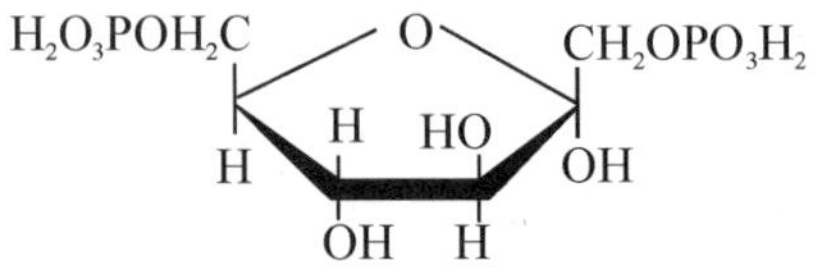

1,6-二磷酸果糖

(5)显色反应

①莫利希试验。在糖的水溶液中加入α-萘酚的酒精溶液,然后沿试管壁小心地注入浓硫酸,不要摇动试管,则在两层液面之间能形成一个紫色环。所有的糖(包括单糖、低聚糖和多糖)都有这种显色反应,这是鉴别糖类物质的常用方法。

②间苯二酚反应。在酮糖溶液中,加入间苯二酚的盐酸溶液,加热,则很快出现鲜红色。相同条件下,2 min 内醛糖看不出有什么变化。故利用此反应可以鉴别酮糖和醛糖。

③蒽酮反应。单糖和其他糖类都能与蒽酮的浓硫酸溶液作用,生成绿色物质。这个反应可用于糖类物质的定性及定量分析。

3. 单糖及其衍生物的应用

(1)D-核糖及D-2-脱氧核糖　D-核糖及D-2-脱氧核糖是极为重要的戊糖,常与磷酸及嘌呤碱或嘧啶碱结合成核苷酸而存在于核蛋白中,是核糖核酸和脱氧核糖核酸的重要组成部分。

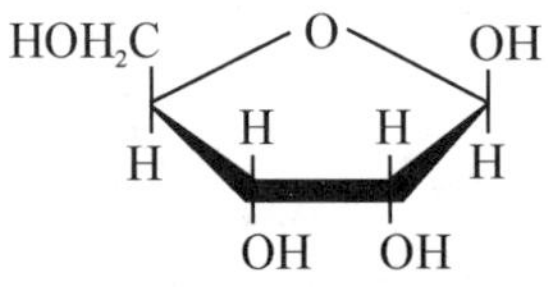

β-D-核糖

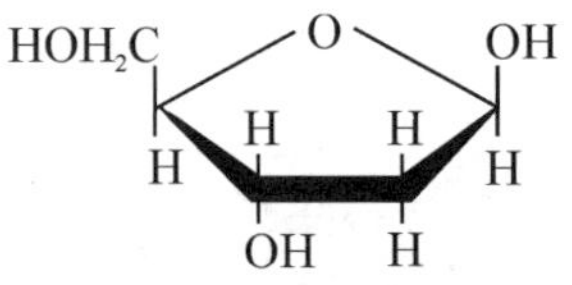

β-D-2-脱氧核糖

(2)D-葡萄糖　D-葡萄糖是自然界分布最广的己醛糖。游离态的葡萄糖存在于葡萄等水果、动物的血液、淋巴液、脊髓液等中。结合态的葡萄糖是许多低聚糖、多糖和糖苷的重要组成部分,存在于许多植物的种子、根、叶或花中。

葡萄糖为无色晶体,甜度约为蔗糖的70%。易溶于水,稍溶于乙醇,不溶于乙醚和烃类。

葡萄糖是生物体内新陈代谢不可缺少的营养物质,在医药上也具有广泛的用途。葡萄糖是常用的营养剂,并有强心、利尿、解毒等作用,用于血糖过低、心肌炎的治疗和补充体液等。在食品工业中用于制糖浆、糖果等。

(3)D-半乳糖　D-半乳糖与葡萄糖结合成乳糖,存在于哺乳动物的乳汁中,脑髓中有一些结构复杂的脑磷脂也含有半乳糖。半乳糖为无色结晶,从水溶液中结晶时含有一分子结晶水,能溶于水及乙醇,具有还原性,可用于有机合成及医药领域。

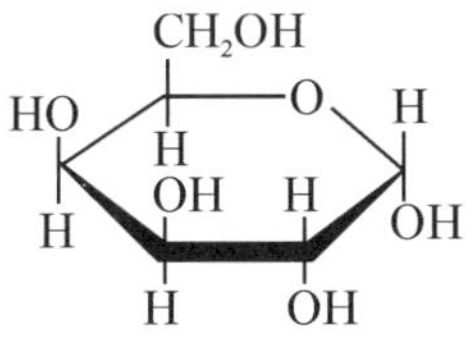

α-D-半乳糖

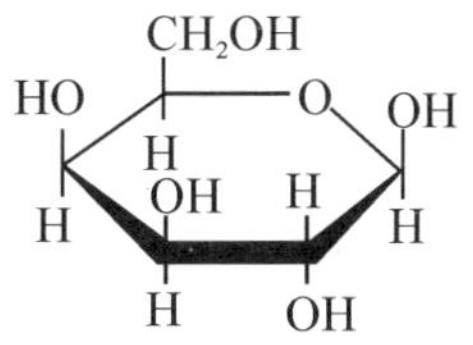

β-D-半乳糖

(4)D-果糖　果糖存在于水果和蜂蜜中，为无色结晶，易溶于水，可溶于乙醇与乙醚中。果糖是最甜的一种糖，甜度约为蔗糖的 170%。

果糖与葡萄糖在体内都能与磷酸作用生成磷酸酯，作为体内代谢的重要中间产物。1,6-二磷酸果糖是高能营养性药物，有增强细胞活力和保护细胞的作用，可作为心肌梗死及各类休克急救的辅助药物。

(5)D-氨基糖　大多数天然氨基糖是己醛糖分子中第二个碳原子上的羟基被氨基取代的衍生物，而且多数情况下，其氨基是被乙酰化的，如 2-乙酰氨基-D-葡萄糖和 2-乙酰氨基-D-半乳糖。2-乙酰氨基-D-葡萄糖是甲壳质的基本组成单位，2-乙酰氨基-D-半乳糖是软骨素中所含多糖的基本单位之一。

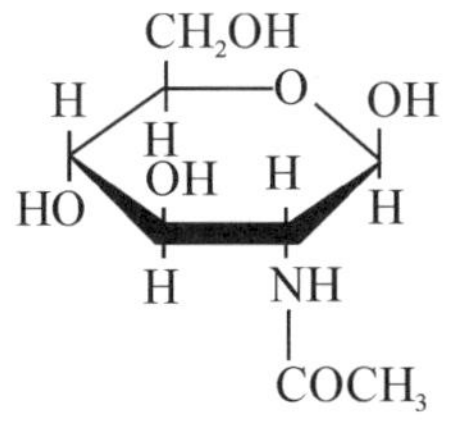

2-乙酰氨基-D-葡萄糖

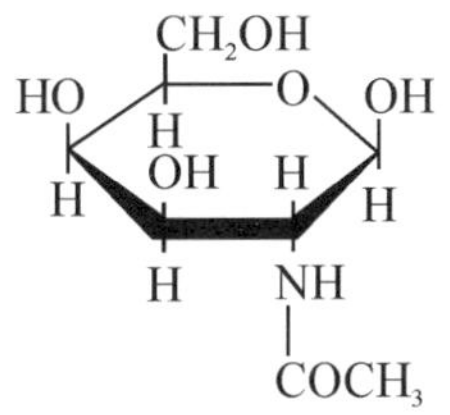

2-乙酰氨基-D-半乳糖

(二)双糖

双糖是最重要的低聚糖，可以看成是由两分子相同或不同的单糖通过脱水缩合而形成的糖苷。双糖可以分为还原性双糖和非还原性双糖两类。

1. 还原性双糖

还原性双糖是由一分子单糖的半缩醛羟基与另一分子单糖的醇羟基脱水缩合而成的，分子中还有一个半缩醛羟基，可以开环成链式。重要的还原性双糖有麦芽糖、纤维二糖和乳糖。

(1)麦芽糖和纤维二糖　麦芽糖和纤维二糖都是由两分子葡萄糖彼此以第一和第四个碳原子通过氧原子相连而成的还原性双糖，区别仅在于成苷的葡萄糖单位中半缩醛羟基的构型不同。

麦芽糖中，成苷的葡萄糖单位的半缩醛羟基是 α 式的，这样与另一分子葡萄糖的 C_4 形成的键叫 α-1,4-糖苷键，而纤维二糖的两个葡萄糖单位是以 β-1,4-苷键相连的。麦芽糖和纤维二糖都有 α 和 β 两种异构体。

麦芽糖和纤维二糖分别是淀粉和纤维素的基本组成单位，在自然界并不以游离状态存在。用 β-淀粉酶水解淀粉，或用稀酸小心水解纤维素，可以分别得到麦芽糖和纤维二糖。

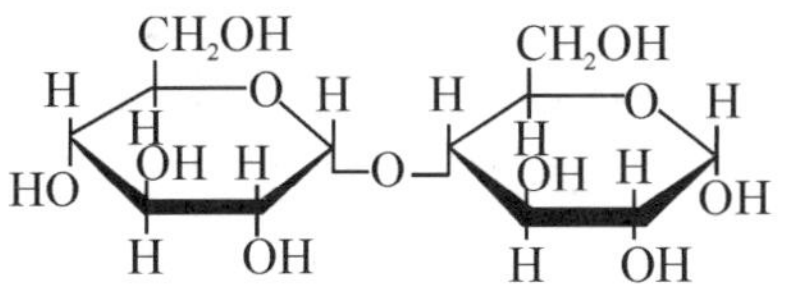

α-麦芽糖

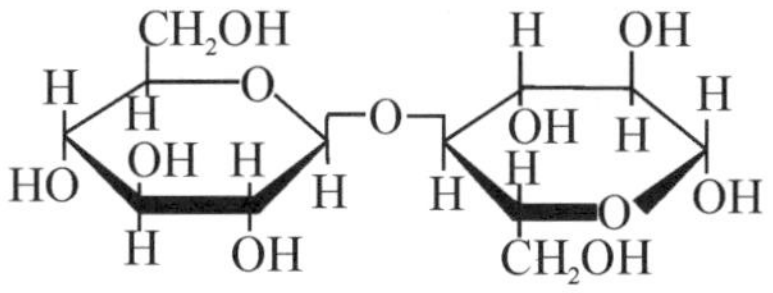

β-纤维二糖

麦芽糖是饴糖的主要成分，甜度约为蔗糖的40%，通常用作甜味剂和培养基等。

(2)乳糖　乳糖是一分子β-D-半乳糖和一分子D-葡萄糖以β-1,4-糖苷键形成的双糖，成苷的部分是半乳糖。乳糖也有α和β两种异构体。

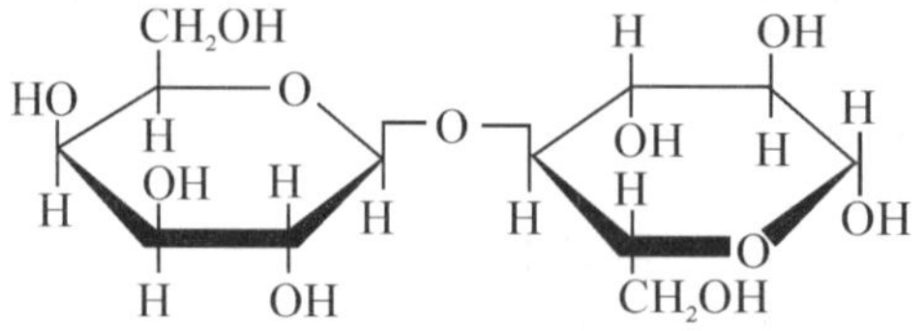

β-乳糖

乳糖存在于哺乳动物乳汁中，在人乳中为5%～8%、在牛乳中为4%～5%，甜度约为蔗糖的70%。乳糖在医药上常作为药物的稀释剂以配制散剂和片剂。

2. 非还原性双糖

非还原性双糖是两分子单糖的半缩醛(或半缩酮)羟基间脱水而成的，分子中不存在半缩醛羟基，不能开环成链式。

(1)蔗糖　蔗糖是在自然界分布最广而且也最重要的非还原性双糖，由一分子α-D-葡萄糖C_1上的半缩醛羟基与一分子β-D-果糖C_2上的半缩酮羟基脱水，通过1,2-糖苷键连接而成。

蔗糖在甜菜和甘蔗中含量最多，甜味仅次于果糖。将蔗糖水解后可得到等量的葡萄糖和果糖的混合物，这种混合物称为转化糖。蜂蜜中含有转化糖，所以很甜。

(2)海藻糖　海藻糖也是自然界分布较广的一个非还原性双糖，存在于藻类、细菌、酵母及某些昆虫的血液中，它是由两个α-D-葡萄糖的C_1通过氧原子连接而成的双糖，分子中没有半缩醛羟基。

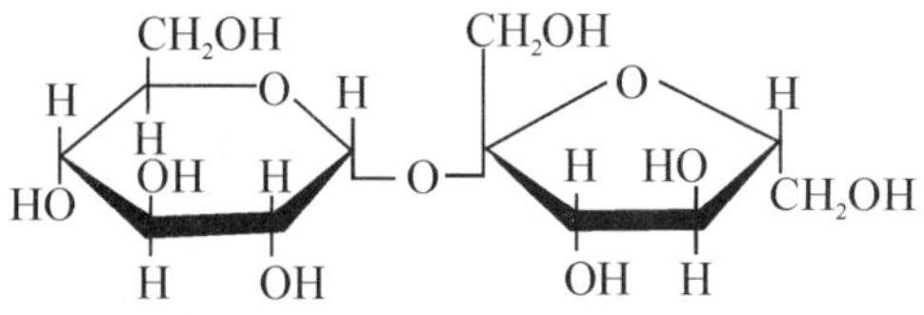

蔗糖

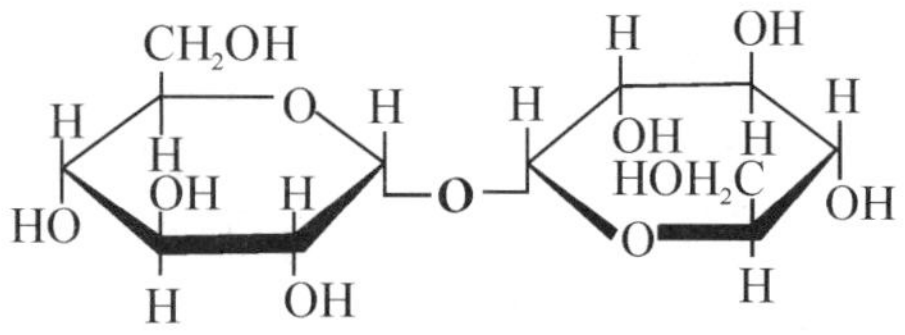

海藻糖

【阅读与提高】

红糖、白糖和冰糖的成分与功效

红糖、白糖和冰糖的主要成分都是蔗糖。红糖是将甘蔗榨汁，再做浓缩等简单处理而成，由蔗糖和糖蜜组成。因为没有经过高度的精炼，红糖中除了含有主要成分蔗糖外，还含胡萝卜素、维生素B_1、维生素B_2、核黄素以及铁、锌、锰等。白糖是将红糖做进一步精炼处理制成的蔗糖含量很高的晶体。冰糖是白糖过饱和溶液在温度极缓慢下降过程中析出的大晶体。

适当食用白糖有助于提高机体对钙的吸收，但过多就会妨碍钙的吸收。冰糖养阴生津、润肺止咳，对肺燥咳嗽、干咳无痰、咳痰带血都有很好的辅助治疗作用。红糖虽杂质较多，但营养成分保留较好，具有益气补血、健脾舒肝、祛寒暖胃、缓中止痛、活血化瘀的作用。

(三)多糖

多糖是由许多单糖分子通过糖苷键连接而成的一类天然高分子化合物。按其水解产物可分为均多糖和杂多糖。水解只生成一种单糖的为均多糖,如淀粉和纤维素等;水解产物不止一种单糖的称杂多糖,如半纤维素、黏多糖等。自然界组成多糖的单糖有戊糖或己糖、醛糖或酮糖,或是一些单糖的衍生物,如糖醛酸、氨基糖等。多糖不是一种单一的化学物质,而是聚合程度不同的物质的混合物。

多糖与单糖及低聚糖在性质上有较大的区别。多糖没有还原性,也没有甜味,而且大多不溶于水,个别的能与水形成胶体溶液。

1. 淀粉

淀粉是植物体内贮藏的养分,广泛存在于种子和块茎中。用β-淀粉酶水解淀粉可以得到麦芽糖,所以可以将淀粉看作是麦芽糖的高聚体。在酸的作用下,淀粉能够彻底水解为葡萄糖。

淀粉是白色无定形粉末,由直链淀粉和支链淀粉两部分组成,两部分在淀粉中所占的比例随植物的品种而异。

直链淀粉在淀粉中的含量为10%～30%,相对分子质量比支链淀粉小,是由葡萄糖通过α-1,4-糖苷键连接而成的链状化合物,可被β-淀粉酶水解为麦芽糖。直链淀粉的结构式如下:

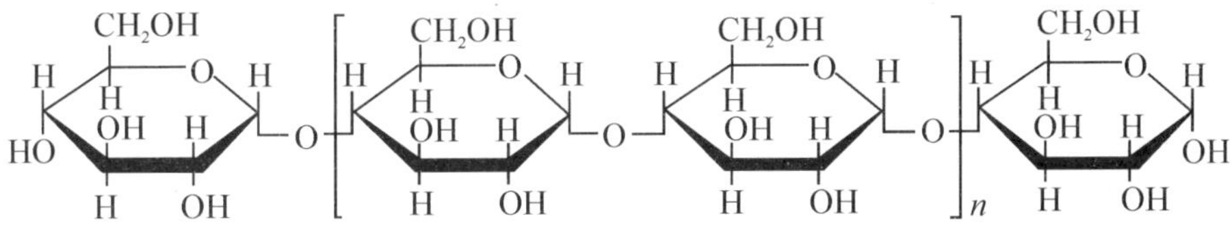

直链淀粉并不是直线形分子,而是借助分子内氢键卷曲成螺旋状。直链淀粉遇碘显蓝色,反应非常灵敏,常用于检验淀粉的存在。淀粉与碘的作用一般认为是碘分子进入螺旋结构的空间内,借助于范德瓦尔斯力与淀粉联系在一起,形成一种深蓝色的包结化合物(图4-11)。

支链淀粉在淀粉中的含量为70%～90%,是由葡萄糖通过α-1,4-糖苷键和α-1,6-糖苷键结合而成的化合物,其结构式为:

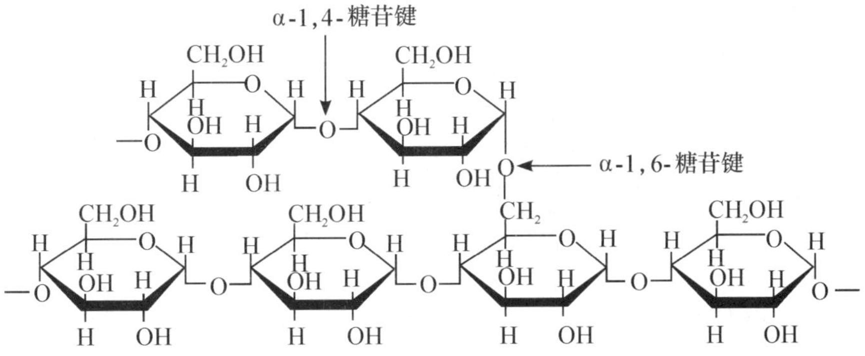

支链淀粉是带有分支的,相隔20～25个葡萄糖单位有一个分支。用β-淀粉酶水解支链淀粉时,只有外围的支链可被水解为麦芽糖。图4-12为支链淀粉的结构示意图。

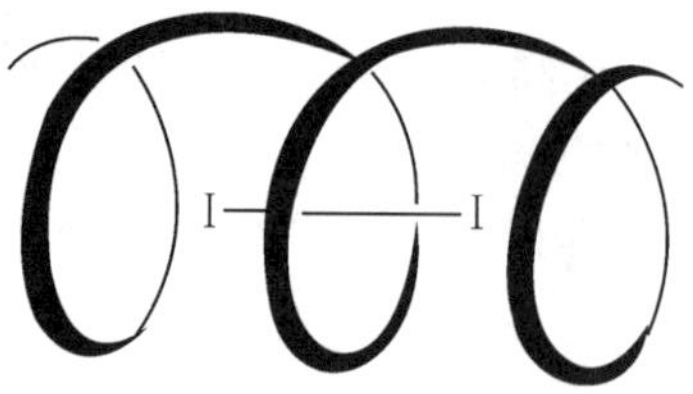

图 4-11　碘与淀粉的包结化合物

（有机化学，汪小兰，2005）

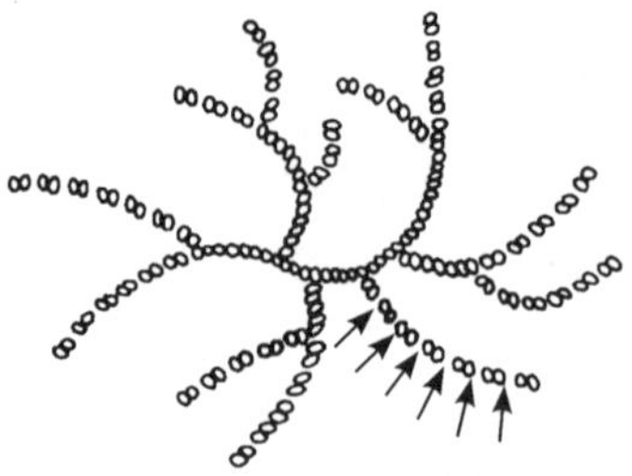

图 4-12　支链淀粉结构示意图

（有机化学，汪小兰，2005）

淀粉在酸或酶的作用下进行水解，可得一系列产物，最后得到 D-葡萄糖。

淀粉→蓝色糊精→红色糊精→无色糊精→麦芽糖→D-葡萄糖

糊精能溶于水，其水溶液有黏性，可用作黏合剂及纸张、布匹等的上胶剂。无色糊精有还原性。

2. 糖原

糖原又称动物淀粉，主要存在于肝脏和肌肉中，所以有肝糖原和肌糖原之分。糖原在动物体内具有调节血液中葡萄糖含量（血糖）的功能。当血糖含量较高时，葡萄糖就合成糖原贮存于肝脏中；当血糖含量较低时，糖原则分解为葡萄糖。动物体内糖原主要存在于肝脏和肌肉中。肝糖原占肝重 3%～6%，肌糖原占肌肉重 0.5% 左右，但肌肉重量占整个体重的 2/3，所以肌糖原总量多于肝糖原。参与糖原合成和分解代谢的酶类均存在于细胞液中，所以糖原合成和分解代谢在细胞质中进行。

糖原也是由葡萄糖通过 α-1，4-糖苷键和 α-1，6-糖苷键结合而成的化合物，结构与支链淀粉相似，但分支程度更高。

糖原是无定形粉末，能溶于水及三氯乙酸，不溶于乙醇及其他有机溶剂，遇碘显红色。

3. 纤维素

纤维素是自然界分布最广的多糖，棉、麻、木材、麦秆以及其他植物的茎秆都含有大量的纤维素，棉花是含纤维素最高的物质，其次是亚麻和木材。纤维素是植物细胞壁的主要组分，构成植物的支撑组织。

纤维素是由葡萄糖通过 β-1，4-糖苷键连接成的链状化合物，是纤维二糖的高聚体：

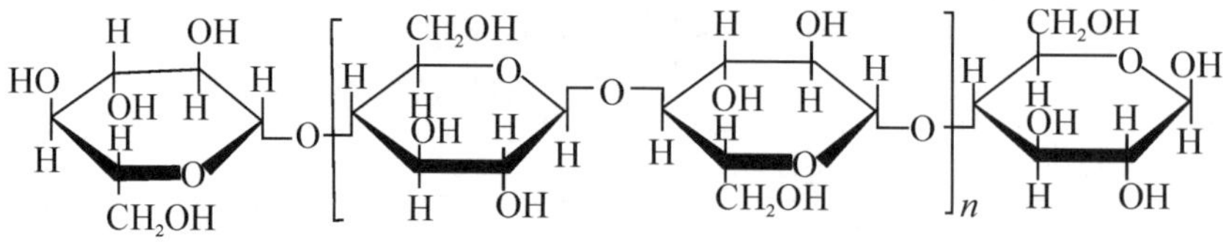

纤维素分子能借助分子间氢键像麻绳一样拧在一起（图 4-13），形成坚硬的、不溶于水的纤维状高分子。

由于淀粉酶只能水解 α-1，4-糖苷键，不能水解 β-1，4-糖苷键，所以纤维素不能作为人的营养物质。但纤维素有刺激胃肠蠕动、促进排便的作用，所以食物中具有一定量的纤维素对人体

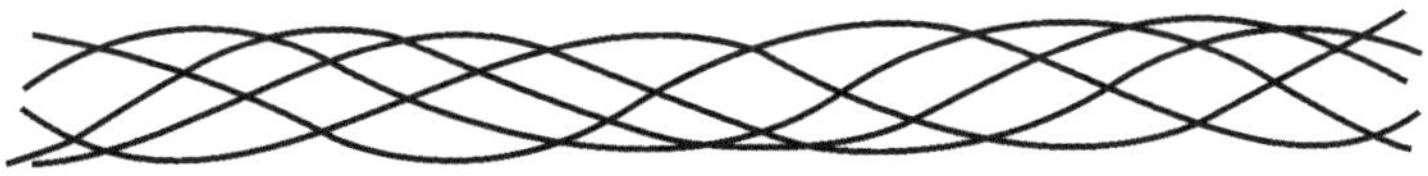

图 4-13　扭在一起的纤维素链示意图

（有机化学，汪小兰，2005）

是有益的。草食动物消化道中微生物所分泌的纤维素酶，可使纤维素水解生成葡萄糖，再经发酵转化为乙酸、丙酸、丁酸等低级脂肪酸，被肠道吸收利用，所以纤维素可作动物的饲料。

纤维素的用途很广，除用于制造各种纺织品和纸张外，还可制成人造丝、人造棉、玻璃纸、无烟火药、火棉胶和电影胶片等。

4. 半纤维素

半纤维素是与纤维素、木质素共存于植物细胞壁中的一类多糖。半纤维素彻底水解可以得到多种戊糖和多种己糖，如木糖、阿拉伯糖、甘露糖和半乳糖等。

半纤维素在植物体内主要起支撑物质的作用，在适当条件下，如种子发芽时，半纤维素在酶的作用下，也可水解生成单糖起营养作用。

二、糖类的分解代谢

葡萄糖进入血液后，经血液循环运送到全身各组织细胞并分解供能，是最重要的能源物质（占约 60%），是机体重要的碳源，是人体组织结构的重要组分，是糖蛋白类的激素、酶、免疫球蛋白等的组分。

葡萄糖在动物体内的分解代谢主要有糖的无氧分解（糖酵解）、糖的有氧分解、磷酸戊糖途径三种方式。

（1）糖酵解　是指在不需氧的条件下，体内组织细胞中的葡萄糖或糖原分解为乳酸并释放少量能量的过程，糖酵解可用 EMP 表示。糖酵解过程在胞液中进行，是动物、植物和微生物细胞中葡萄糖分解的共同代谢途径。

（2）糖的有氧分解　葡萄糖或糖原的葡萄糖单位在有氧情况下彻底氧化生成 CO_2 和 H_2O，并释放大量能量的反应过程，称为糖的有氧分解，又称有氧氧化。糖的有氧分解释放的能量远大于糖酵解释放的能量，所以糖的有氧分解是体内糖分解产能的主要途径。

糖的有氧分解代谢过程可分为四个阶段，第一阶段与糖酵解相同，即由葡萄糖或糖原的葡萄糖单位分解生成丙酮酸，反应在胞液中进行；第二阶段由丙酮酸氧化脱羧生成乙酰辅酶 A（乙酰 CoA），反应在线粒体中进行；第三阶段由乙酰 CoA 经三羧酸循环（TCA）氧化分解，反应在线粒体中进行；第四阶段由前面反应脱下的氢经呼吸链氧化成水并产生 ATP，反应在线粒体内进行。糖的有氧分解实际上是丙酮酸在有氧条件下的彻底氧化分解，它与糖酵解是在丙酮酸生成以后才有分歧的。

（3）磷酸戊糖途径　磷酸戊糖途径又叫磷酸己糖旁路，用 HMP 表示。这是糖分解代谢的另一条重要途径。整个反应过程在细胞质中进行。

习　题

一、填空题

1. 直链淀粉中的葡萄糖残基之间以________连接而成，纤维素中的葡萄糖残基之间以________连接而成。

2. 葡萄糖能发生银镜反应，也能跟费林试剂反应生成红色沉淀。这说明葡萄糖具有还原的性质，分子里含________官能团。

3. 在葡萄糖、蔗糖和麦芽糖中，不能发生银镜反应的是________；在硫酸的催化下，能发生水解反应的是________和________。

4. 糖原是动物体能量的主要来源。________在动物血液中的含量较高时，结合成糖原；当血糖含量降低时，糖原就分解为________而供给机体以能量。

二、选择题

1. 下列物质中，既能发生水解反应，又具有还原性的是（　　）。

A. 淀粉　　B. 果糖　　C. 麦芽糖

2. 下列物质中，属于天然高分子化合物的是（　　）。

A. 纤维素　　B. 蔗糖　　C. 淀粉　　D. 麦芽糖

3. 下列物质中，水解的最终产物中不含有葡萄糖的是（　　）。

A. 蔗糖　　B. 淀粉　　C. 纤维素　　D. 油脂

4. 糖类都有的共同性质是（　　）。

A. 都有甜味　　B. 都含有 C、H、O

C. 都能水解　　D. 相对分子质量从几万到几百万

5. 淀粉经 α-淀粉酶作用后的主要产物是（　　）。

A. 麦芽糖　　B. 葡萄糖　　C. 异麦芽糖　　D. 麦芽三糖

6. 肝糖原分解的直接产物为（　　）。

A. 6-磷酸葡萄糖与少量葡萄糖　　B. 1-磷酸葡萄糖

C. 6-磷酸葡萄糖　　D. 1-磷酸葡萄糖与少量葡萄糖

7. 餐后血糖最主要的去路是（　　）。

A. 氧化供能　　B. 合成糖原　　C. 合成其他含糖化合物　　D. 合成脂肪

三、简答题

1. 吃米饭或馒头时，为什么多加咀嚼就会感到有甜味？

2. 淀粉和纤维素是由哪种单糖缩合而成的？为什么二者性质差别很大？

第三节　脂　　类

二维码 4-3　脂类课程 PPT

【学习目标】

知识目标：

1. 掌握油脂的通式。

2. 掌握油脂的典型化学性质。

3. 理解皂化值、碘值、酸值等基本概念，能根据油脂的皂化值及酸值的大小判断油脂的质量。

4. 了解脂类在体内的代谢过程，了解三大营养物质代谢的联系。

能力目标：

1. 会计算油脂皂化值及酸值、碘值。

2. 能通过血脂、酮体含量判断生理健康程度。

素质目标：

培养细心、耐心的科学精神，提升运用理论知识解决实际问题的能力。

一、脂类的结构和性质

脂类广泛存在于生物体中，是油脂（甘油三酯）和类脂及其衍生物的总称。油脂和类脂化合物是维持生命活动不可缺少的物质。油脂是油和脂肪的总称。通常把在常温下呈固态或半固态的油脂称为脂肪，呈液态的称为油。类脂化合物通常是指磷脂、蜡和甾体等，从化学组成上看，它们属于不同类的物质，但它们在物理性质方面都具有不溶于水而易溶于有机溶剂的特点，与油脂类似，因此称为类脂化合物。

（一）油脂

1. 油脂的结构

油脂普遍存在于动植物体内，是动植物体生命活动所需能量的来源之一。油脂是甘油和三分子高级脂肪酸形成的酯。其结构如下：

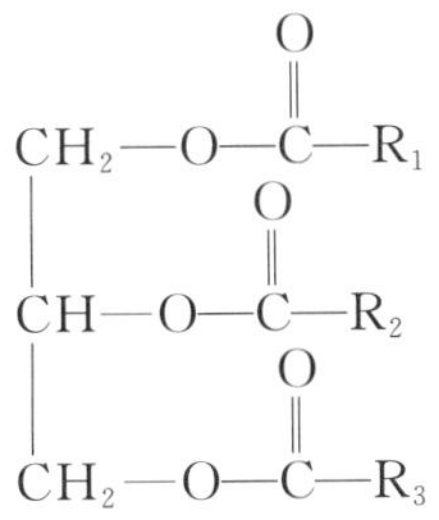

其中，R_1、R_2、R_3 都相同的油脂称为单纯甘油酯，不完全相同的油脂称为混合甘油酯。天然油脂大多是由多种不同的脂肪酸形成的混合甘油酯。

组成油脂的高级脂肪酸绝大部分是含偶数碳原子的直链羧酸。在饱和脂肪酸中以软脂酸的存在最广，它存在于绝大部分油脂中；其次是月桂酸和硬脂酸。在不饱和脂肪酸中，最常见的是含 16 和 18 个碳原子的烯酸，如油酸、亚油酸、亚麻酸、桐油酸等。这些不饱和脂肪酸，由羧基开始，第一个双键的位置大多在 C_9 和 C_{10} 之间，桐油酸的 3 个双键是共轭的。动物脂肪中饱和高级脂肪酸甘油酯含量较高，而植物油中不饱和脂肪酸甘油酯含量较高。表 4-2 是油脂中常见的高级脂肪酸。

表 4-2　油脂中的常见高级脂肪酸

俗名	系统命名	结构式
月桂酸	十二酸	$CH_3(CH_2)_{10}COOH$
软脂酸	十六酸	$CH_3(CH_2)_{14}COOH$
硬脂酸	十八酸	$CH_3(CH_2)_{16}COOH$
棕榈油酸	9-十六碳烯酸	$CH_3(CH_2)_5CH{=}CH(CH_2)_7COOH$
油酸	9-十八碳烯酸	$CH_3(CH_2)_7CH{=}CH(CH_2)_7COOH$
亚油酸	9,12-十八碳二烯酸	$CH_3(CH_2)_4CH{=}CHCH_2CH{=}CH(CH_2)_7COOH$
亚麻酸	9,12,15-十八碳三烯酸	$CH_3(CH_2CH{=}CH)_3(CH_2)_7COOH$
桐油酸	9,11,13-十八碳三烯酸	$CH_3(CH_2)_3(CH{=}CH)_3(CH_2)_7COOH$

在上述脂肪酸中，亚油酸和亚麻酸是哺乳动物自身不能合成的，必须从食物中摄取，所以称为必需脂肪酸。

2. 油脂的化学性质

(1)水解作用　油脂在酸、碱的作用下可以发生水解反应。在酸性条件下水解生成甘油和脂肪酸，反应是可逆的。在过量碱(NaOH)的作用下水解生成甘油和高级脂肪酸盐，油脂可完全水解。高级脂酸的钠盐俗称肥皂，因此，常把油脂在碱性条件下的水解反应叫作“皂化反应”。

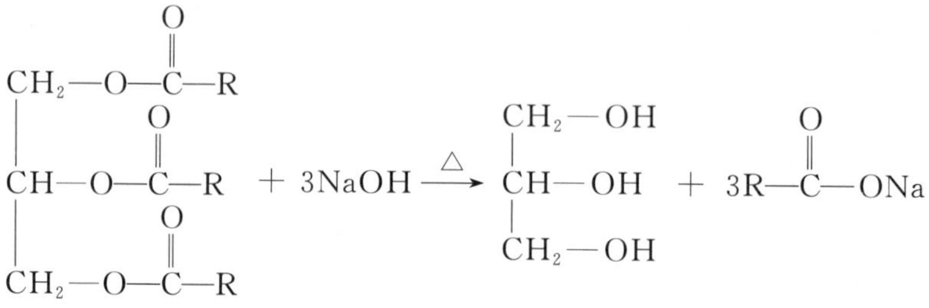

使 1 g 油脂完全皂化所需要的氢氧化钾的质量(mg)，称为皂化值。每种油脂都有一定的皂化值，因而可根据皂化值的大小检验油脂的质量。不纯的油脂皂化值偏低，这是由于油脂中含有较多不能皂化的杂质的缘故。另外，根据皂化值的大小，还可以判断油脂中所含脂肪酸的平均相对分子质量。皂化值越大，脂肪酸的平均相对分子质量越小。常见油脂的皂化值见表 4-3。

表 4-3　常见油脂中脂肪酸的含量和皂化值、碘值

油脂名称	软脂酸/%	硬脂酸/%	油酸/%	亚油酸/%	皂化值/mg	碘值/g
牛油	24～32	14～32	35～48	2～4	190～200	30～48
猪油	28～30	12～18	41～48	3～8	195～208	46～70
花生油	6～9	2～6	50～57	13～26	185～195	83～105
大豆油	6～10	2～4	21～29	50～59	189～194	127～138
棉籽油	19～24	1～2	23～32	40～48	191～196	103～115

引自：有机化学，吕以仙，2004。

动物体内油脂的水解，是在脂肪酶的催化下进行的。

(2)加成反应　油脂中的不饱和高级脂肪酸甘油酯，因含有碳碳双键，可以与氢、卤素等发生加成反应。

①加氢。含不饱和脂肪酸的油脂，在催化加氢后，可以转化为半固态的脂肪，这个过程称为油脂的氢化或硬化。加氢后的油脂叫作氢化油或硬化油。

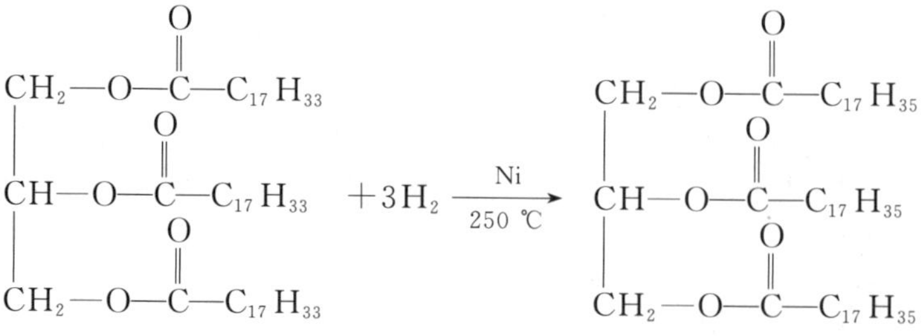

三油酸甘油酯　　三硬脂酸甘油酯

【阅读与提高】

人造奶油为什么不宜多吃

人造奶油也称氢化油，是用植物油进行氢化反应制成的。液态的植物油变成可塑性的半固态人造奶油，制作和贮藏起来都很方便，在日常食品中得到了广泛的应用。

过去认为，氢化油是由不饱和脂肪酸制成的，无危害健康的成分，可放心食用。但越来越多的研究表明，植物油的氢化实际上是把植物油的不饱和脂肪酸变成饱和或半饱和状态的过程，此过程中会产生反式脂肪酸，其可以使人体血液中的低密度脂蛋白增加、高密度脂蛋白减少，诱发血管硬化，增加心脏病、脑血管意外的危险。所以说，人造奶油并非完全无害，不宜多吃。

②加碘。油脂中的碳碳双键与碘的加成反应常用来测定油脂的不饱和程度。一般将100 g油脂所能吸收的碘的质量(g)，称为碘值。碘值大，表示油脂中不饱和酸的含量高，或不饱和程度高。碘值是油脂性质的重要参数，也是油脂分析的重要指标。常见油脂的碘值见表4-3。

(3)油脂的酸败　油脂在空气中放置过久，便会产生难闻的气味，这种变化叫作酸败。受空气中的氧、水分或微生物的作用，一方面油脂中不饱和脂肪酸的碳碳双键被氧化生成过氧化物，这些过氧化物再经分解等作用生成有臭味的小分子醛、酮和羧酸等化合物；另一方面油脂被水解成游离的高级脂肪酸，后者在微生物的作用下可进一步发生β-氧化、分解等生成小分子化合物。光、热或潮湿可加速油脂的酸败过程。

油脂酸败产生的低级醛、酮、酸等化合物，不但气味难闻，而且氧化过程中产生的过氧化物能使一些脂溶性维生素被破坏。种子如果贮存不当，其中的油脂酸败后，种子就会失去发芽能力。

油脂中游离脂肪酸含量常用酸值表示。中和1 g油脂中的游离脂肪酸所需氢氧化钾的质量(mg)，称为油脂的酸值。各种油脂都含有少量游离脂肪酸，但油脂酸败后，游离脂肪酸就增多，所以酸值低的油脂品质较好。酸败后的油脂有毒性和刺激性，通常酸值大于6的油脂不宜食用。为了防止油脂的酸败，油脂应贮存于密闭容器中，放置在阴凉处。也可以添加少量适当的抗氧化剂(如维生素E)。

(二)类脂化合物

1. 磷脂

磷脂广泛存在于植物的种子及动物的脑、卵、肝和微生物体中，有卵磷脂、脑磷脂和神经鞘磷脂等。

卵磷脂和脑磷脂的母体结构是磷脂酸，即甘油分子中的三个羟基有两个与高级脂肪酸形成酯，另一个α-位上的羟基与磷酸形成酯。磷脂酸中磷酸上的一个羟基与胆碱或胆胺分别形成了卵磷脂和脑磷脂。

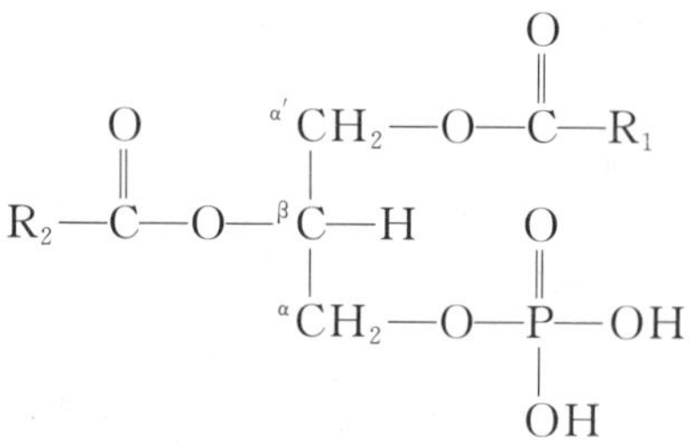

L-α-磷脂酸

$$HOCH_2CH_2N^+(CH_3)_3OH^-$$

胆碱

$$HOCH_2CH_2NH_2$$

胆胺

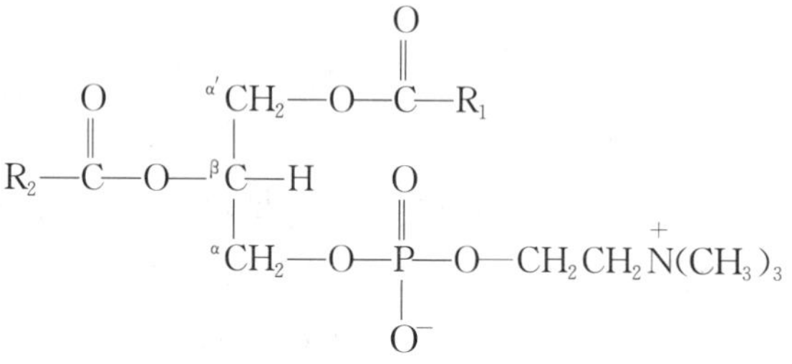

L-α-卵磷脂

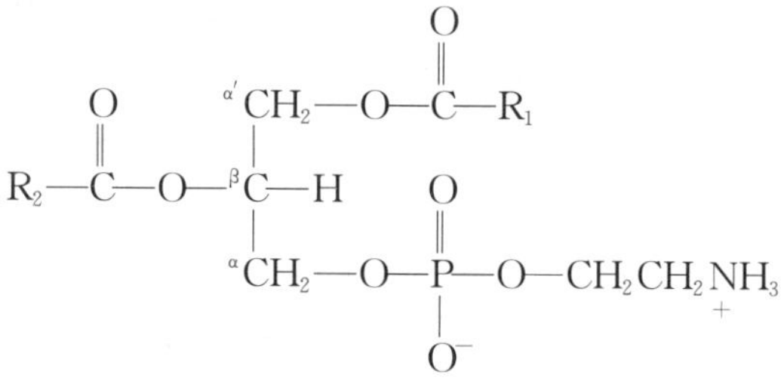

L-α-脑磷脂

卵磷脂中的脂肪酸通常是软脂酸、硬脂酸、油酸、亚油酸、亚麻酸和花生四烯酸，脑磷脂中的脂肪酸通常是软脂酸、硬脂酸、油酸和少量的花生四烯酸。

神经鞘磷脂简称鞘磷脂，主要存在于动物神经组织中，它与蛋白质、多糖构成神经纤维或轴索的保护层。它是由磷酸、胆碱、脂肪酸和鞘氨醇组成的。组成鞘磷脂的脂肪酸有软脂酸、硬脂酸、木蜡酸和神经酸(15-二十四碳烯酸)等。

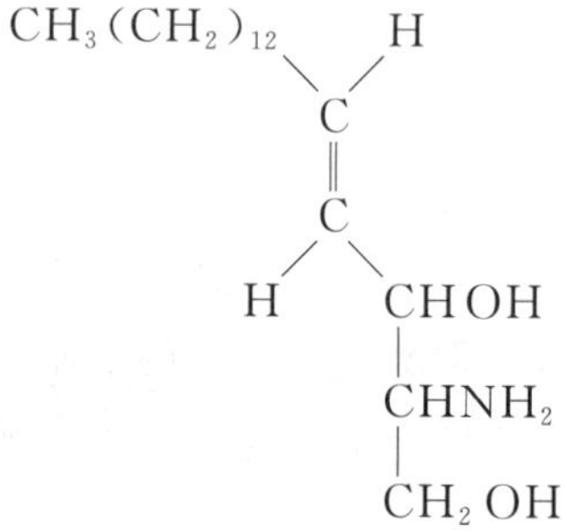

鞘氨醇

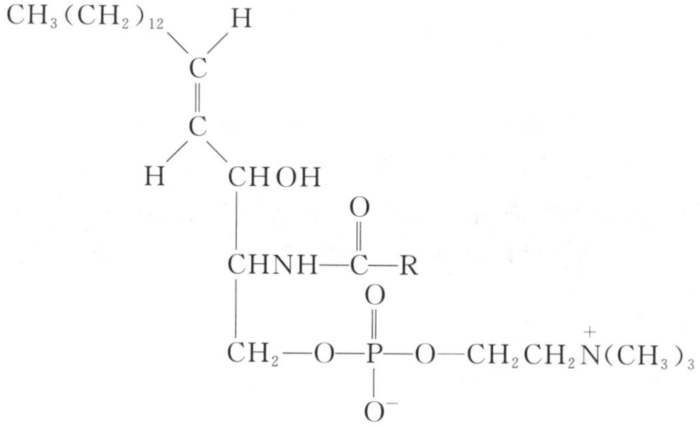

鞘磷脂

磷脂分子中同时存在着疏水基和亲水基，能降低水的表面张力，具有表面活性，是一种良好的乳化剂，在细胞膜内能使油脂乳化，有助于油脂的输送、消化和吸收。

2. 蜡

蜡的主要成分是高级脂肪酸与高级一元醇生成的酯，其结构中的脂肪酸和醇的碳链长度大都在 16 个碳以上，并且都含偶数碳原子。

蜡广泛存在于动、植物界，按其来源分为植物蜡和动物蜡。植物蜡存在于植物的叶、茎和果实的表面，是防止细菌侵入和水分散失的保护层。动物蜡存在于动物的分泌腺、皮肤、毛皮、羽毛和昆虫外骨骼的表面，也起保护作用。表4-4列出了几种重要的蜡。

表4-4　几种重要的蜡

名称	熔点/℃	主要组分	来源
虫蜡	81.3～84	$C_{25}H_{51}COOC_{26}H_{53}$	白蜡虫
蜂蜡	62～65	$C_{15}H_{31}COOC_{30}H_{61}$	蜜蜂腹部
鲸蜡	42～45	$C_{15}H_{31}COOC_{16}H_{33}$	鲸鱼头部
巴西棕榈蜡	83～86	$C_{25}H_{51}COOC_{30}H_{61}$	巴西棕榈叶

引自：有机化学，张坐省，2006。

在常温下蜡为固态，比脂肪硬而脆，不溶于水，可溶于非极性有机溶剂。由于植物及昆虫的体表有一蜡层，因此，施用农药时应选用脂溶性药剂。

3. 甾族化合物

(1)甾族化合物的母体结构　甾族化合物也叫类固醇化合物，是广泛存在于动、植物体内的一类重要的天然产物。这一类化合物的结构特点是它们的分子中都含有一个环戊烷与氢化菲并联的骨架，4个环分别以A、B、C、D表示，环上的碳原子有固定的编号顺序。一般在C_{10}和C_{13}上各连有一个甲基，称为角甲基，在C_{17}上连有一些不同的取代基。甾字中的“田”字表示4个环，“巛”表示两个角甲基和C_{17}上的取代基。

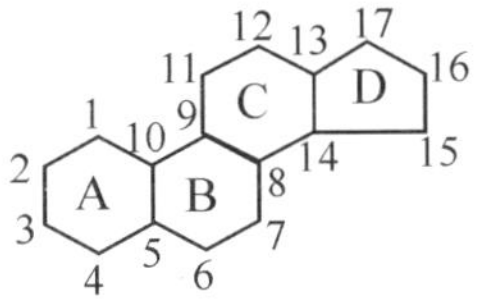

环戊烷并氢化菲

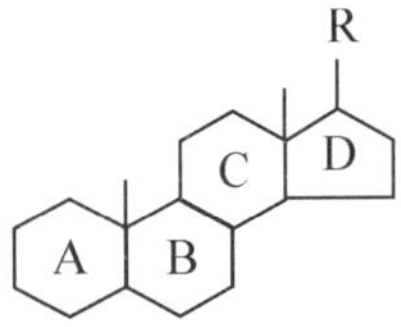

甾族化合物的基本骨架

(2)重要的甾族化合物

①胆固醇(胆甾醇)。胆固醇是一种动物固醇，最初是在胆结石中发现的一种固体醇，所以称为胆固醇。胆固醇是无色或略带黄色的结晶，熔点148.5℃，在高度真空条件下可升华，微溶于水，易溶于热乙醇、乙醚、氯仿等有机溶剂。

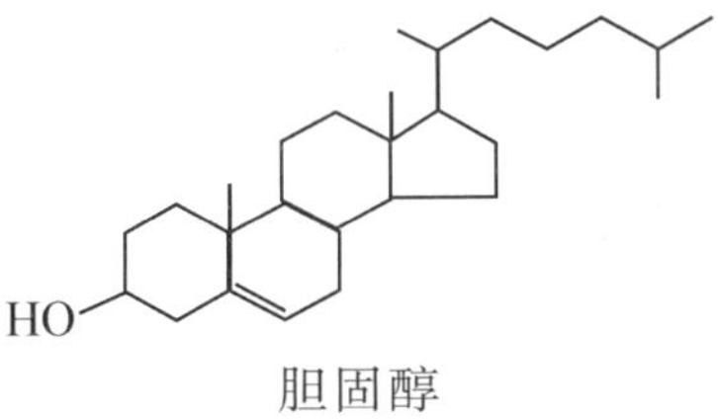

胆固醇

胆固醇广泛分布于动物细胞中，它既是细胞膜的成分之一，又是动物合成胆汁酸、类固醇化合物和维生素D等生物活性物质的前体，在体内起着重要作用。但是胆固醇摄取过多或代谢障碍时，胆固醇就会从血清中沉积在动脉血管壁上，导致冠心病和动脉粥样硬化症；过饱和胆固醇从胆汁中析出沉淀则是形成胆固醇系结石的基础。所以既要给机体提供足够的胆固醇来维持机体的正常生理功能，又要防止胆固醇过量所造成的不良影响。

②7-脱氢胆固醇和麦角固醇。7-脱氢胆固醇是动物固醇，与胆固醇在结构上的差异是C_7和C_8间有双键。7-脱氢胆固醇存在于人体皮肤中，当受到紫外光照射时，它的B环开环而转化为维生素D_3。因此，多晒太阳是获得维生素D_3的最简易方法。

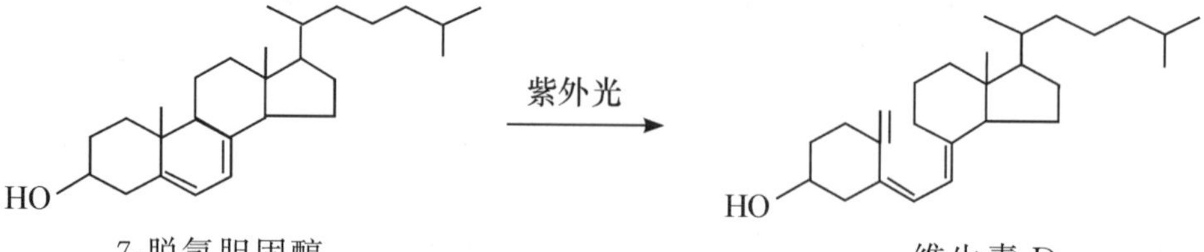

7-脱氢胆固醇　　维生素D_3

麦角固醇是一种植物固醇，存在于酵母和某些植物中。与7-脱氢固醇相比，麦角固醇在C_{24}上多了一个甲基，在C_{22}～C_{23}间是一个双键。经紫外线照射，它的B环开环而转化为维生素D_2。

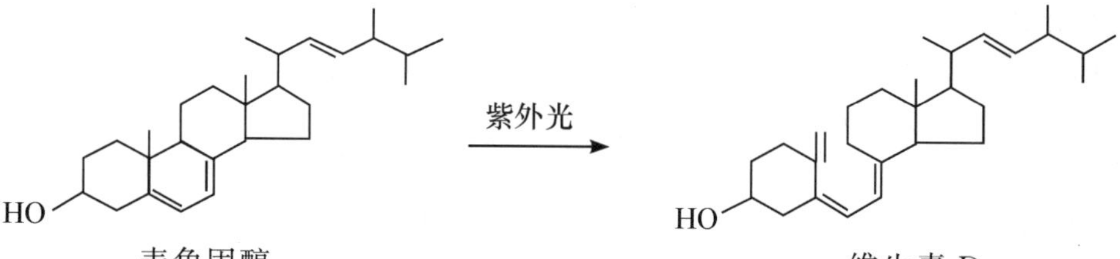

麦角固醇　　维生素D_2

【阅读与提高】

维生素D

维生素D广泛存在于动物体中，在鱼的肝脏、牛奶、蛋黄中含量比较丰富。维生素D是一类抗佝偻病维生素的总称。目前已知至少有10种维生素D，它们都是甾醇的衍生物，其中活性较高的是维生素D_2和维生素D_3。维生素D的主要生理功能是调节钙、磷代谢，促进骨骼正常发育。当缺乏维生素D时，儿童可患佝偻病，成人可患软骨症。

③胆酸。胆甾酸是指存在于动物胆汁中的结构与胆固醇类似的酸，其中最重要的是胆酸。

胆酸在胆汁中多与甘氨酸（H_2NCH_2COOH）或牛磺酸（$H_2NCH_2CH_2SO_3H$）通过酰胺键结合成甘氨胆酸或牛磺胆酸，这些结合胆甾酸总称为胆汁酸。胆汁酸盐是良好的乳化剂，能使油脂乳化，并使油脂在小肠中易水解而被吸收。临床上常用的利胆药胆酸钠，就是甘氨胆酸钠与牛磺胆酸钠的混合物。

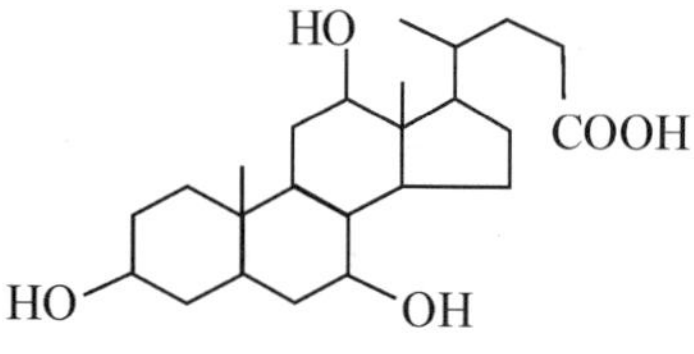

胆酸

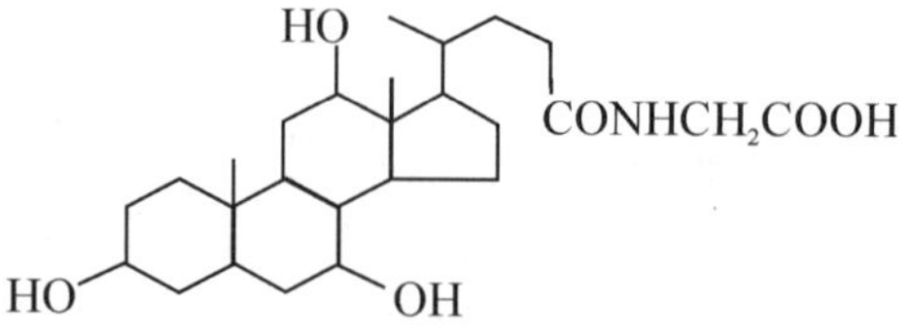

甘氨胆酸

④肾上腺皮质激素。肾上腺皮质激素是肾上腺皮质分泌的激素，它分泌的激素种类很多，按照它们的生理功能可分为两类：一类是主要影响糖、蛋白质与脂质代谢的糖代谢皮质激素，另一类是主要影响组织中电解质的转运和水的分布的盐代谢皮质激素。这两类皮质激素在结构上的共同特点是 C_3 为羰基，C_4～C_5 间为双键，C_{17} 上连有—$COCH_2OH$ 基团。例如：

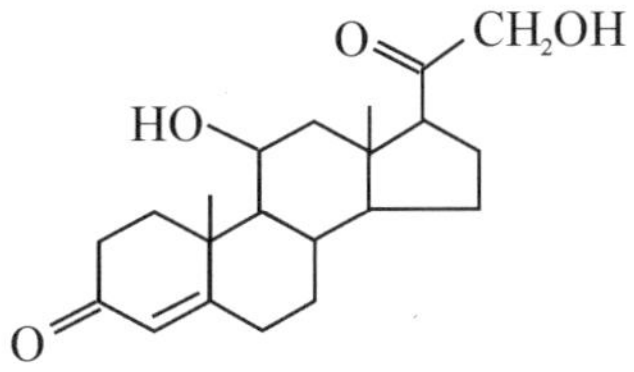

皮质酮

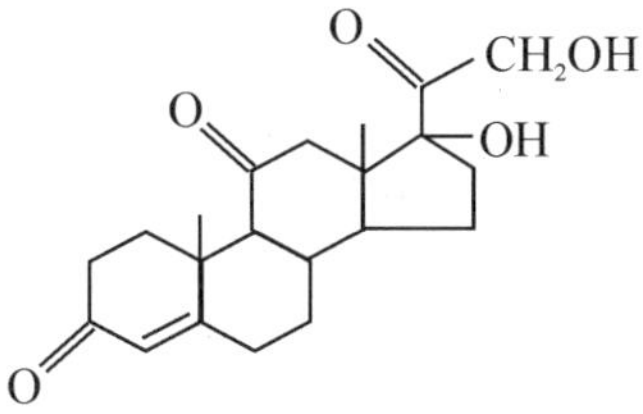

可的松

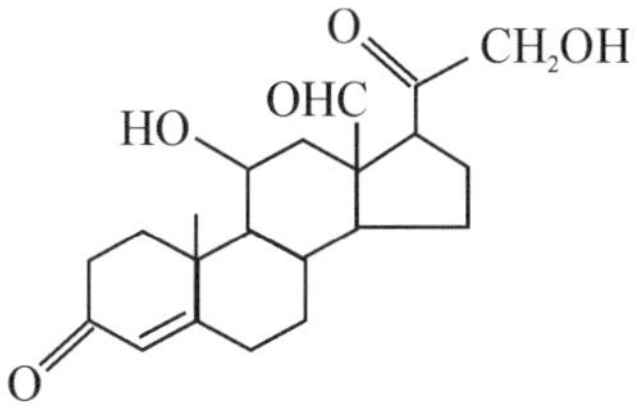

醛固酮

皮质酮和可的松属于糖代谢皮质激素；醛固酮属于盐代谢皮质激素。可的松常做治疗类风湿关节炎、气喘及皮肤病的药物。

⑤性激素。性激素是人类和动物性腺的分泌物，具有促进动物发育、生长及维持性特征的生理功能。性激素分为雌性激素和雄性激素两种，其中比较重要的有孕甾酮、雌二醇和睾酮。

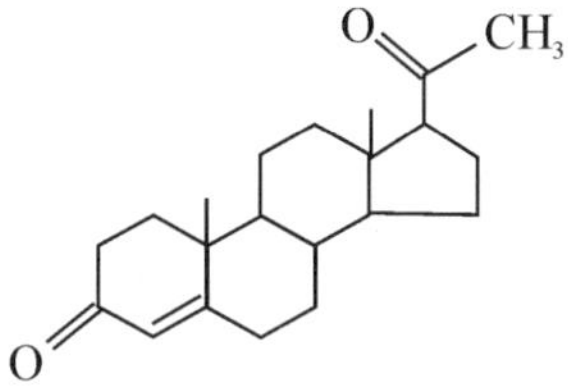

孕甾酮

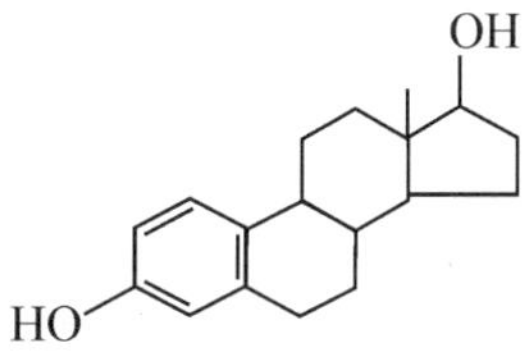

雌二醇

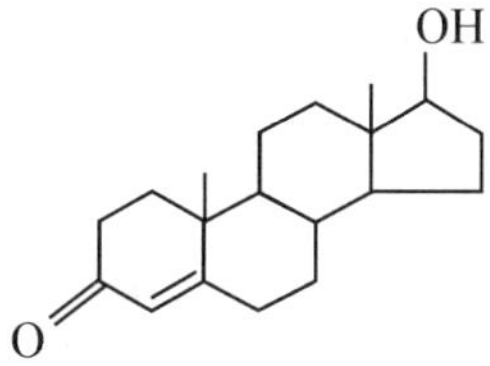

睾酮

孕甾酮是卵泡排卵后形成的黄体的分泌物，故俗称黄体酮，它能使受精卵在子宫中发育，促进乳腺发育，并抑制排卵，在医药上可防止流产。雌二醇是卵泡产生的，能诱发性周期。睾酮是睾丸产生的，可以促进雄性动物的发育和维持第二性征。

二、脂类的生物学功能

1. 供能和贮能

机体内贮存的脂肪主要作为贮能和供能的物质。脂肪的贮存比糖原多，占体重的 13%～24%，每克脂肪氧化时产生约 37 kJ 能量，要比糖原多 1 倍以上(9∶4)，而且占的体积小，贮存 1 g 糖原所占的体积是 1 g 脂肪的 4 倍。

2. 提供必需脂肪酸

亚油酸、亚麻酸及二十碳四烯酸在动物体内都不能合成，但后两种可由亚油酸转变而来。必需脂肪酸有重要的生物学功能，长期缺乏会引起多种疾病。

3. 固定内脏和隔热保温的作用

内脏周围的脂肪能够固定内脏，避免内脏之间互相摩擦，并有缓冲的作用。脂肪不易传热，动物秋季形成较多皮下脂肪，冬季能维持体温的恒定。

4. 构成细胞和其他物质的必需成分

脂类是生物膜的重要组成成分，磷脂占 50%～70%，胆固醇占 20%～30%；鞘脂类是神经纤维之间的绝缘体;棕榈酸是构成肺表面活性物质的主要成分,有防治肺水肿的作用。

5. 其他功能

脂肪能促进机体对脂溶性维生素及胡萝卜素等的吸收,能促进凝血酶原(其辅基中含有脑磷脂)的形成等。

【科学史话】

屠呦呦与青蒿素

青蒿素是从植物黄花蒿茎叶中提取的一种脂类物质。屠呦呦带领团队攻坚克难,研究发现了青蒿素,为人类带来了一种全新结构的抗疟新药,解决了长期以来抗疟治疗失效的难题,标志着人类抗疟工程步入新纪元。以双氢青蒿素、青蒿琥酯等衍生物为基础的联合用药疗法(ACT)是国际抗疟第一用药,挽救了全球特别是发展中国家数百万人的生命,产生了巨大的社会、经济效益,为中医药科技创新和人类健康事业做出了重要贡献。

2015 年 10 月 5 日,屠呦呦因在研制青蒿素等抗疟药方面的卓越贡献,与其他两位科学家共同被授予诺贝尔生理学或医学奖,以表彰"三人发展出针对一些最具毁灭性的寄生虫疾病具有革命性作用的疗法",屠呦呦独享其中一半奖金。这是中国科学家因为在中国本土进行的科学研究而首次获诺贝尔科学奖,是中国医学界迄今为止获得的最高奖项,这一荣耀将永远铭刻在中国科技发展史上。

三、人体内脂肪的代谢过程

脂肪的消化场所主要是小肠,其消化与吸收方式比较特殊。小肠中有肝脏分泌的胆汁可以乳化脂肪,并减少它的表面张力,使脂肪乳化成非常细小的乳化微粒,便于水解反应的进行。催化脂类消化水解的酶主要来自胰脏分泌的胰脂肪酶。

在人和动物的小肠内,可以吸收完全水解的脂类,也可以吸收部分水解或未能被水解的脂类。吸收后,大多数由淋巴系统进入血液循环,也有一小部分直接经门静脉进入肝脏。未被吸收的脂肪进入大肠并被细菌分解。

在人和动物体内,通常将血液中含有的脂质称为血脂。血液中的脂质常以脂蛋白形式存在,主要包括高密度脂蛋白、低密度脂蛋白、极低密度脂蛋白及乳糜微粒等。血脂的含量水平可以反映机体脂代谢情况,如果血脂含量超出正常范围,往往表示机体已出现病变。

习　题

一、填空题

1. 油脂的主要成分是________与________所形成的酯。油脂的碘值越大,说明组成油脂的脂肪酸的不饱和程度________。

2. 皂化 1 g 油脂所需________的质量(mg),称为该油脂的皂化值。

3. 100 g 油脂所能吸收的碘的质量(g)称为油脂的________。该值越大,说明油脂的不饱和程度________。

4. 哺乳动物自身不能合成,必须从食物中摄取的脂肪酸称为必需脂肪酸,必需脂肪酸包括________和________。

二、选择题

1. 定义油脂皂化值所用的碱是(　　)。

A. NaOH　　B. KOH　　C. Na_2CO_3

2. 下列叙述中,错误的是(　　)。

A. 油脂属于酯类

B. 某些油脂兼有酯和烯烃的一些化学性质

C. 油脂的氢化又叫油脂的硬化

D. 油脂是纯净物,不是混合物

3. 除了闻气味以外,通过测定油脂的(　　),可以检验油脂是否发生酸败。

A. 皂化值　　B. 酸值　　C. 碘值

4. 脂肪最主要的生理功能是(　　)。

A. 保持体温

B. 构成生物膜

C. 缓冲外来机械冲击,保护内脏

D. 贮能和供能

5. 下列物质是必需脂肪酸的是(　　)。

A. 硬脂酸　　B. 棕榈油酸　　C. 亚油酸　　D. 软油酸

三、简答题

怎样判断油脂是否发生了酸败?油脂的不饱和程度可以用哪些指标来反映?

二维码 4-4　模块四在线自测练习

模块五

实验操作

实验一　常见玻璃仪器及其使用

一、实验目的

1. 能辨别常用的玻璃仪器，并说出其用途。
2. 能说出常用玻璃仪器的洗涤与干燥方法。
3. 能用移液管、滴定管定量取水，会使用容量瓶定容。
4. 培养良好的工作习惯和积极的工作态度，树立正确的职业观念。

二、仪器和试剂

仪器：10 mL 试管、250 mL 烧杯、250 mL 锥形瓶、500 mL 试剂瓶、30 mL 称量瓶、干燥器、50 mL 量筒、250 mL 容量瓶、25 mL 移液管、10 mL 吸量管、50 mL 碱式滴定管、50 mL 酸式滴定管、洗耳球、胶头滴管、毛刷、洗瓶、电烘箱。

试剂：蒸馏水。

三、实验内容及步骤

1. 识别常用玻璃仪器

根据所给的玻璃仪器，逐一检查、识别，写出其名称、规格和用途。

2. 洗涤和干燥仪器

(1)取一个烧杯和两支试管，用自来水冲洗，然后用蒸馏水冲洗 3 次。

(2)将洗净的试管倒置在干燥架上晾干；将洗净的烧杯控干水后放入电烘箱烘干。

3. 练习使用容量瓶、移液管和碱式滴定管

(1)用容量瓶定容　经水洗、检漏以后，用烧杯向容量瓶中加水，接近标线时，用胶头滴管逐滴加水，直至弯月面最低点恰好与标线相切。

(2)用移液管量取 25.00 mL 自来水　用自来水洗涤移液管 2 次。然后用移液管移取 25.00 mL 自来水放入 250 mL 烧杯中，再练习 2 次。

(3)练习使用碱式滴定管　用自来水将碱式滴定管洗净。向碱式滴定管中加水，练习排气泡；将凹液面最低点调整到“0.00”刻度。挤压玻璃珠，让水由滴定管滴入烧杯，共放液 25.00 mL。注意控制水的滴出速度，每秒 3～4 滴。

附

一、常用的玻璃仪器

1. 试管

(1)用途　盛放少量试剂；作为少量试剂的反应容器。

(2)注意事项　反应液体不超过试管容积的 1/2，加热时不超过容积的 1/3，外部擦干，用试管夹夹持；加热固体时，管口向下倾斜；加热完毕不能骤冷，以防破裂。

2. 烧杯

(1)用途　常温或加热条件下作大量物质反应的容器；配制溶液用。

(2)注意事项　反应液体不超过容积的 2/3；加热时，垫石棉网，外壁擦干。

3. 锥形瓶

(1)用途　滴定分析中盛放待测液；可加热处理液体样品，加热时要垫石棉网。

(2)注意事项　反应液体不超过容积的 1/2；垫上石棉网加热，外部擦干；不用于长期贮存液体。

4. 试剂瓶

(1)用途　分广口瓶和细口瓶。广口瓶用于盛放固体或糊状物，细口瓶盛放液体。遇光分解变质的试剂放在棕色瓶中。盛放碱性试剂时应换用胶塞。

(2)注意事项　不能加热；取用试剂时，瓶盖倒放在桌上，不能弄脏弄乱。

5. 称量瓶

(1)用途　分高型和扁型两种，扁型称量瓶用作测定水分或干燥基准物质；高型称量瓶用于称量基准物质或样品。

(2)注意事项　不可盖紧磨口塞烘烤；磨口塞与瓶要配套，不得互换；称量时应戴手套或垫洁净的纸夹取。

6. 干燥器

(1)用途　保持烘干或灼烧过的物质干燥。

(2)注意事项　底部放变色硅胶或其他干燥剂，盖磨口处涂适量凡士林；放入较热的物体后，要不时稍微推开盖子放出热空气，以免盖子跳起或冷却后打不开盖子。

7. 量筒

(1)用途　常用于液体体积的一般测量，是测量精度较差的量器。

(2)注意事项　尽量选用量程适宜的量筒；快加到量时改用胶头滴管；不能用来配制溶液，也不能量取过热液体。

8. 容量瓶

(1)用途　用来配制标准溶液或稀释溶液。

二维码 5-1 容量瓶的试漏

(2)使用 容量瓶使用前，必须检查是否漏水。检漏时，在瓶中加水至标线附近，盖好瓶塞，用一手食指按住瓶塞，将瓶倒立 2 min，观察瓶塞周围是否漏水，然后将瓶直立，把瓶塞转动 180°后再盖紧，再倒立，若仍不渗水，即可使用。

欲将固体物质准确配成一定体积的溶液时，需先把准确称量的固体物质置于一小烧杯中溶解，然后定量转移到预先洗净的容量瓶中。转移时一手拿玻璃棒，一手拿烧杯，在瓶口上方慢慢将玻璃棒从烧杯中取出，并将其插入瓶口，再让烧杯嘴紧贴玻璃棒，慢慢倾斜烧杯，使溶液沿着玻璃棒流下。当溶液流完后，在烧杯仍靠着玻璃棒的情况下慢慢地将烧杯恢复直立，使烧杯和玻璃棒之间附着的液滴流回烧杯中，再将玻璃棒末端残留的液滴靠入瓶口内。在瓶口上方将玻璃棒放回烧杯内，但不得将玻璃棒靠在烧杯嘴一边。用少量蒸馏水冲洗烧杯 3 或 4 次，洗出液按上法全部转移至容量瓶中，然后用蒸馏水稀释。稀释到容量瓶容积的 2/3 时，直立旋摇容量瓶，使溶液初步混合(注意此时不能倒立容量瓶)，继续稀释至接近标线时，等待 1～2 min 用滴管逐滴加水至弯月面最低点恰好与标线相切(热溶液应冷至室温后，才能稀释至标线)。盖上瓶塞，将瓶倒立，待气泡上升至顶部后，再倒转过来，如此反复多次，使溶液充分混匀，如图 5-1 所示。准确吸取一定体积的浓溶液并移入容量瓶中，按上述方法稀释至标线，可将一定浓度的溶液准确稀释到一定的体积。

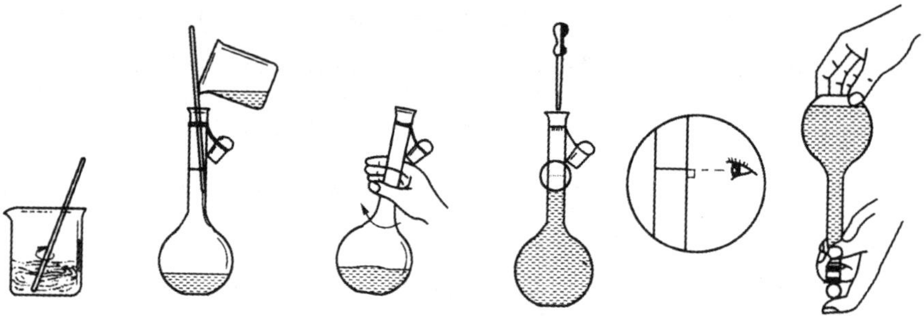

图 5-1 容量瓶的使用

(3)注意事项 容量瓶不能受热；不能存贮溶液；不能在其中溶解固体；塞与瓶要配套，不能互换；定容时溶液温度应与室温一致。

9. 移液管

(1)用途 用于准确量取一定量液体的量器。移液管是一根中部较粗、两端细长的玻璃管，其上端有一环形的标线(颈标线)，膨大部分标有它的容积和标定时的温度。常用的移液管有 5 mL、10 mL、20 mL、25 mL、50 mL 等规格。

二维码 5-2 移液管的使用

(2)使用 使用移液管之前，首先应该用洗液洗净内壁，经自来水冲洗和蒸馏水洗涤 3 次后，再用少量待移取的溶液润洗 3 次，以保证移取的溶液浓度不变。洗涤和润洗时将液体吸至球部的 1/3 处。

移取溶液时，左手拿洗耳球，右手大拇指和中指拿住移液管颈标线上方，如图 5-2 所示。管尖插入溶液不要太浅或太深(太浅容易吸空，太深在管外附着太多溶液，转移时流到接收器中，影响吸液量的准确度)，先将洗耳球中空气压出，再把洗耳球的尖端垂直插入移液管口，慢慢松开左手手指，使溶液吸入管内。当液面升高到刻度线以上时，快速移去洗耳球，立即用右手食指按住管口，将移液管提离液面，管尖接触容器内壁，管身垂直，颈标线与视线水平，略微放松食指，并用拇指和中指轻轻转动移液管，让溶液慢慢流出，直到溶液的弯月面最低点与颈标线恰好相切时，再次用食指压紧管口，使溶液不再流出。将烧杯倾斜约 45°，移液管垂直，管尖接触烧杯内壁，放开食指让溶液自由流下，待溶液流尽后，停留 15 s，取出移液管（如果移液管颈部有“吹”字样的，需用洗耳球将移液管尖端残留液体全部吹入器皿内）。

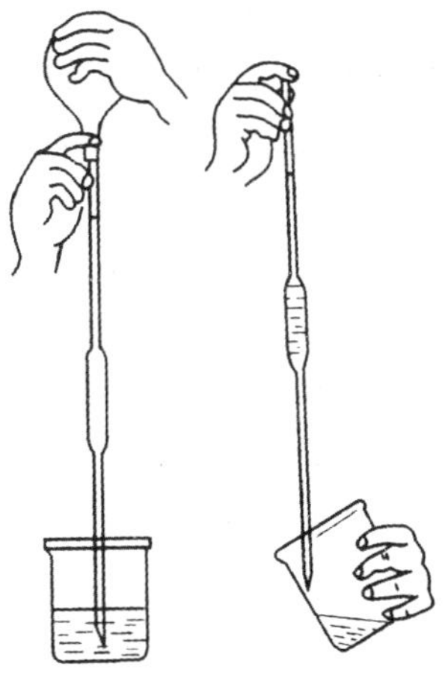

图 5-2　移液管的使用

（3）注意事项　不能加热；上端和尖端不可破损；用完后洗净放在移液管架上。

10. 吸量管

（1）用途　吸量管也是用于准确移取一定体积液体的量器，常用的有 0.1 mL、0.5 mL、1 mL、2 mL、5 mL、10 mL 等规格，其准确度较移液管稍差些。吸量管是刻有分度的玻璃管，可以吸取不同体积的液体，比如将溶液吸入，读取与液面相切的刻度，然后将溶液放出至适当刻度，两刻度之差即为放出液体的体积。

（2）使用　吸量管的使用方法与移液管基本相同。

11. 滴定管

（1）用途　分为酸式和碱式滴定管两种。酸式滴定管用来装酸性、中性及氧化性溶液，不适于装碱性溶液，因为碱能腐蚀玻璃，时间久了，会使玻璃活塞无法转动。碱式滴定管适于装碱性溶液。氧化性溶液不宜放在碱式滴定管内，以免与乳胶管发生反应，使乳胶管老化，失去弹性，同时会使滴定液被污染。

二维码 5-3　滴定管的使用

（2）使用　在使用酸式滴定管前，首先要在玻璃活塞上均匀涂抹一薄层凡士林，插入活塞，旋匀后，活塞在套管内应呈均匀透明状，不得出现条纹，否则会出现渗漏，如图 5-3 所示。碱式滴定管要注意乳胶管的大小与其内的玻璃珠大小相适宜，玻璃珠太小，液体会渗漏；太大，则挤压玻璃珠时难以使滴定液流出。

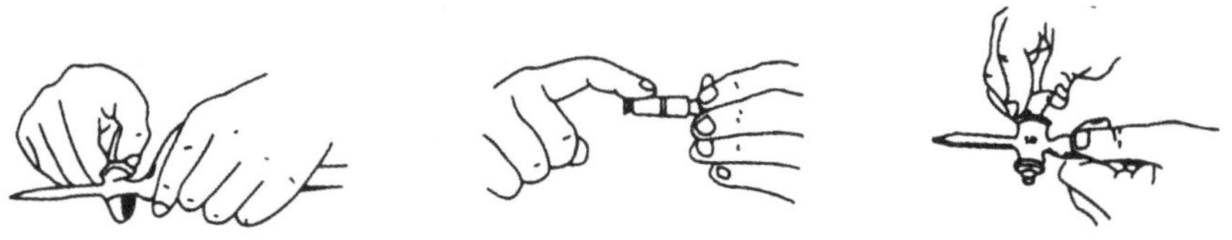

a.擦干活塞　　b.活塞涂凡士林　　c.旋转活塞至透明

图 5-3　涂凡士林的方法

用自来水充满滴定管，外壁用滤纸擦干，放在滴定管架上静置 1 min，观察是否漏水，酸式滴定管需将活塞旋转 180° 后，重新检查。如有漏水，酸式滴定管必须重新涂凡士林，碱式滴定管更换玻璃珠或乳胶管。

洗涤时，先用自来水冲洗，再用特制的软毛刷蘸合成洗涤剂刷洗。如果内壁仍有油污，可用铬酸洗液润洗内壁或浸泡 10 min，再用自来水冲洗干净。最后用蒸馏水洗涤 3 次，每次用水约 10 mL，双手平持滴定管两端无刻度处，边转动滴定管边向管口倾斜，使水清洗全管后再将滴定管竖直从出口处放水。用待装溶液润洗滴定管 3 次，防止溶液浓度的变化。

向滴定管中装入待装液至零刻度线以上。调整刻度前，必须先排出管尖气泡。酸式滴定管可将活塞迅速打开，让滴定液快速流出，将气泡冲出；对于碱式滴定管，可将管身倾斜 30°，用左手拇指和食指将乳胶管稍向上弯曲(图 5-4)，使管尖上翘，轻轻挤捏玻璃珠中上部的乳胶管，使溶液从管口喷出，带走气泡。排出气泡后将溶液调节至“0.00”刻度。

装满或放出溶液后应等 1～2 min，待液面稳定后再读数。读数时，可将滴定管固定在滴定管夹上，也可将滴定管取下来，用右手拇指、食指、中指持近管口无刻度处，使滴定管垂直，双目平视滴定液凹液面，记下凹液面最低点对应的刻度(图 5-5)。若滴定液颜色较深，则读取凹液面最高点对应的刻度。初读与终读应用同一标准。

图 5-4　碱式滴定管排气泡手势

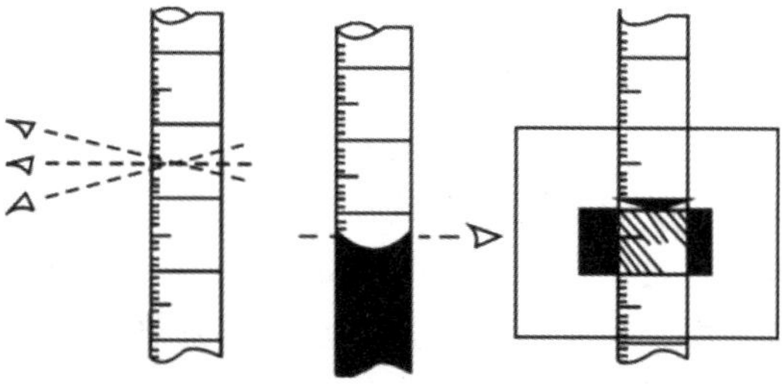

图 5-5　滴定管读数

滴定反应最好在锥形瓶中进行。滴定时，一般应将滴定管固定在滴定管架上，眼睛应密切观察溶液颜色的变化。左手控制滴定管，右手振荡锥形瓶，边滴加边振荡。

如图 5-6 所示。使用酸式滴定管时，左手无名指及小指弯曲并位于管的左侧，轻抵出水管口，其余三指(拇指在管前，食指和中指在管后)控制旋塞转动，要轻轻向内扣住活塞，手心空握，以防活塞被手顶出，造成漏液。若向内紧扣活塞会导致其转动不灵活。滴定前，用小烧杯内壁碰一下悬在滴定管尖端的液滴。滴定时，应使滴定管尖嘴部分插入锥形瓶口下 1～2 cm 处。右手持锥形瓶瓶颈，摇动锥形瓶，使溶液沿一个方向旋转，要边滴边摇，使瓶内溶液充分反应。开始时滴定速度可稍快些，一般每秒 3～4 滴，不能使溶液成流水状放出；近终点时速度要减慢，加一滴溶液，摇几秒钟，最后可能还要加一次或几次半滴溶液才能到达终点。半滴溶液的加法是使溶液

a. 酸式滴定管的操作

b.碱式滴定管的操作

图 5-6　滴定管的操作

在滴定管尖悬而未滴，再用锥形瓶内壁将液滴靠入瓶中，用少量蒸馏水淋洗锥形瓶内壁。

使用碱式滴定管时，用左手拇指和食指的指尖挤捏玻璃珠中上部右侧的乳胶管，使乳胶管和玻璃珠之间形成一个小缝隙，溶液即可流出。无名指和小手指夹住出口管，防止其摆动而撞击锥形瓶。应注意不能使玻璃珠上下移动或挤捏玻璃珠下部的乳胶管，否则会使管尖进入气泡造成误差。

平行实验时，每次滴定均应从零刻度开始，以消除刻度不够准确而造成的系统误差。

滴定管使用完毕，把其中的溶液倒出弃去，用自来水清洗3次，用蒸馏水充满滴定管，或用蒸馏水洗净后盖上滴定管帽或小试管后倒置于滴定管架上。

(3)注意事项　见光易分解的溶液要用棕色滴定管；活塞要原配，以防漏液。

二、玻璃仪器的洗涤与干燥

1. 玻璃仪器的洗涤

根据实验的要求、污物的性质、污染的程度不同，玻璃仪器可以采用下列方法洗涤：

(1)用自来水洗涤　用自来水和毛刷刷洗，可以除去可溶性物质、尘土和其他不溶性物质。

(2)用去污粉或洗涤剂洗涤　用毛刷蘸少量去污粉或洗涤剂，刷洗时用少量水润湿仪器，可以除去一般的油污。

(3)用铬酸洗液洗涤　对于容积精确、形状特殊的仪器，不能用毛刷刷洗或用其他洗涤剂无法洗净时，可用铬酸洗液清洗。

在使用铬酸洗液前，应先用水刷洗仪器，尽量除去其中的污物；尽量把仪器内残留的水倒掉，以免水把洗液冲稀，降低洗液的洗涤能力；洗液用后应倒回原来瓶内，可以重复使用；洗液有很强的腐蚀性，使用时要注意安全；当洗液变成绿色时，说明已失去氧化作用。

用各种方法洗涤后的仪器，先用自来水冲洗数遍，再用蒸馏水清洗2～3遍。洗净的玻璃仪器，内壁留下一层均匀的水膜，且不挂水珠。

2. 玻璃仪器的干燥

有些实验要求仪器必须是干燥的，根据不同情况，可采用下列方法使仪器干燥。

(1)晾干　对于不急用的仪器，可将仪器插在格栅板上或实验室的干燥架上晾干。

(2)吹干　将仪器倒置控去水分，并擦干外壁，用电吹风或气流干燥器的热风将仪器内残留水分赶出。

(3)烘干　将洗净的仪器控去残留水，放在电烘箱的隔板上，将温度控制在105 ℃左右，烘干仪器。

必须指出的是，带有刻度的量器不能加热干燥，否则会影响仪器的精度。如需要干燥时，可采用晾干或冷风吹干的方法。

思　考　题

1. 移液管插入试剂瓶液面下太深或太浅会造成哪些后果？
2. 容量瓶定容时，当液面接近刻度约1 cm时，为什么要改用胶头滴管逐滴滴加？
3. 滴定管如何排气泡？
4. 定量分析中用来准确量取溶液的量器有哪些？
5. 移液管能放在电烘箱中烘干吗？为什么？

实验二　练习使用电子天平

一、实验目的

1. 了解电子天平的构造和使用方法。
2. 能独立操作电子天平完成称量任务。
3. 能正确记录与处理实验原始数据。

二、实验原理

电子天平是用于称量物体质量的一种精密分析仪器，一般采用电磁感应式传感器。电磁感应式电子天平是利用电磁力平衡的原理进行设计的。

三、仪器和试剂

仪器：FA-N/JA-N 系列电子天平、干燥器、30 mL 称量瓶、100 mL 小烧杯。

试剂：无水 Na_2CO_3。

四、实验内容及步骤

1. 准备工作

以 FA-N/JA-N 系列电子天平为例，其使用方法如下：

(1)调水平　调整地脚螺栓高度，使水平仪内空气气泡位于圆环中央。

(2)预热　接通电源，显示器即显示“OFF”。天平在初次接通电源或长时间断电后，至少需要预热(在“OFF”状态下即可)30 min。

(3)校准　按开关键[ON/OFF]，显示“0.000 0 g”。按“去皮”键，显示“0.000 0 g”后，按“校正”键，显示“C-200”。在称盘中央加上 200 g 校正码，关上防风罩的玻璃门，等待天平内部自动校准。当显示“200.000 0 g”，同时蜂鸣器响了一下后校准结束。每天首次使用天平前、称重操作过一定时间或天平移位之后必须进行校准。

2. 称量练习

(1)用直接称量法称烧杯的质量　取一个洁净、干燥的小烧杯，在天平显示“0.000 0 g”时，将小烧杯放于称盘中央，同时关上玻璃门，待示数稳定后读数，读取称量结果。立即将小烧杯的准确质量 m_0 记录在实验报告上。

二维码 5-4　分析天平的使用

这种称量方法叫直接称量法。此法用于称量不易吸水、在空气中性质稳定的物质。

(2)用差减称量法称 2 份无水 Na_2CO_3(0.2～0.4 g)　从干燥器中取出盛有无水 Na_2CO_3 粉末的称量瓶，按上述直接称量法准确称量其质量

m_1，记录数据。用纸条套住称量瓶(图 5-7)并从天平中取出，在小烧杯口的上方取下瓶盖，用瓶盖轻轻敲称量瓶口的上沿(图 5-8)，使药品倾入小烧杯。然后将称量瓶直立，盖好瓶盖，放回称盘中央，重新称量。准确称量其质量 m_2，记录数据，则倾出试样质量$=m_1-m_2$。

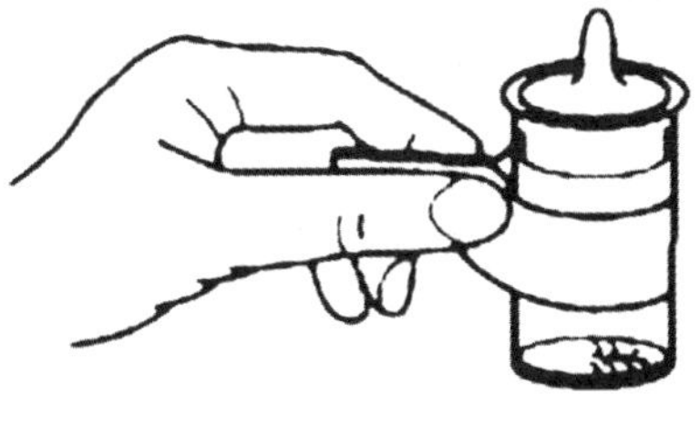

图 5-7　称量瓶的拿法

图 5-8　倾倒药品的操作

出于练习目的，可称出(小烧杯＋试样)的质量，记为 m_3。检查 m_1-m_2是否等于小烧杯增加的质量(m_3-m_0)，如不相等，求出差值。要求每份试样质量在 0.2～0.4 g，称量的绝对差值小于 0.4 mg。如不符合要求，分析原因并继续再称。

这种称量方法叫差减称量法。此法用于称量一定质量范围的基准物质或试样，以标定标准溶液的浓度或测定试样中某组分含量。

(3) 用固定质量称量法称 1 份无水 Na_2CO_3 (0.300 0 g)　在天平显示“0.000 0 g”时，将硫酸纸放在天平盘上，待显示质量后，按“去皮”键，显示“0.000 0 g”，用药匙将少量试样加到纸的中央，然后用手指轻弹药匙柄(图 5-9)，缓缓向纸上加入试样，直至天平恰好显示 0.300 0 g。

这种称量方法叫固定质量称量法。此法用于称量固定质量的基准物质配制指定浓度的溶液。

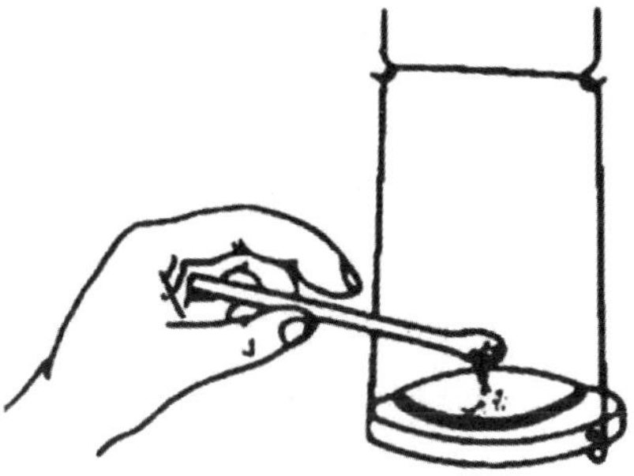

图 5-9　向硫酸纸上加药的操作

五、实验数据记录

称量次数	1	2
称量瓶＋试样的质量 m_1/g		
倾倒后称量瓶＋试样的质量 m_2/g		
倾出试样的质量/g		
(烧杯＋倾出试样)的质量 m_3/g		
空烧杯的质量 m_0/g		
称得试样的质量/g		
绝对差值 m/g		

六、电子天平的保养与维护

(1)电子天平应放置于专设的天平室内,天平室应干净、整洁,有相应的除湿和恒温设备,放置电子天平的工作台应固定、平整,避免震动、气流及阳光直射。

(2)电子天平是精密称量仪器,操作时要仔细、认真,动作要轻柔,勿将手压在天平称量盘上。

(3)称取试样时,试样应置于适当称量介质中(称量纸或称量瓶等),不得将试样直接放在称盘上。

(4)称量过程中试样不得洒落于天平内。如确有少量试样洒落,应及时采用适当器具和溶剂将其清扫、擦拭干净,擦拭过程应动作轻柔,以免损伤天平。

(5)不能向称量盘上加超过其称量范围的试样,否则会损坏天平。

(6)每台电子天平应配备使用登记卡和天平罩。

思考题

1. 使用分析天平称量时,应尽量将待测物放在称盘的中央,为什么?

2. 固定质量称量法和差减称量法各宜在何种情况下采用?

3. 用差减称量法称量药品时,药品倾入烧杯中后吸水,对称量结果是否有影响?

实验三　配制近似浓度的溶液

一、实验目的

1. 会使用电子天平、量筒等。

2. 能独立配制近似浓度的溶液。

二、仪器和试剂

仪器:电子天平(0.1 g)、500 mL 试剂瓶、250 mL 容量瓶、250 mL 烧杯、25 mL 移液管、10 mL 量筒、洗耳球、玻璃棒、药匙、胶头滴管、硫酸纸。

试剂:固体氢氧化钠、浓盐酸(密度 1.19 $g \cdot cm^{-3}$、溶质的质量分数为 37%)、95% 乙醇、蒸馏水。

三、实验内容及步骤

1. 配制 250 mL $c(NaOH)=0.1\ mol \cdot L^{-1}$ 的氢氧化钠溶液

(1)计算溶质的质量　计算出配制 250 mL $c(NaOH)=0.1\ mol \cdot L^{-1}$ 的氢氧化钠溶液所需氢氧化钠的质量。

(2)称量氢氧化钠　用电子天平称量所需质量的 NaOH(注意操作尽量迅速,以免氢氧化

钠过多吸水和吸收 CO_2)。

(3)配制溶液　将所称得的氢氧化钠小心倒入烧杯中,先加入适量的水,用玻璃棒搅拌使其溶解,冷却到室温后,继续加水至 250 mL,再用玻璃棒搅拌使溶液混合均匀。

(4)贮存溶液　将配好的溶液转移到试剂瓶中,贴好标签。

2. 配制 250 mL $c(HCl)=0.1\ mol \cdot L^{-1}$ 的盐酸溶液

(1)计算所需浓盐酸的体积　根据市售浓盐酸的密度($1.19\ g \cdot cm^{-3}$)、溶质的质量分数(37%),计算出配制 250 mL $c(HCl)=0.1\ mol \cdot L^{-1}$ 的盐酸溶液所需浓盐酸的体积(mL)。

(2)量取浓盐酸　用量筒量取所需体积的浓盐酸于 250 mL 烧杯中。

(3)配制溶液　向烧杯中加水至 250 mL,用玻璃棒慢慢搅动,使浓盐酸与水混合均匀。

(4)贮存溶液　将配好的溶液转移到试剂瓶中,贴好标签。

3. 配制 250 mL 70%的乙醇溶液

(1)计算所需 95% 乙醇的体积　根据所配乙醇溶液的浓度和体积,计算出所需 95% 乙醇的体积(mL)。

(2)量取 95% 乙醇　用量筒量取所需体积的 95% 乙醇于 250 mL 烧杯中。

(3)配制溶液　向烧杯中加蒸馏水至 250 mL,用玻璃棒慢慢搅动,使溶液混合均匀。

(4)贮存溶液　将配好的溶液转移到试剂瓶中,贴好标签。

思考题

1. 粗配溶液时,称量固体溶质的质量和量取液体药品的体积时,是否需要十分精确?
2. 量筒需要润洗吗?

实验四　测定溶液的 pH

一、实验目的

1. 了解酸度计的使用及维护方法。
2. 能独立操作酸度计测定待测样品的 pH。

二、实验原理

pH S-3 C 型数字酸度计是利用复合电极对被测水溶液中不同的酸度产生直流电位,通过前置阻抗转化器把高内阻的直流电位转变成低内阻的直流电位,输入到 A/D 转换器,以达到直接显示 pH 的目的。pH S-3 C 型数字酸度计可自动调零,操作简便,数字显示清晰直观。除测定水溶液的 pH 外,也可测定各种电池的电动势。

三、仪器和试剂

仪器:pH S-3 C 型数字酸度计、200 mL 烧杯、50 mL 小烧杯、滤纸。

试剂:pH= 4.00 和 pH=6.86 的缓冲溶液、蒸馏水、$0.010\ mol \cdot L^{-1}$ NH_4Cl 溶液、碳酸饮料。

四、实验内容及步骤

二维码 5-5 酸度计的使用

1. 开机前的准备

将多功能电极架插入多功能电极架插座中。将 pH 复合电极安装在电极架上。将 pH 复合电极下端的电极保护套拔下，并且拉下电极上端的橡皮套使其露出上端小孔。用蒸馏水清洗电极。在测量电极插座处插入复合电极。

2. 标定

打开电源开关，按“pH/mV”按钮，使机器进入测量状态。用温度计测出被测液的温度，按温度调节按钮，调节温度，之后确认。把用蒸馏水清洗过的电极插入 pH 6.86 的标准缓冲溶液中，待读数稳定后按“定位”键(此时指示灯慢闪烁，表明仪器在定位标定状态)使读数为该溶液当前温度下的 pH，然后按“确认”键，仪器进入 pH 测量状态，pH 指示灯停止闪烁。把用蒸馏水清洗过的电极插入 pH 4.00(或 pH 9.18)的标准缓冲溶液中，待读数稳定后按“斜率”键(此时 pH 指示灯快闪烁，表明仪器在斜率标定状态)使读数为该溶液当前温度下的 pH，然后按“确认”键，仪器进入 pH 测量状态，pH 指示灯停止闪烁，标定完成。用蒸馏水清洗电极后即可对被测溶液进行测量。

如果在标定过程中操作失误或按键按错而使仪器测量不正常，可关闭电源，然后按住“确认”键再开启电源，使仪器恢复初始状态。然后重新标定。

3. 测量溶液 pH

经标定过的仪器，即可用来测量被测溶液。被测溶液与定位溶液温度相同时，把电极浸入被测溶液中，搅匀，在显示屏上读出溶液的 pH；被测溶液与定位溶液温度不同时，用温度计测出被测溶液的温度，按“温度”键，使仪器显示为被测溶液温度值，然后按“确认”键，把电极插入被测溶液内，搅匀后读出该溶液的 pH。

分别测量 0.010 mol·L^{-1} NH_4Cl 溶液、蒸馏水、碳酸饮料的 pH。

五、实验数据记录

被测溶液	0.010 mol·L^{-1} NH_4Cl 溶液	蒸馏水	碳酸饮料
pH			

六、技能补充

1. 电极使用和维护的注意事项

(1)电极在测量前必须用已知 pH 的标准缓冲溶液进行定位校准，其 pH 越接近被测 pH 越好。

(2)取下电极护套后，应避免电极的敏感玻璃泡与硬物接触，因为任何破损或擦痕都会使电极失效。

(3)测量结束,及时将电极保护瓶套上,电极套内应放少量外参比补充液,以保持电极球泡的湿润,切忌浸泡在蒸馏水中。

(4)复合电极的外参比补充液为 3 mol · L^{-1} 氯化钾溶液,补充液可以从电极上端小孔加入。复合电极不使用时,拉上橡皮套,防止补充液干涸。

(5)电极的引出端必须保持清洁干燥,防止输出两端短路,否则将导致测量失准或失效。

(6)电极应避免长期浸在蒸馏水、蛋白质溶液和酸性氟化物溶液中。

(7)电极避免与有机硅油接触。

(8)电极经长期使用后,如发现斜率略有降低,则可把电极下端浸泡在 4% 氢氟酸溶液中 3~5 s,用蒸馏水洗净后,在 0.1 mol · L^{-1} 盐酸溶液中浸泡,使之复新。

(9)被测溶液中如含有易污染敏感球泡或堵塞液接界的物质而使电极钝化,会出现斜率降低,显示读数不准现象。如发生该现象,则应根据污染物质的性质,用适当溶液清洗,使电极复新。

(10)清洗电极的清洗剂不能用四氯化碳、三氯乙烯、四氢呋喃等。因为它们能溶解聚碳酸树脂,而电极外壳是用聚碳酸树脂制成的,其溶解后极易污染敏感的玻璃球泡,从而使电极失效。

2. 不同污染物质对应的清洗剂

污染物	清洗剂
无机金属氧化物	浓度低于 1 mol · L^{-1} 的稀酸
有机油脂类物质	稀洗涤剂(弱碱)
树脂高分子物质	酒精、丙酮、乙醚
蛋白质血球沉淀物	酸性酶溶液(如食母生片水溶液)
颜料类物质	稀漂白液,过氧化氢

3. 缓冲溶液的配制

(1)pH=4.00 溶液　将优级纯(GR)邻苯二甲酸氢钾 10.21 g 溶解于 1 000 mL 蒸馏水中,或将随机所配 pH 为 4.00 的缓冲液粉剂一包溶于 250 mL 的蒸馏水中。

(2)pH=6.86 溶液　将 GR 磷酸二氢钾 3.4 g、GR 磷酸氢二钠 3.55 g 溶解于 1 000 mL 蒸馏水中,或将随机所配 pH=6.86 缓冲液粉剂一包溶于 250 mL 的蒸馏水中。

(3)pH=9.18 溶液　将 GR 硼酸 3.81 g 溶解于 1 000 mL 蒸馏水中,或将随机所配 pH=9.18 缓冲液粉剂一包溶于 250 mL 的蒸馏水中。

思 考 题

1. 仪器校准时,如果所测的样品呈酸性,应当用什么样的缓冲溶液进行校准?如果所测的样品呈碱性呢?

2. 为什么不能用四氯化碳、三氯乙烯、四氢呋喃等清洗电极?

实验五 配制与稀释标准溶液

一、实验目的

1. 会用差减称量法称量固体药品。
2. 会规范使用容量瓶和移液管等玻璃仪器。
3. 能独立配制并稀释标准溶液。

二、仪器和试剂

仪器：电子天平(0.1 mg)、250 mL 容量瓶、250 mL 烧杯、25 mL 移液管、玻璃棒、胶头滴管、洗瓶、30 mL 称量瓶、干燥器、硫酸纸。

试剂：固体无水 Na_2CO_3(基准试剂)、蒸馏水。

三、实验内容及步骤

1. 配制 250.00 mL 0.02 mol·L^{-1} Na_2CO_3溶液

二维码 5-6 碳酸钠标准溶液的配制

(1)计算溶质的质量　计算出配制 250.00 mL 0.02 mol·L^{-1} Na_2CO_3溶液所需无水碳酸钠的质量(小数点后保留 2 位小数)。

(2)称量无水 Na_2CO_3固体　称取于 270～300 ℃高温炉中灼烧至恒量的基准试剂无水碳酸钠，倒入 250 mL 烧杯中。

(3)溶解　向烧杯中加入适量的蒸馏水，用玻璃棒搅拌使其溶解。

(4)转移　用玻璃棒引流，将溶液转移至容量瓶。用蒸馏水洗涤玻璃棒及烧杯 3 次，并将洗涤液转移至容量瓶。

(5)定容　往容量瓶中小心地加蒸馏水至低于标线约 1 cm 处，改用胶头滴管逐滴加入蒸馏水，直到溶液的弯月面最低点恰好与标线相切为止。把容量瓶的瓶塞盖紧，反复倒置、混合均匀即可。

(6)计算溶液的浓度　根据所称溶质的质量和溶液的体积，计算出其准确浓度，结果保留 4 位有效数字。

2. 将上述溶液稀释 10 倍

用 25 mL 的移液管准确量取 25.00 mL 碳酸钠溶液至 250 mL 容量瓶中，往容量瓶中加蒸馏水定容到刻度，混合均匀即可。

思 考 题

1. 在溶解 Na_2CO_3时，若加入 50 mL 水，应选用哪种量具，为什么？

2. 将烧杯中的溶液转移到容量瓶中以后，为什么要用蒸馏水洗涤烧杯和玻璃棒 2 或 3 次，并将洗涤液也全部转移到容量瓶中？

3. 在配制标准溶液时，如果不慎使液面超过容量瓶颈标线，是否可以将溶液倒出一小部分，然后重新加蒸馏水到刻度线？

实验六 氢氧化钠滴定盐酸

一、实验目的

1. 能熟练使用移液管准确移取一定体积的溶液。
2. 会规范使用碱式滴定管。
3. 通过使用酚酞指示剂,初步学会判断与控制滴定终点。

二、实验原理

氢氧化钠溶液和盐酸的反应为:

$$NaOH + HCl = NaCl + H_2O$$

化学计量点时,溶液 pH=7。氢氧化钠溶液稍过量时,溶液呈弱碱性,可用酚酞作指示剂。

三、仪器和试剂

仪器:50 mL 碱式滴定管、25 mL 移液管、250 mL 锥形瓶、洗瓶。

试剂:0.1 $mol \cdot L^{-1}$ NaOH 溶液、0.1 $mol \cdot L^{-1}$ HCl 溶液、酚酞指示剂、蒸馏水。

四、实验内容及步骤

二维码 5-7 氢氧化钠滴定盐酸

1. 碱式滴定管的准备

碱式滴定管经安装橡皮管和玻璃珠、检漏、洗净后,用 NaOH 溶液润洗 3 次(每次用量约 10 mL),再将 NaOH 溶液直接由试剂瓶倒入管内至刻度“0”以上,排出橡皮管内和出口管内的气泡,调节管内液面至 0.00 mL 处。

2. 移液管的准备

移液管洗净后,以待吸溶液润洗 3 次,待用。

3. 滴定

用移液管移取 25.00 mL HCl 溶液于 250 mL 锥形瓶中,加酚酞指示剂 2 或 3 滴,用 NaOH 溶液滴定至呈微红色,并保持 30 s 内不褪色,即为终点。平行测定 3 次。要求测定的相对平均偏差在 0.2% 以内。

五、实验数据记录

滴定次数	1	2	3
NaOH 终读数/mL			
NaOH 初读数/mL			
$V(NaOH)$/mL			
$V(NaOH)/V(HCl)$			
$V(NaOH)/V(HCl)$平均值			
$\bar{d}_r$			

思 考 题

1. 滴定管或移液管洗净后，为什么还要用待装溶液润洗几次？
2. 用于滴定的锥形瓶是否也需用待装溶液润洗或烘干？为什么？

实验七　盐酸滴定氢氧化钠

一、实验目的

1. 能使用滴定管准确量取一定体积的溶液。
2. 会规范使用酸式滴定管。
3. 通过甲基红指示剂的使用，进一步练习滴定终点的判定方法。

二、实验原理

盐酸溶液和氢氧化钠的反应为：

$$NaOH + HCl = NaCl + H_2O$$

化学计量点时，溶液 pH=7。盐酸溶液稍过量时，溶液呈弱酸性，可用甲基红作指示剂。

三、仪器和试剂

仪器：50 mL 酸式滴定管、50 mL 碱式滴定管、250 mL 锥形瓶、洗瓶。
试剂：0.1 $mol \cdot L^{-1}$ NaOH 溶液、0.1 $mol \cdot L^{-1}$ HCl 溶液、甲基红指示剂、蒸馏水。

四、实验内容及步骤

1. 酸式滴定管的准备

取酸式滴定管 1 支，其旋塞涂以凡士林，检漏、洗净后，用所配的 HCl 溶液将滴定管润洗 3 次(每次用量约 10 mL)，再将 HCl 溶液直接由试剂瓶倒入管内至刻度“0”以上，排出出口管内气泡，调节管内液面至 0.00 mL 处。

2. 碱式滴定管的准备

碱式滴定管经安装橡皮管和玻璃珠、检漏、洗净后，用所配的 NaOH 溶液润洗 3 次，再将 NaOH 溶液直接由试剂瓶倒入管内至刻度“0”以上，排出橡皮管内和出口管内的气泡，调节管内液面至 0.00 mL 处。

3. 滴定

由碱式滴定管放出 25.00 mL NaOH 溶液于锥形瓶中，放出速度为每分钟 10 mL，加甲基红指示剂 2 或 3 滴，用 HCl 溶液滴定至溶液刚好由黄色转变为橙色，即为终点。平行滴定 3 次，要求测定的相对平均偏差在 0.2% 以内。

五、实验数据记录

滴定次数	1	2	3
HCl 终读数/mL			
HCl 初读数/mL			
$V(HCl)$/mL			
$V(NaOH)/V(HCl)$			
$V(NaOH)/V(HCl)$平均值			
$\bar{d}_r$			

思 考 题

1. 滴定至临近终点时加入半滴溶液的操作是怎样进行的？

2. 为什么用 HCl 溶液滴定 NaOH 溶液时一般采用甲基红指示剂，而用 NaOH 溶液滴定 HCl 溶液时以酚酞为指示剂？

实验八 配制与标定氢氧化钠标准溶液

一、实验目的

1. 能熟练使用差减称量法称量基准试剂。
2. 能熟练使用碱式滴定管，会判断滴定终点。
3. 能配制和标定氢氧化钠标准溶液。

二、实验原理

氢氧化钠标准溶液只能用间接法配制。标定氢氧化钠溶液常用的基准试剂为草酸和邻苯二甲酸氢钾等。本实验采用邻苯二甲酸氢钾，它与氢氧化钠的反应为：

$$KHC_8H_4O_4 + NaOH = KNaC_8H_4O_4 + H_2O$$

到达化学计量点时，溶液呈弱碱性，可用酚酞作指示剂。

三、仪器和试剂

仪器：电子天平(0.1 mg)、称量瓶、50 mL 碱式滴定管、250 mL 锥形瓶、25 mL 移液管、1 000 mL 容量瓶、250 mL 烧杯、胶头滴管、洗瓶。

试剂：NaOH(固体)、邻苯二甲酸氢钾(基准试剂)、酚酞指示剂、蒸馏水。

四、实验内容及步骤

1. 配制

称取 110 g 氢氧化钠，溶于 100 mL 无二氧化碳的水中，摇匀，注入聚乙烯容器中，密闭放置至溶液清亮。吸取上层清液 5.4 mL，用无二氧化碳的水稀释至 1 000 mL，摇匀。

2. 标定

称取于 105～110 ℃电烘箱中干燥至恒量的基准试剂邻苯二甲酸氢钾 0.7～0.8 g，加无二氧化碳的水溶解，加 2 滴酚酞指示剂，用配制的氢氧化钠溶液滴定至溶液呈粉红色，并保持 30 s。

五、实验数据记录

测定次数	1	2	3
邻苯二甲酸氢钾＋称量瓶质量/g			
倾倒后邻苯二甲酸氢钾＋称量瓶质量/g			
$m(KHC_8H_4O_4)$/g			
NaOH 溶液终读数/mL			
NaOH 溶液初读数/mL			
$V(NaOH)$/mL			
$c(NaOH)/(mol \cdot L^{-1})$			
$c(NaOH)$平均值$/(mol \cdot L^{-1})$			
$\bar{d}_r$			

计算公式为：

$$c(NaOH)/(mol \cdot L^{-1})=\frac{1\ 000\times m(KHC_8H_4O_4)}{M(KHC_8H_4O_4)\times V(NaOH)}$$

思　考　题

1. 用邻苯二甲酸氢钾标定氢氧化钠溶液时，为什么用酚酞而不用甲基红作指示剂？
2. 标定时，基准试剂用邻苯二甲酸氢钾比用草酸有什么好处？
3. NaOH 标准溶液能否用直接配制法配制，为什么？

实验九　测定食醋中总酸含量

一、实验目的

1. 掌握食醋中总酸含量测定的原理和方法。
2. 能熟练规范使用容量瓶、移液管和碱式滴定管。

二、实验原理

食醋中主要成分是 HAc(含 3%～5%)，此外还有少量其他有机弱酸，如乳酸等。它们与 NaOH 溶液的反应为

$$NaOH+CH_3COOH=CH_3COONa+H_2O$$
$$nNaOH+H_nA(\text{有机酸})=Na_nA+nH_2O$$

用 NaOH 标准溶液滴定时，只要是电离常数 $K_a \geq 10^{-7}$ 的弱酸都可以被滴定，因此测出的是总酸含量。分析结果用含量最多的 HAc 来表示。由于是强碱滴定弱酸，通常选用酚酞作指示剂。

三、仪器和试剂

仪器：25 mL 移液管、50 mL 碱式滴定管、250 mL 容量瓶、100 mL 烧杯、洗耳球、洗瓶、胶头滴管。

试剂：食醋、酚酞指示剂、NaOH 标准溶液(约为 0.1 mol·L^{-1})、蒸馏水。

四、实验内容及步骤

1. 稀释

用移液管吸取 25.00 mL 食醋原液移入 250 mL 容量瓶中，用无 CO_2 蒸馏水稀释到刻度，摇匀。食醋中 HAc 浓度较大，并且颜色较深，必须稀释后再测定。

2. 滴定

用 25 mL 移液管移取已稀释的食醋 3 份。分别放入 250 mL 锥形瓶中，各加 2 滴酚酞指示剂，摇匀。用 NaOH 标准溶液滴定至溶液呈浅粉红色，30 s 内不褪色，即为终点。根据 NaOH 标准溶液的浓度和滴定时耗去的体积(V)，可计算食醋的总酸含量 $\rho(HAc)/(g\cdot L^{-1})$。

五、实验数据记录

滴定次数	1	2	3
NaOH 终读数/mL			
NaOH 初读数/mL			
$V(NaOH)$/mL			
$\rho(HAc)/(g\cdot L^{-1})$			
$\rho(HAc)$平均值$/(g\cdot L^{-1})$			
$\bar{d}_r$			

计算公式为：

$$\rho(HAc)/(g\cdot L^{-1})=\frac{c(NaOH)\times V(NaOH)\times M(HAc)}{V(HAc)\times\frac{25.00}{250.0}}$$

思考题

1. 测定食醋中总酸含量时，所用的蒸馏水不能含 CO_2，为什么？
2. 测定食醋中总酸含量时，能否用甲基橙作指示剂？

实验十　测定混合碱中各组分的含量

一、实验目的

1. 会用双指示剂法测定混合碱中各组分含量。
2. 会判定双指示剂的滴定终点。

二、实验原理

混合碱是 Na_2CO_3 与 NaOH 或 $NaHCO_3$ 与 Na_2CO_3 的混合物。可采用双指示剂法进行测定，即利用两种指示剂在不同的化学计量点时颜色的变化，得到两个终点，由两个终点时所消耗的酸标准溶液的体积，计算各种碱的含量及总量。用 HCl 标准溶液滴定混合碱溶液时，先加入酚酞指示剂，第一化学计量点时消耗 HCl 的体积为 V_1，发生下列反应：

$$NaOH + HCl = NaCl + H_2O$$

$$Na_2CO_3 + HCl = NaCl + NaHCO_3$$

终点颜色由红色变为无色。然后加入甲基橙指示剂，继续用 HCl 标准溶液滴定，达到第二化学计量点时消耗的 HCl 溶液体积为 V_2，这时发生如下反应：

$$NaHCO_3 + HCl = NaCl + H_2CO_3$$

终点颜色由黄色变为橙色。

若 $V_1 > V_2$，试样为 Na_2CO_3 和 NaOH 的混合物。滴定 Na_2CO_3 所消耗 HCl 标准溶液的体积应为 $2V_2$；而滴定 NaOH 时所消耗的 HCl 标准溶液的体积应为 $V_1 - V_2$，根据 HCl 标准溶液的浓度及体积计算混合碱中 Na_2CO_3 和 NaOH 的含量。

若 $V_1 < V_2$，试样为 Na_2CO_3 和 $NaHCO_3$ 的混合物。滴定 Na_2CO_3 所消耗 HCl 标准溶液的体积应为 $2V_1$；滴定 $NaHCO_3$ 时所消耗的 HCl 标准溶液的体积应为 $V_2 - V_1$，根据 HCl 标准溶液的浓度及体积计算混合碱中 Na_2CO_3 和 $NaHCO_3$ 的含量。

三、仪器和试剂

仪器：电子天平(0.1 mg)、30 mL 称量瓶、50 mL 酸式滴定管、250 mL 锥形瓶、250 mL 容量瓶、25 mL 移液管、500 mL 试剂瓶、胶头滴管。

试剂：0.1 $mol \cdot L^{-1}$ HCl 标准溶液、0.2% 酚酞指示剂、0.2% 甲基橙指示剂、混合碱试样、蒸馏水。

四、实验内容及步骤

1. 准确称取约 2 g 试样于 100 mL 烧杯中,加少量蒸馏水并加热使其溶解。待溶液冷却后,定量转移至 250 m L 容量瓶中定容,充分摇匀。

2. 移取 25.00 mL 上述溶液于锥形瓶中,加入 2 滴酚酞指示剂,用 HCl 标准溶液滴定到溶液呈粉红色。记录所消耗 HCl 标准溶液的体积 V_1。

3. 在上述滴定液中加 2 滴甲基橙指示剂,继续用 HCl 标准溶液滴定至黄色变为橙色,接近化学计量点时应剧烈摇动溶液,以免形成 CO_2 过饱和溶液而使终点提前。记录消耗 HCl 溶液的体积 V_2。平行测定 3 次。判断混合碱的成分并计算混合碱样中各组分含量。

五、实验数据记录

滴定次数	1	2	3
M(试样)/g			
c(HCl)/(mol·L^{-1})			
V_1/mL			
V_2/mL			
$w(Na_2CO_3)$/%			
$w(Na_2CO_3)$平均值/%			
w(NaOH)/%			
w(NaOH)平均值/%			
$w(NaHCO_3)$/%			
$w(NaHCO_3)$平均值/%			

计算公式为:

若 $V_1>V_2$,混合碱由 Na_2CO_3 和 NaOH 组成,按下式计算其质量分数:

$$w(Na_2CO_3)=\frac{c(HCl)\times 2V_2\times M(Na_2CO_3)}{2\ 000\ m\times\dfrac{25.00}{250.0}}\times 100\%$$

$$w(NaOH)=\frac{c(HCl)\times(V_1-V_2)M(NaOH)}{1\ 000\ m\times\dfrac{25.00}{250.0}}\times 100\%$$

若 $V_1<V_2$,混合碱由 Na_2CO_3 和 $NaHCO_3$ 组成,按下式计算其质量分数:

$$w(Na_2CO_3)=\frac{c(HCl)\times 2V_1\times M(Na_2CO_3)}{2\ 000\ m\times\dfrac{25.00}{250.0}}\times 100\%$$

$$w(NaHCO_3)=\frac{c(HCl)\times(V_2-V_1)\times M(NaHCO_3)}{1\ 000\ m\times\dfrac{25.00}{250.0}}\times 100\%$$

思 考 题

1. 欲测定混合碱的总碱度,应选用何种指示剂?
2. 混合碱需先配成溶液然后再测定,请分析一下原因。

实验十一　标定高锰酸钾标准溶液

一、实验目的

1. 能熟练规范使用酸式滴定管。
2. 会用草酸钠标定高锰酸钾溶液，认识滴定过程中条件控制的重要性。

二、实验原理

本实验采用草酸钠标定预先配好的浓度近 0.02 $mol \cdot L^{-1}$的高锰酸钾溶液，两者反应方程式如下：

$$2KMnO_4+5Na_2C_2O_4+8H_2SO_4=K_2SO_4+5Na_2SO_4+2MnSO_4+8H_2O+10CO_2\uparrow$$

三、仪器和试剂

仪器：电子天平(0.1 mg)、30 mL 称量瓶、50 mL 棕色酸式滴定管、250 mL 锥形瓶、50 mL 量筒、酒精灯、石棉网、三角架、温度计等。

试剂：高锰酸钾、草酸钠(分析纯)、3 $mol \cdot L^{-1}$ H_2SO_4、蒸馏水等。

四、实验内容及步骤

准确称取 0.15～0.20 g 预先已干燥过的草酸钠 3 份，分别置于锥形瓶中，各加入 40 mL 馏水和 10 mL 3 $mol \cdot L^{-1}$ H_2SO_4，使草酸钠溶解，慢慢加热，直到有大量蒸气涌出(75～85 ℃)。趁热用待标定的 $KMnO_4$溶液进行滴定，开始时，速度要慢，滴入第一滴溶液后，不断摇动锥形瓶，使溶液充分混合反应，当紫红色褪去后再滴入第二滴。当溶液中有 Mn^{2+} 产生后，反应速率会加快，滴定速度也可随之加快，但仍需按照滴定规则进行。接近终点时，应该减慢滴定速度，同时充分摇匀，以防滴定过终点。最后滴加半滴 $KMnO_4$溶液摇匀后 30 s 内淡红色不褪色即为达到终点。记下读数，计算 $KMnO_4$溶液的准确浓度 $c(KMnO_4)$。

五、实验数据记录

滴定次数	1	2	3
$m(Na_2C_2O_4)/g$			
$KMnO_4$终读数/mL			
$KMnO_4$初读数/mL			
$V(KMnO_4)/mL$			
$c(KMnO_4)/(mol \cdot L^{-1})$			
$c(KMnO_4)$平均值/$(mol \cdot L^{-1})$			
$\bar{d}_r$			

计算公式为：

$$c(KMnO_4)/(mol \cdot L^{-1})=\frac{2\ 000\times m(Na_2C_2O_4)}{5\times M(Na_2C_2O_4)\times V(KMnO_4)}$$

思 考 题

1. 用草酸钠标定 $KMnO_4$ 实验中，操作上要特别注意的关键问题是什么？
2. 用草酸钠标定 $KMnO_4$ 实验中，能否用 HCl 溶液来控制溶液的酸度？为什么？

实验十二 测定双氧水中过氧化氢的含量

一、实验目的

1. 能够熟练使用容量瓶和移液管稀释溶液。
2. 会用高锰酸钾法测定过氧化氢的含量。

二、实验原理

过氧化氢的含量可用高锰酸钾法测定。在酸性溶液中 H_2O_2 可被 $KMnO_4$ 氧化而生成氧气和水，其反应式如下：

$$5H_2O_2+2MnO_4^-+6H^+=2Mn^{2+}+8H_2O+5O_2\uparrow$$

三、仪器和试剂

仪器：50 mL 棕色酸式滴定管、250 mL 锥形瓶、250 mL 容量瓶、25 mL 移液管、10 mL 移液管、50 mL 量筒、洗耳球。

试剂：3.0 $mol \cdot L^{-1}$ H_2SO_4 溶液、0.02 $mol \cdot L^{-1}$ $KMnO_4$ 标准溶液、蒸馏水。

四、实验内容及步骤

用移液管吸取过氧化氢试样(浓度约 30%)10.00 mL，置于 250 mL 容量瓶中，加水稀释至标线，充分混合均匀。再吸取稀释液 25.00 mL，置于 250 mL 锥形瓶中，加水 20～30 mL 和 H_2SO_4 溶液 20 mL，用 $KMnO_4$ 标准溶液滴定至溶液呈粉红色经 30 s 不褪色即为终点。根据 $KMnO_4$ 标准溶液用量，计算过氧化氢未经稀释的试样中 H_2O_2 的质量分数。

五、实验数据记录

滴定次数	1	2	3
$V(H_2O_2)$/mL			
$KMnO_4$ 终读数/mL			
$KMnO_4$ 初读数/mL			
$V(KMnO_4)$/mL			
$\rho(H_2O_2)/(g \cdot L^{-1})$			
$\rho(H_2O_2)$平均值$/(g \cdot L^{-1})$			
$\bar{d}_r$			

计算公式为：

$$\rho(H_2O_2)/(g\cdot L^{-1})=\frac{\frac{5}{2}\times c(KMnO_4)\times V(KMnO_4)\times M(H_2O_2)}{V(H_2O_2)\times\frac{25.00}{250.0}}$$

思 考 题

1. 如何计算双氧水中 H_2O_2 质量分数？
2. 用 $KMnO_4$ 法测定 H_2O_2 时，为什么不能用 HNO_3 或 HCl 溶液来控制溶液的酸度？

实验十三　配制和标定硫代硫酸钠标准溶液

一、实验目的

1. 能正确配制、保存和标定硫代硫酸钠标准溶液。
2. 能正确使用淀粉指示剂，会使用碘量瓶等仪器。

二、实验原理

硫代硫酸钠在空气中易潮解和风化，所以只能用间接法配制其标准溶液。

标定 $Na_2S_2O_3$ 溶液常用的基准物质是 $K_2Cr_2O_7$。在弱酸性条件下，$K_2Cr_2O_7$ 与过量的 KI 发生如下反应：

$$K_2Cr_2O_7+6KI+7H_2SO_4=Cr_2(SO_4)_3+4K_2SO_4+3I_2+7H_2O$$

然后以淀粉为指示剂，用 $Na_2S_2O_3$ 溶液滴定生成的 I_2：

$$I_2+2Na_2S_2O_3=2NaI+Na_2S_4O_6$$

三、仪器和试剂

仪器：电子天平、50 mL 棕色酸式滴定管、250 mL 碘量瓶、250 mL 烧杯、20 mL 移液管、100 mL 量筒、500 mL 棕色试剂瓶、洗耳球。

试剂：重铬酸钾（基准试剂）、五水合硫代硫酸钠、无水碳酸钠、碘化钾、20% 硫酸、淀粉指示液（10 $g\cdot L^{-1}$）、蒸馏水。

四、实验内容及步骤

1. 配制

称取 6.5 g 五水合硫代硫酸钠，溶于 250 mL 刚煮沸经冷却的蒸馏水中，加 0.05 g 无水碳酸钠，缓缓煮沸 10 min，冷却，倒入棕色试剂瓶中放置 2 周后过滤。

2. 标定

精确称取 0.18 g 已于(120±2) ℃干燥至恒量的基准试剂重铬酸钾，置于碘量瓶中，溶于 25 mL 水，加 2 g 碘化钾及 20 mL 硫酸溶液(20%)，摇匀，于暗处放置 10 min。加 150 mL 水(15～20 ℃)，用配制的硫代硫酸钠溶液滴定，近终点时加 2 mL 淀粉指示液(10 g·L^{-1})，继续滴定至溶液由蓝色变为亮绿色。

五、实验数据记录

滴定次数	1	2	3
$m(K_2Cr_2O_7)$/g			
$Na_2S_2O_3$溶液终读数/mL			
$Na_2S_2O_3$溶液初读数/mL			
$V(Na_2S_2O_3)$/mL			
$c(Na_2S_2O_3)/(mol\cdot L^{-1})$			
$c(Na_2S_2O_3)$平均值/$(mol\cdot L^{-1})$			
$\bar{d}_r$			

计算公式为：

$$c(Na_2S_2O_3)/(mol\cdot L^{-1})=\frac{6\ 000\ m(K_2Cr_2O_7)}{M(K_2Cr_2O_7)\times V(Na_2S_2O_3)}$$

思　考　题

1. 配制 $Na_2S_2O_3$ 标准溶液时，为什么要用煮沸的蒸馏水？加 Na_2CO_3 的目的是什么？
2. 用重铬酸钾标定硫代硫酸钠溶液时，加入 KI 后，为什么放置于暗处？
3. 淀粉指示剂为何不在滴定开始时加入？

实验十四　测定维生素 C 药片中维生素 C 的含量

一、实验目的

1. 能熟练配制与标定碘标准溶液。
2. 会用直接碘量法测定维生素 C 的含量。

二、实验原理

维生素 C($C_6H_8O_6$)也称抗坏血酸，具有还原性，能被 I_2 定量地氧化为脱氢抗坏血酸，其反应式为：

$$C_6H_8O_6+I_2=C_6H_6O_6+2HI$$

由于维生素 C 的还原性很强，在空气中容易被氧化，在碱性介质中更甚，因此测定时可加入乙酸或偏磷酸-乙酸溶液使溶液呈弱酸性，以降低氧化速度，减少维生素 C 的损失。考虑到 I_2 在强酸性溶液中也易被氧化，故一般在 pH 为 3～4 的弱酸性溶液中进行滴定。

三、仪器和试剂

仪器：电子天平（0.1 mg）、25 mL 移液管、250 mL 锥形瓶、50 mL 棕色酸式滴定管、500 mL 容量瓶、500 mL 棕色试剂瓶、250 mL 烧杯、100 mL 量筒、胶头滴管等。

试剂：0.1 $mol \cdot L^{-1}$ $Na_2S_2O_3$ 标准溶液、0.05 $mol \cdot L^{-1}$ I_2 标准溶液、0.005%（质量分数）淀粉溶液、1∶1 HAc 溶液、KI、I_2、蒸馏水。

四、实验内容及步骤

1. I_2 标准溶液的配制

在烧杯中加入 25 mL 蒸馏水，加入 10 g KI 和 6.5 g I_2，用玻璃棒轻轻研磨或搅拌至 I_2 全部溶解后，加水稀释至 500 mL，摇匀，将其转移至棕色试剂瓶中，放暗处保存。

2. I_2 标准溶液的标定

准确移取 $Na_2S_2O_3$ 标准溶液 25.00 mL 置于锥形瓶中，加蒸馏水 25 mL，加淀粉溶液 5 mL，然后用 I_2 标准溶液滴定 $Na_2S_2O_3$ 标准溶液。当溶液呈现稳定的蓝色且保持 30 s 不变色，即为滴定终点。平行测定 3 次。

3. 维生素 C 试样的准备

准确称取 3 份 0.2 g 的维生素 C 试样置于锥形瓶中，加入 100 mL 新煮沸并冷却的蒸馏水和 10 mL 1∶1 HAc 溶液，完全溶解，备用。

4. 维生素 C 含量的测定

在制备的维生素 C 试液中加淀粉溶液 3 mL，立即用 I_2 标准溶液滴定，至溶液恰呈蓝色，并在 30 s 内不褪色，即为终点；计算维生素 C 药片中维生素 C 的含量。

五、实验数据记录

滴定次数	1	2	3
滴定用 $V(Na_2S_2O_3)$/mL			
I_2 标准溶液浓度/($mol \cdot L^{-1}$)			
滴定用 $V(I_2)$/mL			
w(维生素 C)/%			
w(维生素 C)平均值/%			
$\bar{d}_r$			

计算公式为：

$$w(Vc)=\frac{c(I_2)\times V(I_2)\times M(Vc)}{1\,000\,m(样品)}\times 100\%$$

思　考　题

1. 维生素 C 固体试样溶解时，为何要加入新煮沸并冷却的蒸馏水？
2. 碘量法的误差来源有哪些？

实验十五　配制和标定 EDTA 标准溶液

一、实验目的

1. 会配制与标定 EDTA 标准溶液。
2. 能用钙指示剂判断滴定终点。

二、实验原理

EDTA 标准溶液常用间接法配制。本实验用氧化锌作基准物质，以铬黑 T 为指示剂，在 pH=10 的缓冲溶液中进行标定。滴定前氧化锌经酸处理后形成 Zn^{2+}，铬黑 T 指示剂与 Zn^{2+} 生成 $ZnIn^{-}$（酒红色）。滴定时，EDTA 与溶液中游离的 Zn^{2+} 生成稳定的 ZnY^{2-}，终点时，再夺取 $ZnIn^{-}$ 中的 Zn^{2+}，使溶液由酒红色变为蓝色。反应为：

$$Zn^{2+} + HY^{3-} \rightleftharpoons ZnY^{2-} + H^{+}$$

$$\underset{\text{(酒红色)}}{ZnIn^{-}} + HY^{3-} \rightleftharpoons \underset{\text{(无色)}}{ZnY^{2-}} + \underset{\text{(蓝色)}}{HIn^{2-}}$$

三、仪器和试剂

仪器：电子天平（0.1 mg）、50 mL 酸式滴定管、50 mL 移液管、250 mL 容量瓶、250 mL 锥形瓶、100 mL 量筒、250 mL 烧杯、500 mL 试剂瓶、胶头滴管。

试剂：乙二胺四乙酸二钠（固体，分析纯）、ZnO（基准试剂）、HCl 溶液（20%）、氨水溶液（10%）、$NH_3 \cdot H_2O$-NH_4Cl 缓冲溶液（pH=10）、铬黑 T 指示剂（将 1 g 铬黑 T 指示剂与 100 g 分析纯 NaCl 混合、磨细、装瓶备用）、蒸馏水。

四、实验内容及步骤

1. 配制 0.02 $mol \cdot L^{-1}$ EDTA 溶液

称取乙二胺四乙酸二钠 2.0 g，加 250 mL 水中加热溶解，冷却，摇匀，转移至试剂瓶中，待标定。

2. 标定 EDTA 溶液

称取 0.42 g 于（800±50）℃的高温炉中灼烧至恒量的基准试剂氧化锌，用少量水湿润，加 3 mL 盐酸溶液（20%）溶解，移入 250 mL 容量瓶中，稀释至刻度，摇匀。取 35.00～40.00 mL，加 70 mL 水，用氨水溶液（10%）将溶液 pH 调至 7～8，加 10 mL $NH_3 \cdot H_2O$-NH_4Cl 缓冲溶液，加少许(约 0.1 g)铬黑 T 指示剂,用配制的 EDTA 溶液滴定至溶液由酒红色变为纯蓝色,保持 30 s 不褪色,即为终点。

五、实验数据记录

滴定次数	1	2	3
$m(ZnO)/g$			
$V(ZnO)/mL$			
EDTA 溶液终读数/mL			
EDTA 溶液初读数/mL			
$V(EDTA)/mL$			
$c(EDTA)/(mol \cdot L^{-1})$			
$c(EDTA)$平均值/$(mol \cdot L^{-1})$			
$\bar{d}_r$			

计算公式为:

$$c(EDTA)/(mol \cdot L^{-1})=\frac{1\,000 \times m(ZnO) \times \frac{V(ZnO)}{250.0}}{M(ZnO) \times V(EDTA)}$$

思 考 题

1. 为什么通常使用乙二胺四乙酸二钠盐配制 EDTA 标准溶液,而不用乙二胺四乙酸?
2. 标定 EDTA 溶液时为什么要在调节溶液 pH 至 7~8 以后再加入缓冲溶液?

实验十六 测定水中 Ca^{2+}、Mg^{2+} 含量及水的总硬度

一、实验目的

1. 了解水的硬度的测定意义和水硬度常用表示方法。
2. 会用 EDTA 滴定法测定水中 Ca^{2+}、Mg^{2+} 含量及水的总硬度。

二、实验原理

水的硬度是将水中的 Ca^{2+}、Mg^{2+} 的总量折合成 CaO 来计算,每升水含 10 mg CaO 叫一个"德国度"(°)。一般把小于 4°的水叫特软水,4°~8°的水叫软水,8°~16°的水叫中硬水,16°~30°的水叫硬水,大于 30°叫特硬水。

测定水中 Ca^{2+}、Mg^{2+} 总量时,用氨性缓冲溶液控制水样在 pH=10,以铬黑 T 为指示剂,然后用 EDTA 滴定。实验中生成配合物的稳定顺序为:$CaY^{2-} > MgY^{2-} > MgIn^{-} > CaIn^{-}$。滴定前铬黑 T 指示剂与 Mg^{2+} 生成 $MgIn^{-}$(酒红色),滴定时,EDTA 与溶液中游离的 Ca^{2+}、Mg^{2+} 生成稳定的 CaY^{2-} 和 MgY^{2-},反应为:

$$Ca^{2+} + HY^{3-} \rightleftharpoons CaY^{2-} + H^{+}$$

$$Mg^{2+} + HY^{3-} \rightleftharpoons MgY^{2-} + H^{+}$$

化学计量点时反应：

$$\underset{(\text{酒红色})}{MgIn^{-}} + HY^{3-} \rightleftharpoons \underset{(\text{无色})}{MgY^{2-}} + \underset{(\text{蓝色})}{HIn^{2-}}$$

使溶液由酒红色变为蓝色，即为终点。由于滴定过程中有大量 H^{+} 放出，所以滴定在 pH=10 的缓冲溶液中进行。

测定 Ca^{2+} 时，调整 pH=12，此时 $Mg^{2+} + 2OH^{-} = Mg(OH)_2 \downarrow$，单独滴定 Ca^{2+}。钙指示剂在 pH=12 的溶液中呈蓝色，与溶液中的 Ca^{2+} 生成 $CaIn^{2-}$ 呈酒红色。当滴入 EDTA 时，EDTA 首先与游离的 Ca^{2+} 生成 CaY^{2-}，终点时，再夺取 $CaIn^{2-}$ 中的 Ca^{2+}，使溶液由酒红色变为蓝色。反应为：

$$Ca^{2+} + Y^{4-} \rightleftharpoons CaY^{2-}$$

$$\underset{(\text{酒红色})}{CaIn^{2-}} + Y^{4-} + H^{+} \rightleftharpoons \underset{(\text{无色})}{CaY^{2-}} + \underset{(\text{蓝色})}{HIn^{3-}}$$

三、仪器和试剂

仪器：50 mL 酸式滴定管、50 mL 移液管、250 mL 锥形瓶、10 mL 量筒、洗耳球。

试剂：10% 的 NaOH 溶液、pH=10 的 $NH_3 \cdot H_2O\text{-}NH_4Cl$ 缓冲溶液、铬黑 T 指示剂（将 1 g 铬黑 T 指示剂与 100 g 分析纯 NaCl 混合、磨细、装瓶备用）、EDTA 标准溶液，钙指示剂（1 g 钙指示剂与 100 g 分析纯 NaCl 混合磨细，装瓶备用）、蒸馏水。

四、实验内容及步骤

用移液管吸取水样 50.00 mL 于 250 mL 锥形瓶中，加 5 mL pH=10 的缓冲溶液，再加少许（约 0.1 g）铬黑 T 固体指示剂，用 EDTA 标准溶液滴定至酒红色变为纯蓝色。记录 EDTA 用量 V_1(mL)。

另取水样 50.00 mL 于 250 mL 锥形瓶中，加 5 mL 10% NaOH 溶液摇匀，加少许（约 0.1 g）钙指示剂，用 EDTA 标准溶液滴定至酒红色变为纯蓝色。记录 EDTA 用量 V_2(mL)。

五、实验数据记录

1. 水的总硬度

滴定次数	1	2	3
c(EDTA)标准溶液/(mol·L^{-1})			
V(水样)/mL			
V_1(EDTA)/mL			
ρ(CaO)/(°)			
ρ(CaO)平均值/(°)			
$\bar{d}_r$			

2. 钙、镁含量测定

滴定次数	1	2	3
c(EDTA)标准溶液/(mol·L^{-1})			
V(水样)/mL			
V_2(EDTA)/mL			
ρ(Ca)/(mg·L^{-1})			
ρ(Ca)平均值/(mg·L^{-1})			
$\bar{d}_r$(Ca)			
ρ(Mg)/(mg·L^{-1})			
ρ(Mg)平均值/(mg·L^{-1})			
$\bar{d}_r$(Mg)			

计算公式为：

$$\text{水的总硬度(德国度)}=\frac{c(\text{EDTA})\times V_1(\text{EDTA})\times M(\text{CaO})\times 100}{V(\text{水样})}$$

$$\rho(\text{Ca})/(\text{mg}\cdot\text{L}^{-1})=\frac{c(\text{EDTA})\times V_2(\text{EDTA})\times M(\text{Ca})\times 1\ 000}{V(\text{水样})}$$

$$\rho(\text{Mg})/(\text{mg}\cdot\text{L}^{-1})=\frac{c(\text{EDTA})\times (V_1-V_2)(\text{EDTA})\times M(\text{Mg})\times 1\ 000}{V(\text{水样})}$$

思 考 题

1. EDTA、铬黑 T 分别与 Ca^{2+}、Mg^{2+} 形成的配合物稳定性顺序如何？
2. 为什么滴定 Ca^{2+}、Mg^{2+} 总量时要控制溶液 pH=10？滴定 Ca^{2+} 时要控制 pH=12？

实验十七　测定钙片中钙的含量

一、实验目的

会用 EDTA 滴定法测定钙片中钙的含量。

二、实验原理

市售的钙片中，钙通常以葡萄糖酸钙和磷酸氢钙的形式存在，二者均较难溶于水。测定其含量时，先将试样加稀硫酸或稀盐酸处理成溶液。

$$[CH_2OH(CHOH)_4COO]_2Ca+2H^+=2CH_2OH(CHOH)_4COOH+Ca^{2+}$$

$$CaHPO_4 + H^+ = Ca^{2+} + H_2PO_4^-$$

然后用 EDTA 滴定法测定。

三、仪器和试剂

仪器：50 mL 酸式滴定管、250 mL 锥形瓶、250 mL 容量瓶、25 mL 移液管、250 mL 烧杯、10 mL 量筒、洗耳球、研钵、胶头滴管等。

试剂：市售钙片、1 mol·L^{-1}的 HCl、0.01 mol·L^{-1} EDTA 标准液、6 mol·L^{-1} NaOH、钙指示剂、蒸馏水。

四、实验内容及步骤

1. 溶解钙片

准确称取市售糖钙片 5～10 g，研细放入烧杯中，加入大约 10 mL 蒸馏水，然后逐滴加入约 5 mL 1 mol·L^{-1}的 HCl，边加边搅拌至溶解，若溶解较慢，可适当加热，用 250 mL 容量瓶定容。

2. 滴定

用移液管准确量取 25.00 mL 试液于锥形瓶中，加 5 mL 6 mol·L^{-1} NaOH 溶液，加入少许（约 0.1 g）钙指示剂，用 EDTA 标准溶液滴定至酒红色变为纯蓝色为止，记录 EDTA 用量 V(mL)。平行测定 3 次。

五、实验数据记录

滴定次数	1	2	3
m(试样)/g			
EDTA 溶液终读数/mL			
EDTA 溶液初读数/mL			
V(EDTA)/mL			
w(Ca)/%			
w(Ca)平均值/%			
$\bar{d}_r$			

计算公式为：

$$w(\text{Ca}) = \frac{c(\text{EDTA}) \times V(\text{EDTA}) \times M(\text{Ca})}{1\,000m(\text{试样})} \times \frac{250.0}{25.00} \times 100\%$$

思考题

测定钙片中钙的含量除了用 EDTA 滴定法，还可以用哪种滴定法？

实验十八　测定微量磷的含量(钼蓝法)

一、实验目的

1. 了解 722 型分光光度计的主要构造和使用方法。
2. 会绘制标准曲线,并根据曲线求测待测液的浓度。

二、实验原理

钼蓝法是在含 PO_4^{3-} 的酸性溶液中加入$(NH_4)_2MoO_4$试剂,生成黄色的磷钼酸,再用 $SnCl_2$ 将磷钼酸还原成蓝色的磷钼蓝。磷钼蓝的最大吸收波长为 690 nm,可在此波长下测定溶液的吸光度。反应式如下:

$$PO_4^{3-}+12MoO_4^{2-}+27H^+=H_7[P(Mo_2O_7)_6]+10H_2O$$

$$H_7[P(Mo_2O_7)_6]+SnCl_2+2HCl=H_3PO_4\cdot 10MoO_3\cdot Mo_2O_5+SnCl_4+H_2O$$

三、仪器和试剂

仪器:722 型分光光度计、50 mL 容量瓶、5 mL、10 mL 的吸量管、1.5 cm 的比色皿、50 mL 烧杯、洗耳球、胶头滴管、洗瓶等。

试剂:$(NH_4)_2MoO_4$-H_2SO_4混合液、$SnCl_2$-甘油溶液、5 mg · L^{-1}磷标准溶液、蒸馏水。

(1) $(NH_4)_2MoO_4$-H_2SO_4混合液:溶解 25 g $(NH_4)_2MoO_4$于 200 mL H_2O 中,加入冷却的 280 mL 浓 H_2SO_4和 400 mL H_2O 相混合的溶液中,并稀释到 1 L。

(2)$SnCl_2$-甘油溶液:将 2.5 g $SnCl_2$-$2H_2O$ 溶于 100 mL 甘油中,溶液可稳定数周。

四、实验内容及步骤

1. 工作曲线的绘制

分别取 0.00 mL、2.00 mL、4.00 mL、6.00 mL、8.00 mL、10.00 mL 5 mg · L^{-1}磷标准溶液于编号后的 6 个 50 mL 容量瓶中,分别加入适量的蒸馏水、2.50 mL $(NH_4)_2MoO_4$-H_2SO_4混合试剂,摇匀。然后各加入 4 滴 $SnCl_2$-甘油溶液,用蒸馏水稀释至刻度,充分摇匀,静置 10～12 min。

选择波长为 690 nm,用 1.5 cm 比色皿,以空白溶液作参比,调节分光光度计的透光率为 100%(吸光度为 0),然后测定各标准溶液的吸光度 A。

以吸光度 A 为纵坐标,磷的质量浓度 ρ(P)为横坐标,绘制工作曲线。

2. 试液中磷含量的测定

取 10.00 mL 试液于 50 mL 容量瓶(6 号)中,与标准溶液相同条件下显色,并测定其吸光度。从工作曲线上查出相应磷的含量,并计算原试液的质量浓度(mg · L^{-1})。

可按下表配制标准溶液及待测液。

试剂	编号						
	0	1	2	3	4	5	6
磷标准溶液/mL	0.00	2.00	4.00	6.00	8.00	10.00	0.00
磷试液/mL	0.00	0.00	0.00	0.00	0.00	0.00	10.00
蒸馏水/mL	25	23	21	19	17	15	15
$(NH_4)_2MoO_4$-H_2SO_4/mL	2.50	2.50	2.50	2.50	2.50	2.50	2.50
$SnCl_2$-甘油溶液/滴	4	4	4	4	4	4	4

五、实验数据记录

试剂	编号						
	0	1	2	3	4	5	6
$\rho(P)/(mg \cdot L^{-1})$							
吸光度(A)							

附 722 型分光光度计的使用

1. 使用方法

(1)预热 开机，预热 30 min 以上。

(2)调波长 旋动仪器波长手轮，把测试所需的波长调节至刻度线处。

(3)调零 将装有参比溶液的比色皿置于光路，打开样品室盖(光门自动关闭)，调节透光率“0%”按钮，使数字显示为“0.00”。盖上样品室盖，调节透光率“100%”按钮，使数字显示为“100.0”。重复上述操作，直至仪器数字显示为“0.00”和“100.0”。

二维码 5-8 分光光度计的使用

(4)吸光度值的测量 调节模式键置于 A 状态下，调节“100%”按钮，使数字显示为“0.00”，然后移入被测溶液，显示值即为试样的吸光度值。

2. 注意事项

(1)仪器连续使用时间不宜过长，以免光电管疲劳。

(2)每台仪器配套的比色皿，不能与其他仪器的比色皿单个调换。

(3)拿取比色皿时，手指不能接触其透光面。

(4)比色皿需经润洗后再装液，且液面不超过比色皿高度的 4/5。装液后用滤纸吸去比色皿外部的液体，并用擦镜纸轻轻擦拭透光面直至洁净透明。

(5)必要时可用盐酸或适当溶剂浸洗比色皿，但不能用碱或强氧化剂洗涤，也不能用毛刷刷洗。

(6)如大幅度改变测试波长，需等数分钟后再进行测量。

(7)仪器表面要保持洁净，不用时加盖防尘罩。

思 考 题

1. 测定吸光度时，应根据什么原则选择某一厚度的比色皿？

2. 空白溶液中为何要加入同标准溶液及试液同样量的 $(NH_4)_2MoO_4$-H_2SO_4 和 $SnCl_2$-甘油溶液？

3. 显色剂 $(NH_4)_2MoO_4$ 的用量是否要准确加入？

4. 测定时，如果比色皿没有放正，会对吸光度有何影响？

实验十九　测定微量铁的含量(邻二氮菲分光光度法)

一、实验目的

1. 会绘制光吸收曲线，并正确选择最大吸收波长。

2. 会绘制标准曲线，并根据曲线求测待测液的浓度。

3. 能熟练规范地使用 722 型分光光度计测定吸光度。

二、实验原理

邻二氮菲与 Fe^{2+} 在 pH 为 2.0～9.0 溶液中形成橙红色配合物。本实验用 HAc-NaAc 缓冲溶液，pH 为 5.0～6.0，显色反应如下：

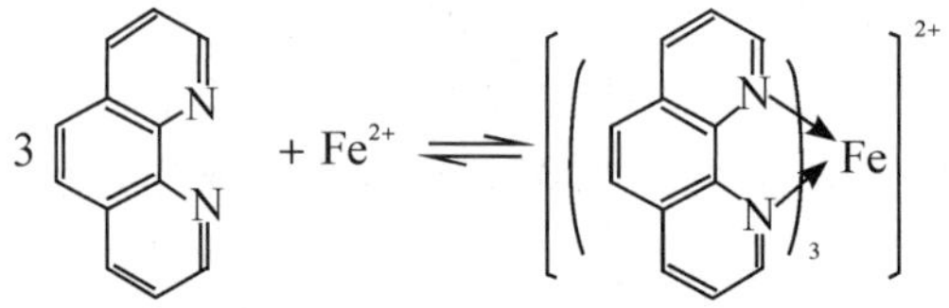

配合物的配位比为 3∶1。Fe^{3+} 与邻二氮菲作用形成蓝色配合物，稳定性较差，因此在实际工作中常加入还原剂盐酸羟胺，使 Fe^{3+} 还原为 Fe^{2+}，与显色剂邻二氮菲作用，以测定样品中 Fe^{3+} 和 Fe^{2+} 之总量。

三、仪器和试剂

仪器：722 型分光光度计、50 mL 容量瓶、10 mL、5 mL、2 mL 和 1mL 的吸量管、1 cm 的比色皿、50 mL 烧杯、胶头滴管、洗耳球、洗瓶等。

试剂：

(1)铁标准溶液 100 mg · L^{-1}　准确称取 0.863 4 g 铁盐 $NH_4Fe(SO_4)_2 \cdot 12H_2O$ 置于烧杯中，加入 20 mL 6 mol · L^{-1} HCl 和少量水，溶解后，定量转移入 1 L 容量瓶中，加水稀释至刻度，充分摇匀。

(2)铁标准溶液 10 mg · L^{-1}　用移液管移取上述铁标准溶液 10.00 mL，置于 100 mL 容量瓶中，加 6 mol · L^{-1} HCl 2.0 mL，然后加水稀释至刻度，充分摇匀。

(3)10%盐酸羟胺溶液(新配制)。

(4)0.1%邻二氮菲溶液(新配制)。

(5)HAc-NaAc 缓冲溶液(pH≈5.0) 称取 136 g NaAc,加水使之溶解,在其中加入 120 mL 冰乙酸,加水稀释至 500 mL。

(6)蒸馏水。

四、实验内容及步骤

1.配制标准系列

用吸量管吸取铁标准溶液(10 mg · L^{-1})0.00 mL、2.00 mL、4.00 mL、6.00 mL、8.00 mL、10.00 mL 分别放入 6 个 50 mL 容量瓶中,再分别加入 1.00 mL 10% 盐酸羟胺溶液、5.00 mL HAc-NaAc 缓冲溶液和 2.00 mL 0.1% 邻二氮菲溶液,用蒸馏水稀释至刻度,充分摇匀后放置 5 min。

数值 / 试剂	序号					
	0	1	2	3	4	5
铁标准溶液体积/mL	0.00	2.00	4.00	6.00	8.00	10.00
盐酸羟胺体积/mL	1.00	1.00	1.00	1.00	1.00	1.00
HAc-NaAc 体积/mL	5.00	5.00	5.00	5.00	5.00	5.00
邻二氮菲体积/mL	2.00	2.00	2.00	2.00	2.00	2.00
定容体积/mL	50.00	50.00	50.00	50.00	50.00	50.00

2.绘制邻二氮菲-Fe^{2+} 吸收曲线

用 1 cm 的比色皿,以试剂溶液(0 号溶液)为参比液,在 480~540 nm 波长范围内分别测定 5 号溶液的吸光度。每隔 10 nm 测一次,在最大吸收波长附近每隔 5 nm 测一次。以波长 λ 为横坐标,吸光度 A 为纵坐标,绘制出吸收曲线,并找出最大吸收波长,以 λ_{max} 表示。

3.绘制标准曲线

用 1 cm 的比色皿,选择 λ_{max} 为测定波长,以 0 号溶液为参比液,测 1~5 号溶液的吸光度 A。以铁的质量浓度为横坐标,相应的吸光度为纵坐标,绘制邻二氮菲-Fe^{2+} 的标准曲线。

4.测定试样中铁的含量

取 1 只 50 mL 容量瓶(6 号),加入 5.00 mL(或 10.00 mL,铁含量以在标准曲线范围内为合适)未知试样溶液,按实验步骤 1 的方法显色后,在 λ_{max} 处,以试剂溶液为参比液,平行测定吸光度 A,求其平均值,在标准曲线上查出铁的质量浓度,计算试样中铁的浓度。

五、实验数据记录

1.5 号液在不同波长下的吸光度 A

λ/nm	480	490	500	505	510	515	520	530	540
A									

2. 标准系列及试样溶液的吸光度 A 及浓度

序号	1	2	3	4	5	6(试液)
$\rho(Fe)/(mg \cdot L^{-1})$						
A						

思考题

1. 邻二氮菲法测定铁时，为何要加入盐酸羟胺溶液？

2. 邻二氮菲与铁的显色反应，其主要条件有哪些？

3. 在绘制光吸收曲线时，为何每换一次波长就需要用参比液调一次透光率为“0”和“100%”？

实验二十　自行设计实验——醇、酚、羧酸等未知液的分析

一、实验目的

1. 体会鉴别有机物的过程，学会鉴别有机物的方法。

2. 应用所学知识和操作技术，独立设计未知液的分析实验方案。

二、设计提示

(1)熟知醇、酚、羧酸、氨基酸和糖的主要化学性质，然后根据实验室提供的实验条件，拟订未知液的分析实验方案。

(2)实验室给定的化学试剂　1% $FeCl_3$、0.5% $KMnO_4$、间苯二酚、费林试剂Ⅰ、费林试剂Ⅱ、水合茚三酮、pH 试纸、碘液。

(3)实验室给定的仪器　试管、酒精灯、三脚架、石棉网、烧杯等。

(4)教师提供的未知液　将以下样品放在编有号码的试剂瓶中：

葡萄糖　　蔗糖　　淀粉　　乙醇　　乙酸　　α-氨基酸　　苯酚

学生根据上述化合物的类型和所给定的化学试剂，预先拟订好分析实验方法。

三、设计要求

1. 设计实验方案

用给定的化学试剂独立设计鉴定方案(包括目的要求、实验原理、实验用品、操作步骤和预期结果，以及有关化学反应式)。

2. 实验操作

实验方案经指导教师审查允许后，学生独立完成实验。实验操作过程中，应认真观察和记录实验现象，正确进行未知液分析。

3. 完成实验报告

完成实验后，应当立即写出实验报告。将实验方案、实验报告一并交给指导教师。

四、实验记录及结论

序号	所用试剂	实验现象	原因分析	结论
1				
2				
3				
4				
5				
6				
7				

附　　录

附录一　常见元素的相对原子质量

元素	符号	相对原子质量	元素	符号	相对原子质量
银	Ag	107.868	钼	Mo	54.938 0
铝	Al	26.981 54	锰	Mn	95.94
砷	As	74.921 6	氮	N	14.006 7
金	Au	196.966 5	钠	Na	22.989 77
硼	B	10.81	镍	Ni	58.69
钡	Ba	137.33	氧	O	15.999 4
铍	Be	9.012 18	锇	Os	190.2
铋	Bi	208.980 4	磷	P	30.973 76
溴	Br	79.904	铅	Pb	207.2
碳	C	12.011	钯	Pd	106.42
钙	Ca	40.08	铂	Pt	195.08
镉	Cd	112.41	铷	Rb	85.467 8
铈	Ce	140.12	硫	S	32.06
氯	Cl	35.453	锑	Sb	121.75
钴	Co	58.933 2	硒	Se	78.96
铬	Cr	51.996	硅	Si	28.085 5
铜	Cu	63.546	锡	Sn	118.69
氟	F	18.998 403	锶	Sr	87.62
铁	Fe	55.847	碲	Te	127.60
锗	Ge	72.59	钍	Th	232.038 1
氢	H	1.007 9	钛	Ti	47.88
汞	Hg	200.59	铀	U	238.028 9
碘	I	126.904 5	钒	V	50.941 5
钾	K	39.098 3	钨	W	183.85
锂	Li	6.941	锌	Zn	65.39
镁	Mg	24.305	锆	Zr	91.22

引自:定量化学分析简明教程,彭崇慧,1997。

附录二　常见物质的相对分子质量

名称	相对分子质量	名称	相对分子质量	名称	相对分子质量
$AgCl$	143.32	HI	127.91	NH_4HCO_3	79.06
AgI	234.77	HNO_3	63.01	$(NH_4)_2HPO_4$	132.06
$AgNO_3$	169.87	H_2O	18.02	$NH_4H_2PO_4$	115.03
$BaCO_3$	197.34	H_2O_2	34.01	$(NH_4)_2MoO_4$	196.01
BaC_2O_4	225.35	H_2SO_4	98.08	NH_4NO_3	80.04
$BaCl_2$	208.24	$KAl(SO_4)_2 \cdot 12H_2O$	474.39	$(NH_4)_2SO_4$	132.14
$Ba(OH)_2$	171.34	KBr	119.00	$Na_2B_4O_7 \cdot 10H_2O$	381.37
$BaSO_4$	233.39	$KBrO_3$	167.00	CH_3COONa	82.04
CO_2	44.01	$K_2C_2O_4 \cdot H_2O$	184.23	$CH_3COONa \cdot 3H_2O$	136.08
$CO(NH_2)_2$	60.06	KCl	74.55	Na_2CO_3	105.99
$CaCO_3$	100.09	$KClO_3$	122.55	$Na_2CO_3 \cdot 10H_2O$	286.14
CaC_2O_4	128.10	$K_2Cr_2O_7$	294.18	$Na_2C_2O_4$	134.00
$CaC_2O_4 \cdot H_2O$	146.11	$KHC_8H_4O_4$	204.22	$NaCl$	58.44
$Ca(HCO_3)_2$	162.11	KH_2PO_4	136.09	$NaClO$	74.44
$CaHPO_4$	136.06	K_2HPO_4	174.18	Na_2HPO_4	141.96
$Ca(H_2PO_4)_2$	234.05	KI	166.00	Na_3PO_4	163.90
$Ca_3(PO_4)_2$	310.18	KIO_3	214.00	$Na_2HPO_4 \cdot 12H_2O$	358.14
$CaSO_4 \cdot 2H_2O$	172.17	KIO_4	230.00	NaH_2PO_4	119.98
$CuSO_4$	159.60	$KMnO_4$	158.03	$Na_2H_2Y \cdot 2H_2O$	372.24
$CuSO_4 \cdot 5H_2O$	249.69	KOH	56.11	$NaOH$	40.00
$FeSO_4$	151.91	$KCNS$	97.18	$Na_2S_2O_3$	158.11
$FeSO_4 \cdot 7H_2O$	278.02	K_2SO_4	174.26	$Na_2S_2O_3 \cdot 5H_2O$	248.17
$NH_4Fe(SO_4)_2 \cdot 12H_2O$	482.20	$MgSO_4$	120.37	P_2O_5	141.95
$HCOOH$	46.03	$MgSO_4 \cdot 7H_2O$	246.47	SiO_2	60.08
CH_3COOH	60.05	NH_3	17.03	$SnCl_2$	189.62
H_2CO_3	62.03	$NH_3 \cdot H_2O$	35.05	$SnCl_2 \cdot 2H_2O$	225.65
$H_2C_2O_4$	90.04	$(NH_4)_2CO_3$	96.09	$SnCl_4$	260.52
$H_2C_2O_4 \cdot 2H_2O$	126.07	$(NH_4)_2C_2O_4 \cdot H_2O$	142.11	$ZnSO_4$	161.45
HCl	36.46	NH_4Cl	53.49	$ZnSO_4 \cdot 7H_2O$	187.56

附录

附录三 常用酸、碱溶液的相对密度和浓度

(一)酸溶液的相对密度和浓度

相对密度(15 ℃)	HCl 的浓度		HNO_3 的浓度		H_2SO_4 的浓度	
	w/%	c/($mol\cdot L^{-1}$)	w/%	c/($mol\cdot L^{-1}$)	w/%	c/($mol\cdot L^{-1}$)
1.10	20.0	6.0	17.1	3.0	14.4	1.6
1.12	23.8	7.3	20.2	3.6	17.0	2.0
1.14	27.7	8.7	23.3	4.2	19.9	2.3
1.15	29.6	9.3	24.8	4.5	20.9	2.5
1.19	37.2	12.2	30.9	5.8	26.0	3.2
1.20			32.3	6.2	27.3	3.4
1.25			39.3	7.9	33.4	4.3
1.30			47.5	9.8	39.2	5.2
1.35			55.8	12.0	44.8	6.2
1.40			65.3	14.5	50.1	7.2
1.45					55.0	8.2
1.50					59.8	9.2
1.55					64.3	10.2
1.60					68.7	11.2
1.65					73.0	12.3
1.70					77.2	13.4
1.84					95.6	18.0

引自:定量分析简明教程,赵士铎,2005。

(二)碱溶液的相对密度和浓度

相对密度(15 ℃)	NH_3 的浓度		NaOH 的浓度		KOH 的浓度	
	w/%	c/($mol\cdot L^{-1}$)	w/%	c/($mol\cdot L^{-1}$)	w/%	c/($mol\cdot L^{-1}$)
0.94	15.6	8.6				
0.96	9.9	5.6				
0.98	4.8	2.8				
1.05			4.5	1.25	5.5	1.0
1.10			9.0	2.5	10.9	2.1
1.15			13.5	3.9	16.1	3.3
1.20			18.0	5.4	21.2	4.5
1.25			22.5	7.0	26.1	5.8
1.30			27.0	8.8	30.9	7.2
1.35			31.8	10.7	35.5	8.5

引自:定量分析简明教程,赵士铎,2005。

附录四　常用酸、碱溶液的配制

(一)酸溶液的配制

名称	ρ /(g·cm^{-3})	w /%	c /(mol·L^{-1})	配制溶液的浓度 c/(mol·L^{-1}) 配制 1 L 溶液所需的体积 V/mL 6	3	2	1	0.5	配制方法
盐酸	1.18～1.19	36～38	12	500	250	167	83	42	量取所需浓酸加水稀释成 1 L
硝酸	1.39～1.40	65～68	15	381	191	128	64	32	量取所需浓酸加水稀释成 1 L
硫酸	1.83～1.84	95～98	18	334	167	112	56	28	量取所需浓酸在不断搅拌下加入适量水中，冷却后加水至 1 L
磷酸	1.69	85	14.7	408	204	136	68	34	量取所需浓酸加入适量水，稀释成 1 L
冰乙酸	1.05	99.5	17.4	345	173	115	58	29	量取所需浓酸加入适量水，稀释成 1 L

(二)碱溶液的配制

名称	配制溶液的浓度 c/(mol·L^{-1}) 配制 1 L 溶液所需的质量 m/g (体积 V/mL) 6	2	1	0.5	配制方法
氢氧化钠	240	80	40	20	称取所需试剂，溶于适量水中，不断搅拌，注意溶解时放热，冷却后用水稀释成 1 L
氢氧化钾	339	113	56.5	28	称取所需试剂，溶于适量水中，不断搅拌，注意溶解时放热，冷却后用水稀释成 1 L
氨水①	(400)	(134)	(77)	(39)	量取所需氨水，加水稀释成 1 L
氢氧化钡	饱和溶液的浓度为 0.2 mol·L^{-1}，配制 0.05 mol·L^{-1} 溶液所需试剂为 15.7 g				配成饱和溶液，或称取适量固体加水配成一定体积
氢氧化钙	饱和溶液浓度为 0.02 mol·L^{-1}				配成饱和溶液

注：①浓氨水密度为 0.90～0.91 g·L^{-1}，NH_3的质量浓度为 280 g·L^{-1}，近似浓度为 15 mol·L^{-1}。

附录五　弱酸、弱碱的电离常数

名　称	化学式	$K_{a1}(K_{b1})$ pK_{a1} (pK_{b1})	$K_{a2}(K_{b2})$ pK_{a2} (pK_{b2})	$K_{a3}(K_{b3})$ pK_{a3} (pK_{b3})	$K_{a4}(K_{b4})$ pK_{a4} (pK_{b4})
砷酸	H_3AsO_4	6.3×10^{-3} (2.20)	1.0×10^{-7} (7.00)	3.2×10^{-12} (11.49)	
亚砷酸	$HAsO_2$	6.0×10^{-10} (9.22)			
硼酸	H_3BO_3	5.8×10^{-10} (9.24)			
碳酸	H_2CO_3	4.2×10^{-7} (6.38)	5.6×10^{-11} (10.25)		
氢氰酸	HCN	6.2×10^{-10} (9.21)			
铬酸	H_2CrO_4	1.8×10^{-1} (0.74)	3.2×10^{-7} (6.49)		
氢氟酸	HF	6.6×10^{-4} (3.18)			
过氧化氢	H_2O_2	1.8×10^{-12} (11.74)			
亚硝酸	HNO_2	5.1×10^{-4} (3.29)			
磷酸	H_3PO_4	7.6×10^{-3} (2.12)	6.3×10^{-8} (7.20)	4.4×10^{-13} (12.36)	
焦磷酸	$H_4P_2O_7$	3.0×10^{-2} (1.52)	4.4×10^{-3} (2.36)	2.5×10^{-7} (6.60)	5.6×10^{-10} (9.25)
氢硫酸	H_2S	1.3×10^{-7} (6.89)	7.1×10^{-15} (14.15)		
硫酸	H_2SO_4		1.0×10^{-2} (2.00)		
亚硫酸	H_2SO_3	1.3×10^{-2} (1.89)	6.3×10^{-8} (7.20)		
偏硅酸	H_2SiO_3	1.7×10^{-10} (9.77)	1.6×10^{-12} (11.80)		
甲酸	HCOOH	1.8×10^{-4} (3.74)			

续表

名　称	化学式	$K_{a1}(K_{b1})$ pK_{a1} (pK_{b1})	$K_{a2}(K_{b2})$ pK_{a2} (pK_{b2})	$K_{a3}(K_{b3})$ pK_{a3} (pK_{b3})	$K_{a4}(K_{b4})$ pK_{a4} (pK_{b4})
乙酸	CH_3COOH	1.8×10^{-5} (4.74)			
三氯乙酸	CCl_3COOH	2.3×10^{-1} (0.64)			
甘氨乙酸	$C_2H_5NO_2$	4.5×10^{-3} (2.35)	2.5×10^{-10} (9.60)		
乳酸	$CH_3CHOHCOOH$	1.4×10^{-4} (3.85)			
苯甲酸	C_6H_5COOH	6.2×10^{-5} (4.21)			
草酸	$H_2C_2O_4$	5.9×10^{-2} (1.23)	6.4×10^{-5} (4.19)		
邻苯二甲酸	$C_6H_4(COOH)_2$	1.1×10^{-3} (2.96)	3.9×10^{-6} (5.41)		
磺基水杨酸	$C_6H_3SO_3HOHCOOH$	4.7×10^{-3} (2.33)	4.8×10^{-12} (11.32)		
d-酒石酸	HO—CH—COOH │ HO—CH—COOH	9.1×10^{-4} (3.04)	4.3×10^{-5} (4.37)		
柠檬酸	CH_2—COOH │ HO—C—COOH │ CH_2—COOH	7.4×10^{-4} (3.13)	1.7×10^{-5} (4.76)	4.0×10^{-7} (6.40)	5.6×10^{-10} (9.25)
苹果酸	CH_2—COOH │ HO—CH—COOH	4.0×10^{-4} (3.40)	8.9×10^{-6} (5.05)		
苯酚	C_6H_5OH	1.1×10^{-10} (9.96)			
乙二胺四乙酸(EDTA)	CH_2—N(CH_2—COOH$)_2$ │ CH_2—N(CH_2—COOH$)_2$	2.1×10^{-3} (2.68)	6.9×10^{-7} (6.16)	5.5×10^{-11} (10.26)	
氨水	$NH_3\cdot H_2O$	1.8×10^{-5} (4.74)			
六次甲基四胺	$(CH_2)_6N_4$	1.4×10^{-9} (8.85)			

引自：无机及分析化学，韩忠霄，2005。

附录六　配离子的稳定常数

配离子	$K_{稳}$	$\lg K_{稳}$	配离子	$K_{稳}$	$\lg K_{稳}$
$[AgCl_2]^-$	1.74×10^{5}	5.24	$[Co(NH_3)_6]^{3+}$	2.29×10^{35}	35.36
$[CdCl_4]^{2-}$	3.47×10^{2}	2.54	$[Cu(NH_3)_4]^{2+}$	1.38×10^{12}	12.14
$[CuCl_4]^{2-}$	4.17×10^{5}	5.62	$[Ni(NH_3)_6]^{2+}$	1.02×10^{8}	8.01
$[HgCl_4]^{2-}$	1.59×10^{14}	14.20	$[Zn(NH_3)_4]^{2+}$	5.00×10^{8}	8.70
$[PbCl_3]^-$	25	1.4	$[AlF_6]^{3-}$	6.9×10^{19}	19.84
$[SnCl_4]^{2-}$	30.2	1.48	$[FeF_5]^{2-}$	2.19×10^{15}	15.34
$[SnCl_6]^{2-}$	6.6	0.82	$[Zn(OH)_4]^{2-}$	1.4×10^{15}	15.15
$[Ag(CN)_2]^-$	1.3×10^{21}	21.1	$[CdI_4]^{2-}$	1.26×10^{6}	6.10
$[Cd(CN)_4]^{2-}$	1.1×10^{16}	13.04	$[HgI_4]^{2-}$	3.47×10^{30}	30.54
$[Cu(CN)_4]^{3-}$	5×10^{30}	30.7	$[Fe(SCN)_5]^{2-}$	1.20×10^{6}	6.08
$[Fe(CN)_6]^{4-}$	1.0×10^{24}	24.00	$[Hg(SCN)_4]^{2-}$	7.75×10^{21}	21.89
$[Fe(CN)_6]^{3-}$	1.0×10^{31}	31.00	$[Zn(SCN)_4]^{2-}$	20	1.30
$[Hg(CN)_4]^{2-}$	3.24×10^{41}	41.51	$[Ag(S_2O_3)_2]^{3-}$	2.9×10^{13}	13.46
$[Ni(CN)_4]^{2-}$	1.0×10^{22}	22.00	$[Pb(Ac)_3]^{2-}$	2.46×10^{3}	3.39
$[Zn(CN)_4]^{2-}$	5.75×10^{16}	16.76	$[Al(C_2O_4)_3]^{3-}$	2×10^{16}	16.3
$[Ag(NH_3)_2]^+$	1.62×10^{7}	7.21	$[Fe(C_2O_4)_3]^{4-}$	1.66×10^{5}	5.22
$[Cd(NH_3)_4]^{2+}$	3.63×10^{6}	6.56	$[Fe(C_2O_4)_3]^{3-}$	1.59×10^{20}	20.20
$[Co(NH_3)_6]^{2+}$	2.46×10^{4}	4.39	$[Zn(C_2O_4)_3]^{4-}$	1.4×10^{8}	8.15

引自：无机及分析化学，南京大学《无机及分析化学》编写组，2004。

附录七　EDTA 与金属离子形成的配离子的稳定常数

（18～25 ℃，$I=0.1$）

金属离子	$\lg K$	金属离子	$\lg K$
Ag^+	7.32	Fe^{3+}	25.10
Al^{3+}	16.30	Hg^{2+}	21.70
Ba^{2+}	7.86	In^{3+}	25.00
Bi^{3+}	27.94	Mg^{2+}	8.70
Ca^{2+}	10.69	Mn^{2+}	13.87
Cd^{2+}	16.46	Na^+	1.66
Co^{2+}	16.31	Ni^{2+}	18.62
Co^{3+}	36.00	Pb^{2+}	18.04
Cr^{3+}	23.40	Sn^{2+}	22.11
Cu^{2+}	18.80	Sr^{2+}	8.73
Fe^{2+}	14.32	Zn^{2+}	16.50

引自：无机及分析化学，韩忠霄，2005。

附录八　难溶电解质的溶度积

难溶化合物	K_{sp}	难溶化合物	K_{sp}
$Al(OH)_3$	1.3×10^{-33}	HgS(红)	4.0×10^{-53}
AgBr	5.1×10^{-13}	HgS(黑)	2.0×10^{-52}
AgCl	1.8×10^{-10}	Hg_2Cl_2	1.3×10^{-18}
AgI	9.3×10^{-17}	Hg_2Br_2	5.8×10^{-23}
Ag_2CrO_4	2.0×10^{-12}	Hg_2I_2	4.5×10^{-29}
Ag_2CO_3	8.1×10^{-12}	Li_2CO_3	1.7×10^{-3}
AgSCN	1.0×10^{-12}	$MgCO_3$	3.5×10^{-8}
Ag_2S	2.0×10^{-49}	$Mg(OH)_2$	1.8×10^{-11}
$BaCO_3$	5.1×10^{-9}	MgF_2	6.4×10^{-9}
$BaCrO_4$	1.2×10^{-10}	MgC_2O_4	8.6×10^{-5}
$BaSO_4$	1.1×10^{-10}	$Mn(OH)_2$	1.9×10^{-13}
BaC_2O_4	1.6×10^{-7}	MnS(晶)	2.0×10^{-13}
$CaCO_3$	2.9×10^{-9}	β-NiS	1.0×10^{-24}
$CaSO_4$	9.1×10^{-6}	$PbCO_3$	7.4×10^{-14}
CaC_2O_4	2.3×10^{-9}	$PbCrO_4$	2.8×10^{-13}
CaF_2	2.7×10^{-11}	$PbCl_2$	1.6×10^{-5}
CdS	7.1×10^{-28}	PbI_2	7.1×10^{-9}
CuS	6.0×10^{-36}	$PbSO_4$	1.6×10^{-8}
Cu_2S	2.0×10^{-48}	PbC_2O_4	2.7×10^{-11}
CuCl	1.2×10^{-6}	PbS	8.0×10^{-28}
CuBr	5.2×10^{-9}	PbF_2	2.7×10^{-8}
CuI	1.1×10^{-12}	$SrSO_4$	3.2×10^{-7}
CuC_2O_4	2.9×10^{-8}	$SrC_2O_4\cdot H_2O$	1.6×10^{-7}
$Cu(OH)_2$	2.2×10^{-20}	SrF_2	2.4×10^{-9}
$Fe(OH)_3$	4.0×10^{-38}	$SrCO_3$	1.1×10^{-10}
$Fe(OH)_2$	8.0×10^{-16}	$ZnCO_3$	1.4×10^{-11}
FeC_2O_4	2.1×10^{-7}	$Zn(OH)_2$	1.2×10^{-17}
FeS	6.0×10^{-18}	ZnS	1.2×10^{-23}

习题参考答案

模块一　无机化学基础

第一节　溶液和胶体

一、填空题

1. 分散质，分散剂
2. 分子、离子分散系，胶体分散系
3. 碘，酒精
4. 32
5. 摩尔
6. 5，1
7. 0.5，8
8. 0.5 $mol \cdot L^{-1}$
9. 0.05 $mol \cdot L^{-1}$
10. 0.25 $mol \cdot L^{-1}$
11. 0.2 $mol \cdot L^{-1}$
12. 4.8
13. 有半透膜，不等渗液
14. $10^{-9} \sim 10^{-7}$ m
15. $(AgI)_m$，I^-，K^+；阳
16. 胶粒带电，溶剂化膜

二、选择题

1. A　2. C　3. B　4. B　5. C　6. C

三、简答题

1. 静脉输液时，如果溶液的渗透压小于血浆的渗透压，水就会通过血红细胞膜向细胞内渗

透，导致细胞膨胀甚至破裂，发生“溶血”现象；反之，血红细胞内的水会通过细胞膜渗透出来，导致红细胞的皱缩，发生“胞浆分离”现象。所以通常情况下人和动物静脉输液必须用等渗液。

2. 产生“烧苗”现象。因为只有当土壤溶液的渗透压低于细胞液的渗透压时，植物才能不断地从土壤中吸取水分和养分，促使本身的生长发育。如果施肥过量，使土壤溶液的渗透压高于细胞液的渗透压，则植物细胞内的水分会向土壤渗透，导致植物枯萎甚至死亡。

3. 加电解质、加相反电荷的溶胶、加热。

四、计算题

1. 25 mL　　2. 1 g　　3. 20.7 mL　　4. 0.4 mol·L^{-1}

第二节　化学平衡与电解质溶液

一、填空题

1. 加深；变浅
2. 温度，浓度
3. 5；11
4. 稀盐酸
5. $NH_3 \cdot H_2O$，NH_4Cl
6. H_2CO_3-$NaHCO_3$

二、选择题

1. B　　2. A　　3. B　　4. A　　5. C　　6. B　　7. A　　8. B；A　　9. B，A，C

三、简答题

1. 设法增大氧气浓度，促使平衡向左移动，强迫血液跟氧气结合。首先将病人移到通风处，再报 120，等待救援；在医院通常是采取大流量吸氧。因一氧化碳中毒通常发生在冬季，所以救护时需注意保暖。

2. 当糖附着在牙齿上发酵时，会产生 H^+，H^+ 与牙釉质电离产生的 OH^- 作用生成难电离的 H_2O，OH^- 浓度降低，使电离平衡向右移动，造成牙釉质不断溶解进而使牙齿受损。

3. NH_4Cl 是强酸弱碱盐，在水溶液中发生水解反应，其溶液呈酸性，能中和体内过多的碱，所以用 NH_4Cl 可以治疗动物碱中毒；同理，$NaHCO_3$ 是强碱弱酸盐，其水溶液呈碱性，所以可以用 $NaHCO_3$ 治疗动物酸中毒。

4. 因为在人的血液中含有多个缓冲对，如 H_2CO_3-$NaHCO_3$、NaH_2PO_4-Na_2HPO_4、血红蛋白-血红蛋白盐等，这些缓冲对对外来酸和碱起到一定的缓冲作用。

四、计算题

1. (1)$c(K^+)=0.2\ mol \cdot L^{-1}$，$c(SO_4^{2-})=0.1\ mol \cdot L^{-1}$；
   (2)$c(Ba^{2+})=0.2\ mol \cdot L^{-1}$，$c(Cl^-)=0.4\ mol \cdot L^{-1}$；

(3)$c(H^+)=0.1\ mol\cdot L^{-1}$, $c(NO_3^-)=0.1\ mol\cdot L^{-1}$;

(4)$c(K^+)=0.2\ mol\cdot L^{-1}$, $c(OH^-)=0.2\ mol\cdot L^{-1}$。

2.(1)pH=2;(2)pH=12;(3)pH =11.13;(4)pH=2.87;(5)pH=9.02;(6)pH=4.98。

3.乙酸:11.6 mL ,水:113.4 mL。

模块二　定量分析

第一节　定量分析概述

一、填空题

1.准确度,系统误差,偶然误差

2.精密度,偏差

3.有效数字,1

4.标准溶液,滴定

5.酸碱,氧化还原,配位,沉淀

6.99.9%

7.直接配制法,间接配制法

8.纯度高,组成恒定,稳定性高

9.2.13,2.14,2.14,2.14

二、选择题

1.A　2.A　3.B　4.D　5.B　6.B　7.B　8.A

三、简答题

1.(1)2位　(2)5位　(3)2位　(4)3位　(5)1位

2.不合理,应表示为96%。

3.市售的浓盐酸浓度为37%,且易挥发,不具备基准物质的条件。

四、计算题

1.20.03%,0.01%,0.05%

2.(1)2.47　(2)0.071 7　(3)5.34

3.25.13%:$Q=0.51<Q_{90}(0.76)$;25.82%:$Q=0.30<Q_{90}(0.76)$,故均不应舍去。

第二节　酸碱滴定法

一、填空题

1.结构,pH,2

2.变色范围窄,变色敏锐

二、选择题

1.A　2.C　3.B

三、简答题

1.因为氢氧化钠易潮解、易与空气中的二氧化碳反应,其不具备作为基准物质的条件。

2.(1)偏低　(2)偏高　(3)无影响　(4)偏低　(5)偏低　(6)偏低

3.不可以。因为 CO_2 与 H_2O 作用生成 H_2CO_3，H_2CO_3 也要消耗标准溶液,使得测定结果偏高。

四、计算题

1.0.129 8 $mol \cdot L^{-1}$

2.0.091 63 $mol \cdot L^{-1}$

3.47.11%

4.15.67%

5.5.828 $g \cdot L^{-1}$

第三节　氧化还原滴定法

一、填空题

1.电子转移,I_2,$C_6H_8O_6$

2.氧化反应,还原反应,氧化还原反应

3.高锰酸钾法,碘量法

4.强酸性,最强

5.间接,草酸钠,催化剂

6.棕

7.淀粉,特殊

8.还原性,碘溶液,硫代硫酸钠溶液

9.直接,间接

10.0;+2;+4;+4;+3

二、选择题

1.C　2.A,D

三、简答题

1.用草酸作基准物质,可以标定碱性的标准溶液,如氢氧化钠溶液,这是利用草酸的酸性;还可以标定氧化性的标准溶液,如高锰酸钾溶液,这是利用草酸的还原性。

2. 温度、酸度、滴定速度。

3. 不可以。因为 Cl^- 可被高锰酸钾氧化。

四、计算题

1. 0.021 75 $mol \cdot L^{-1}$

2. 1.553 $g \cdot L^{-1}$

3. 107 7 mg

4. 15.23 g

5. 0.100 1 $mol \cdot L^{-1}$

6. 97.79%

第四节　配位滴定法

一、填空题

1. 配位，单齿配位体，多齿配位体，多齿配位体

2. 氯化三氯·三氨合铂(Ⅳ)；Cl^-；$[PtCl_3(NH_3)_3]^+$；Pt^{4+}；Cl^-，NH_3；6

3. 6，1∶1

4. 铬黑 T，$Mg(OH)_2$沉淀

二、选择题

1. B　2. A　3. B

三、简答题

1. (1)六氟合铝(Ⅲ)酸钾　(2)二氯·二氨合铂(Ⅱ)　(3)氯化二氨合银(Ⅰ)
(4)$[Cu(NH_3)_4]SO_4$　(5)$K_3[Fe(CN)_6]$

2. EDTA 能与许多金属离子形成 1∶1 的含有多个五元环的配合物，具有高度的稳定性，且大多易溶于水；若水合离子无色，则 MY 无色；若水合离子有色，则 MY 就在原来颜色的基础上加深。

3. 指示剂本身的颜色与指示剂配合物的颜色明显不同；指示剂配合物的稳定性要适当；指示剂与金属离子的配位反应具有选择性；指示剂配合物应易溶于水。

四、计算题

1. 0.010 65 $mol \cdot L^{-1}$

2. 140.2 $mg \cdot L^{-1}$

3. 每升水样中含 CaO 79.91mg、MgO 44.93 mg

第五节　沉淀滴定法

一、填空题

1. 沉淀溶解平衡，析出
2. 大

二、选择题

1. B　　2. B；A　3. A　　4. B

三、计算题

1. $Q_i(8\times10^{-9}) > K_{sp}(2.0\times10^{-12})$，故有沉淀析出
2. 0.107 8mol·L^{-1}
3. 154 mg·L^{-1}

第六节　吸收分光光度法

一、填空题

1. 吸收分光光度法
2. 可见、紫外、红外
3. 单色光，互补色光，青光，绿光
4. 蓝色
5. 最大吸收波长，λ_{max}
6. 浓度，液层的厚度，$A = acb$
7. 入射光的波长，物质的性质，溶液的温度
8. 显色反应，显色剂
9. 工作曲线法，标准比较法
10. 光源、单色器、吸收池

二、选择题

1. A　2. C　3. A　4. B

三、简答题

1. 当一束平行的单色光通过均匀溶液时，溶液对光的吸收程度与溶液的浓度和液层厚度的乘积成正比。

2. 入射光的波长、物质的性质、溶液的温度。

3. 选择性好、灵敏度高、反应能定量完成、显色清晰、显色过程易于控制。

四、计算题

1. 10.1 mg·kg^{-1}
2. 0.250%

模块三　有机化学基础

第一节　有机化学概述

一、填空题

1. 碳
2. 4
3. (1)碳碳双键;(2)氯原子;(3)羟基;(4)醛基;(5)酮基;(6)羧基

二、选择题

1. C　2. B　3. D　4. B　5. A

第二节　烃

一、填空题

1. 碳、氢
2. 18;10;$C_{15}H_{32}$
3. $C_{29}H_{60}$
4. $CH_2=CH_2$,碳碳双键
5. 能

二、选择题

1. B　2. A　3. C　4. C　5. C　6. B

三、简答题

1. (1)CH_4　(2)CH_3CH_3　(3)$CH_2=CH_2$　(4) 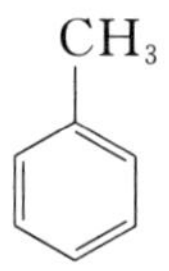　(5)顺-2-丁烯

   (6)2,3-二甲基丁烷
2. (1)$CH_2=CH_2+Br_2 \longrightarrow BrCH_2CH_2Br$

(2) $CH_3—CH═C(CH_3)—CH_3 + H_2O \xrightarrow{H^+} CH_3—CH_2—C(CH_3)(OH)—CH_3$

3.(1)酸性高锰酸钾溶液或溴水　(2)酸性高锰酸钾溶液

4.(1) $CH_3CH_2CH_2CH_2CH_2CH_3$ 己烷　(2) $CH_3CH(CH_3)CH_2CH_2CH_3$ 2-甲基戊烷　(3) $CH_3CH_2CH(CH_3)CH_2CH_3$ 3-甲基戊烷

(4) $CH_3CH(CH_3)—CH(CH_3)CH_3$ 2,3-二甲基丁烷　(5) $CH_3C(CH_3)_2CH_2CH_3$ 2,2-甲基丁烷

5. 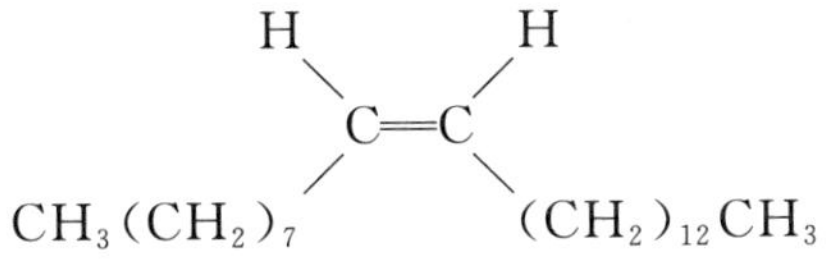

第三节　醇、酚、醚

一、填空题

1. 有毒
2. 酒精，CH_3CH_2OH，消毒剂
3. 乙醇，丙三醇，甲醇
4. 石炭酸，无，红
5. 甲苯酚
6. 生育酚，植物油
7. 挥发，轻
8. 爆炸，过氧化物

二、选择题

1. B　2. C　3. B　4. B

三、简答题

1.(1)对甲氧基苯酚　(2)乙醇　(3) $CH_2(OH)—CH(OH)—CH_2(OH)$　(4) 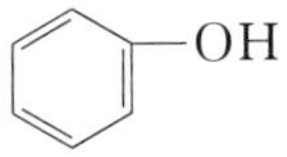

(5) $CH_3CH_2OCH_2CH_3$

2.(1) $CH_3COOH + CH_3CH_2OH \underset{\triangle}{\overset{H^+}{\rightleftharpoons}} CH_3COOCH_2CH_3 + H_2O$

(2) 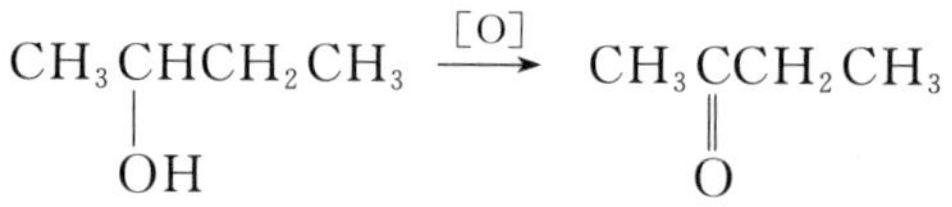

(3) 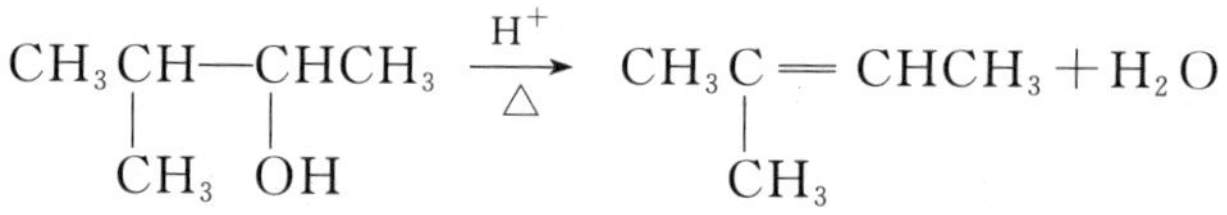

(4) 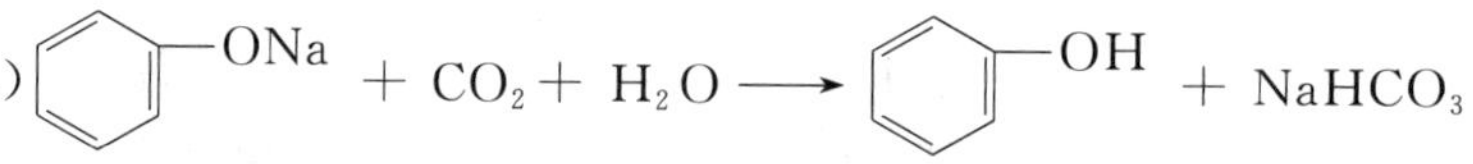

3\. 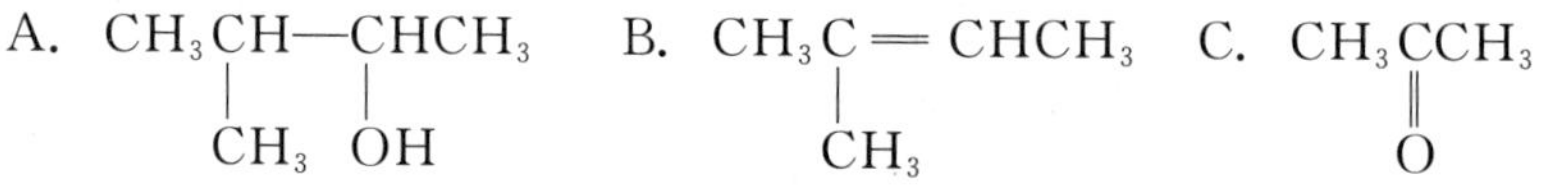

D. CH_3COOH

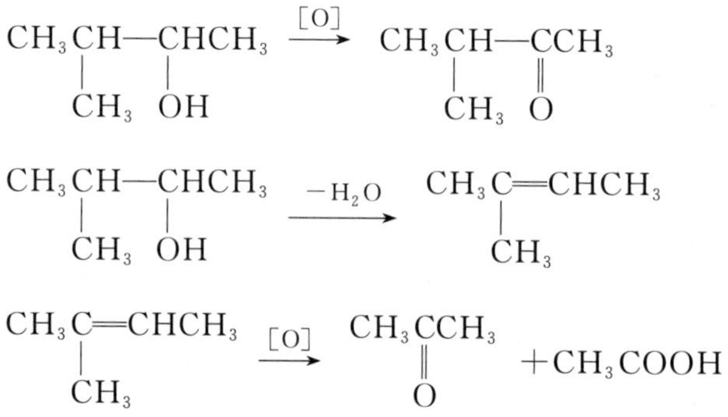

第四节 醛、酮、醌

一、填空题

1\. 半缩醛

2\. 酸，醛，醇，无水

3\. 银镜试验

4\. 苯醌，氧化还原

5\. 萘醌

6\. 甲醛

二、简答题

1\. (1) HCHO (2) CH_3CHO (3) 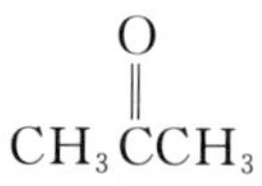 (4) 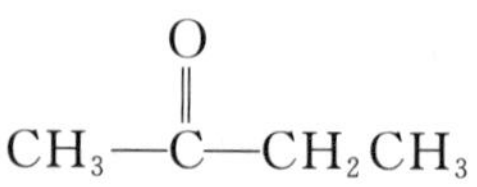

(5)丙烯醛 (6)2-甲基丙醛 (7)苯乙醛 (8)苯乙酮

2\. (1) CH_3CHO 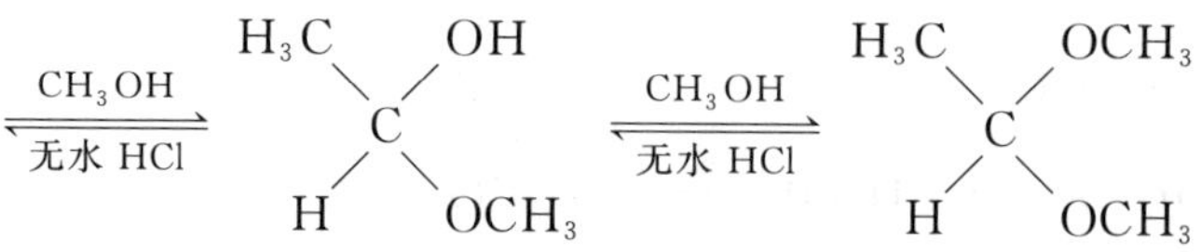

(2) $2(CH_3)_3CCHO \xrightarrow{\text{浓 NaOH}} (CH_3)_3CCOONa + (CH_3)_3CCH_2OH$

(3) 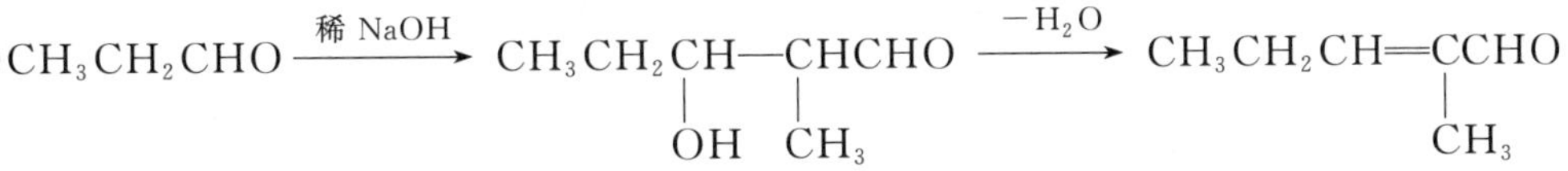

3. 甲醛，HCHO。甲醛能够凝固蛋白质，有杀菌和防腐能力。

第五节 羧酸及其衍生物

一、填空题

1. 酯
2. 铵盐，酰胺
3. 二氧化碳，碳原子
4. 酯
5. 酸，碱，加热
6. 枸橼酸，柠檬

二、选择题

1. A，C　2. B　3. A　4. C　5. B，C，A　6. B，A　7. B

三、简答题

1. (1)N-甲基乙酰胺　(2)2-甲基丁酸　(3)丙酮酸　(4) CH_3COOH

(5) 　(6) 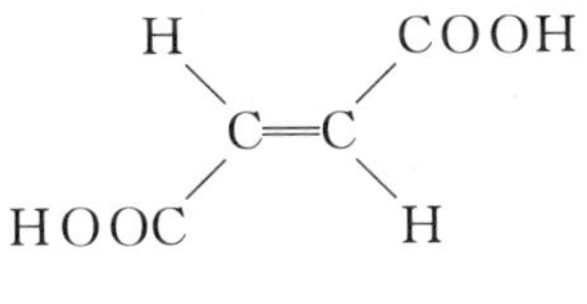　(7) $CH_3CH(OH)COOH$

(8) $CH_3COCH_2CH_3$

2. (1) $CH_3COOH + CH_3OH \underset{\triangle}{\overset{H^+}{\rightleftharpoons}} CH_3COOCH_3 + H_2O$

(2) $CH_3COOC_2H_5 + CH_3CH_2CH_2OH \rightleftharpoons CH_3COOCH_2CH_2CH_3 + C_2H_5OH$

(3) $2CH_3COOH + CaCO_3 \longrightarrow (CH_3COO)_2Ca + H_2O + CO_2\uparrow$

(4) $CH_3COCH_2COOH \xrightarrow{\triangle} CH_3COCH_3 + CO_2\uparrow$

3. 用草酸作基准物质可以标定碱性的标准溶液，如 NaOH 溶液，利用了草酸的酸性；还可以标定氧化性的标准溶液，如 $KMnO_4$ 溶液，利用了草酸的还原性。

4. 可用酸性高锰酸钾溶液、托伦试剂鉴定。

模块四　三大营养物质

第一节　蛋白质

一、填空题

1. C、H、O、N
2. N，16%
3. 氨基酸残基，肽键，羧，氨，C，N
4. α 螺旋，β 折叠
5. 肽键，氢键
6. 结构，性质；分离，提纯
7. 一
8. 酶蛋白
9. 最适温度

二、选择题

1. D　2. D　3. D　4. C　5. A　6. A　7. D　8. C　9. A　10. B　11. B

三、简答题

1. 这是利用了氨基酸的两性性质。①不同的氨基酸具有不同的等电点；②在等电点时氨基酸的溶解度最小。所以可以通过调节溶液 pH 将几种不同的氨基酸分离开。

2. 因为这些食品中含有较多的蛋白质，可以跟重金属盐类形成不溶于水的化合物而排出体外，这样可以减轻重金属盐类对胃肠黏膜的危害，起到缓解毒性的作用。

3. 蛋白质变性原理的应用：杀死病菌，如高温灭菌。

4. 蛋氨酸、缬氨酸、赖氨酸、异亮氨酸、苯丙氨酸、亮氨酸、色氨酸、苏氨酸

第二节　糖类

一、填空题

1. α-1，4-糖苷键，β-1，4-糖苷键
2. —CHO
3. 蔗糖；蔗糖，麦芽糖
4. 葡萄糖，葡萄糖

二、选择题

1. C　2. A，C　3. D　4. B　5. A　6. D　7. B

三、简答题

1. 米饭或馒头的主要成分为淀粉，淀粉可在唾液淀粉酶的作用下水解成部分有甜味的麦芽糖，因此多加咀嚼就会感到有甜味。

2. 淀粉和纤维素是由葡萄糖缩合而成的。淀粉中葡萄糖之间通过 α-1，4-糖苷键相连，而纤维素中葡萄糖之间通过 β-1，4-糖苷键相连。

第三节　脂类

一、填空题

1. 甘油，高级脂肪酸；越高
2. 氢氧化钾
3. 碘值；越高
4. 亚油酸，亚麻酸

二、选择题

1. B　2. D　3. B　4. D　5. C

三、简答题

可以测定油脂的酸值，当酸值超过 6 时，就可以认为其发生酸败了；可以通过测定油脂的碘值来判断油脂的不饱和程度。

模块五　实验操作

实验一　识别与洗涤常用玻璃仪器

1. 移液管插入溶液太深会使管外附着溶液过多，转移时流到接收容器中，影响吸液量的准确度；太浅会在液面下降时吸空，把溶液吸到洗耳球里。

2. 防止加水过量。

3. 酸式滴定管可完全旋开活塞，让滴定液快速流出，将气泡冲出；碱式滴定管可将乳胶管弯曲向上，使乳胶管下端的玻璃管稍向上，向一侧挤压玻璃珠，使气泡随流出的滴定液冲出。

4. 移液管、吸量管、滴定管。

5. 不能。因为高温对玻璃和刻度标示的线都会有影响，这样会导致溶液体积不准确。

实验二　练习使用电子天平

1. 因为天平有四角误差，所以最好是放在天平盘的中心来称量。

2. 固定质量称量法用于称量某一固定质量的试剂，如称取固定质量的基准物质配制指定浓度及体积的溶液；差减称量法用于称量一定质量范围的试剂或试样，如称量一定质量范围的基准物质标定标准溶液的浓度。

3.无影响。因为溶质的物质的量不变。

实验三　配制近似浓度的溶液

1.不需要。

2.不需要。量筒本身就是一种不太精确的量具,所以润洗意义不大。

实验四　测定溶液的 pH

1.如果所测的样品呈酸性,用 pH 6.86 和 pH 4.00 缓冲液进行校准;如果所测的样品呈碱性,用 pH 6.86 和 pH 9.18 缓冲液进行校准。

2.因为电极外壳是用聚碳酸树脂制成的,而四氯化碳、三氯乙烯、四氢呋喃等能溶解聚碳酸树脂,电极外壳溶解后极易污染玻璃球泡。

实验五　配制与稀释标准溶液

1.量筒。因为这时所加的水只是用来溶解基准试剂,而不会影响基准试剂的物质的量,因此加入的水的量不需要非常准确,可以用量筒量取。

2.目的是要把烧杯内和玻璃棒上留有的溶质通过洗涤转入容量瓶里,否则就会使配制的溶液浓度小于所要求配制的溶液浓度。

3.不可以。应将溶液倒掉,重新配制,否则会使配制的溶液浓度偏低。

实验六　氢氧化钠滴定盐酸

1.防止待装溶液被管内残留的水稀释。

2.不能润洗,否则会使测定结果偏高;不必烘干,锥形瓶里残留的水不会改变待测液中溶质的物质的量,对测定结果无影响。

实验七　盐酸滴定氢氧化钠

1.将酸式滴定管的旋塞稍稍转动或碱式滴定管的乳胶管稍微松动,使半滴溶液悬于管口,将锥形瓶内壁与管口接触,使液滴流出,并用洗瓶以蒸馏水冲下。

2.酸滴碱,终点时酸过量,溶液呈弱酸性,所以要选择变色范围在 4.4～6.2 的甲基红;碱滴酸,终点时碱过量,溶液呈弱碱性,所以要选择变色范围在 8.0～10.0 的酚酞。

实验八　标定氢氧化钠标准溶液

1.因为计量点时生成的邻苯二甲酸钾钠为强碱弱酸盐,其水溶液呈碱性,因此应选择变色范围在碱性区域内的指示剂,酚酞和甲基红的变色范围分别为 8.0～10.0 和 4.4～6.2,故选择酚酞比较合适。

2.因为邻苯二甲酸氢钾的摩尔质量比草酸大,称取的质量较大,称量误差较小。

3.不能,由于 NaOH 固体易吸收空气中的 CO_2 和水分,不符合基准物质条件。

实验九 测定食醋中总酸含量

1. 因为 $CO_2 + H_2O = H_2CO_3$，H_2CO_3 要消耗 NaOH 溶液，使测定结果偏高。

2. 不能。因为计量点时生成的 NaAc 为强碱弱酸盐，其水溶液呈碱性，因此应选择变色范围在碱性区域内的指示剂，而甲基橙的变色范围为 3.1～4.4，不符合条件。

实验十 测定混合碱中各组分的含量

1. 应采用甲基橙做指示剂。因为甲基橙的变色范围为 3.1～4.4，在酸性范围内变色，保证混合碱中无论强碱还是弱碱都参与反应，准确指示终点。

2. 混合碱固体易吸收空气中的水分和二氧化碳，发生潮解和变质，影响实验结果的精密度，配成溶液能避免这种影响，并且提供相同的试样，具有更大的可比性。

实验十一 标定高锰酸钾标准溶液

1. 酸度、温度和滴定速度。

2. 不能。因为 HCl 能被 $KMnO_4$ 氧化，使测定结果偏低。

实验十二 测定双氧水中过氧化氢的含量

1. $w(H_2O_2)=\dfrac{5}{2\ 000}\times\dfrac{c(KMnO_4)V(KMnO_4)M(H_2O_2)}{V(\text{试样})\rho}$

2. 因为 HNO_3 能氧化 H_2O_2，使测定结果偏低；HCl 能被 $KMnO_4$ 氧化，使测定结果偏高。

实验十三 配制和标定硫代硫酸钠标准溶液

1. 因为 $Na_2S_2O_3$ 不稳定，易与 CO_2、O_2 和微生物发生化学反应，煮沸可除去水中溶解的 CO_2、O_2 和杀死水中的微生物。加 Na_2CO_3 使溶液呈微碱性，抑制微生物生长，防止 $Na_2S_2O_3$ 分解。

2. 为了使重铬酸钾与 KI 充分反应；防止生成的碘分子挥发和碘离子与空气中的氧发生反应。

3. 因为淀粉颗粒呈网状结构，可以吸附碘，提前加淀粉指示剂的时候，部分碘被吸附，影响到滴定终点颜色的变化，产生较大误差。

实验十四 测定维生素 C 药片中维生素 C 的含量

1. 维生素 C 很容易被氧化，所以要尽量除去水中溶解氧。

2. 误差来源：滴定终点的确定；碘标准溶液和被滴定碘溶液的挥发；滴定剂量的控制；碘标准溶液在酸性、碱性的溶液当中，发生分解。

实验十五 配制和标定 EDTA 标准溶液

1. 由于乙二胺四乙酸在水中的溶解度很小，所以通常使用溶解度较大的乙二胺四乙酸二钠盐配制 EDTA 标准溶液。

2. 使溶液的 pH 容易控制，如果不加氨水，缓冲溶液的缓冲能力不够，无法将溶液的 pH 稳定在 10 左右。

实验十六 测定水中 Ca^{2+}、Mg^{2+} 含量及水的总硬度

1. $CaY^{2-} > MgY^{2-} > MgIn^{-} > CaIn^{-}$。

2. 测定 Ca^{2+}、Mg^{2+} 总量时，控制溶液的 pH=10，一是因为在这个条件下 Ca^{2+}、Mg^{2+} 均可被准确滴定，二是因为铬黑 T 及 $MgIn^{-}$ 的颜色显著不同。测定 Ca^{2+} 时，控制溶液的 pH = 12，$Mg^{2+} + 2OH^{-} = Mg(OH)_2\downarrow$，$Ca^{2+}$ 可被准确滴定，并且钙指示剂及 $CaIn^{2-}$ 的颜色显著不同。

实验十七 测定钙片中钙的含量

氧化还原滴定法。先将试样加稀硫酸处理成溶液，利用 Ca^{2+} 与 $C_2O_4{}^{2-}$ 生成 CaC_2O_4 沉淀，将沉淀过滤、洗涤后溶于稀硫酸中，最后用高锰酸钾标准溶液滴定。

实验十八 测定微量磷的含量(钼蓝法)

1. 根据朗伯-比尔定律：即溶液对光吸收的程度与液层厚度和溶液浓度的乘积成正比，为将吸光度控制在 0.2～0.8 的范围内，当溶液浓度相对较低时就可以考虑使用 2 cm 或 2 cm 以上的比色皿，当溶液浓度较大时可以使用 1 cm 的比色皿。

2. 为了消除系统误差。

3. 显色剂 $(NH_4)_2MoO_4$ 必须准确加入。

4. 比色皿稍许倾斜，会使待测样品的吸收光径增大，导致测量的吸光度偏大。

实验十九 测定微量铁的含量(邻二氮菲分光光度法)

1. 盐酸羟胺的作用是将 Fe^{3+} 还原成 Fe^{2+}。

2. 显色剂用量、酸度、温度、时间及干扰的消除。

3. 参比液的作用是消除溶剂、试剂带来的误差。根据朗伯-比尔定律的数学表达式：$A = acb$，a 与波长有关，波长不同，则 A 不同，即在不同波长条件下，误差大小不同，所以每换一次波长就需要用参比液调一次透光率为“0”和“100%”。

参考文献

[1] 张骏.药物分析.北京:高等教育出版社,2006.

[2] 张宝成,訾少锋.药品检验综合实训.南京:东南大学出版社,2013.

[3] 何树华,张福兰,庞向东.无机及分析化学实验.成都:西南交通大学出版社,2017.

[4] 蒋荣立.无机及分析化学实验.3版.徐州:中国矿业大学出版社,2017.

[5] 徐英岚.无机与分析化学.2版.北京:中国农业出版社,2006.

[6] 刘旭峰,刘传银.分析化学实训.武汉:华中科技大学出版社,2010.

[7] 张龙,潘亚芬.化学分析技术.北京:中国农业出版社,2009.

[8] 李爱勤,杨新玲.化学实验技术.北京:中国农业大学出版社,2009.

[9] 无机化学教研室编.无机化学.北京:高等教育出版社,1985.

[10] 彭崇慧.定量化学分析简明教程.北京:北京大学出版社,1997.

[11] 王积涛.有机化学.天津:南开大学出版社,2003.

[12] 徐英岚.无机及分析化学.北京:中国农业出版社,2001.

[13] 鲍士旦.土壤农化分析.北京:中国农业出版社,2000.

[14] 韩雅珊.食品化学.北京:中国农业大学出版社,2001.

[15] 江建军.食品添加剂应用技术.北京:科学出版社,2004.

[16] 黄秀锦.无机及分析化学.北京:科学出版社,2004.

[17] 方渡.有机化学.2版.北京:学苑出版社,2007.

[18] 宁开桂.无机及分析化学.北京:高等教育出版社,1999.

[19] 汪小兰.有机化学.4版.北京:高等教育出版社,2005.

[20] 张坐省.有机化学.北京:中国农业出版社,2006.

[21] 陈长水.有机化学.北京:科学出版社,2004.

[22] 赵士铎.普通化学.北京:中国农业大学出版社,2005.

[23] 赵士铎.定量分析简明教程.北京:中国农业大学出版社,2005.

[24] 吕以仙.有机化学.北京:人民卫生出版社,2004.

[25] 南京大学《无机及分析化学》编写组.无机及分析化学.北京:高等教育出版社,2004.

[26] 韩忠霄.无机及分析化学.北京:化学工业出版社,2005.

[27] 马祥志.有机化学.北京:中国医药科技出版社,2003.

[28] 王艳立,徐丽芳.畜牧兽医基础化学.北京:中国农业大学出版社,2014.

[29] 刘国琴,杨海莲.生物化学.3版.北京:中国农业大学出版社,2019.

[30] 陈君丽.基础化学.北京:化学工业出版社,2020.

元素周期表

氧化态（单质的氧化态为0，未列入；常见的为红色）
以¹²C=12为基准的相对原子质量（注+的是半衰期最长同位素的相对原子质量）

图例（95号元素）：+2 +3 +4 +5 +6 95 Am 镅▲ $5f^77s^2$ 243.06+
- 95——原子序数
- Am——元素符号（红色的为放射性元素）
- 镅——元素名称（注▲的是人造元素）
- $5f^77s^2$——价层电子构型

s区元素　p区元素　d区元素　ds区元素　f区元素　稀有气体

周期＼族	1 IA	2 IIA	3 IIIB	4 IVB	5 VB	6 VIB	7 VIIB	8 VIII	9 VIII	10 VIII	11 IB	12 IIB	13 IIIA	14 IVA	15 VA	16 VIA	17 VIIA	18 VIIIA	电子层
1	−1 +1 1 H 氢 $1s^1$ 1.00794(7)																	2 He 氦 $1s^2$ 4.002602(2)	K
2	+1 3 Li 锂 $2s^1$ 6.941(2)	+2 4 Be 铍 $2s^2$ 9.012182(3)											+3 5 B 硼 $2s^22p^1$ 10.811(7)	−4 +2 +4 6 C 碳 $2s^22p^2$ 12.0107(8)	−3 −2 −1 +1 +2 +3 +4 +5 7 N 氮 $2s^22p^3$ 14.0067(2)	−2 −1 8 O 氧 $2s^22p^4$ 15.9994(3)	−1 9 F 氟 $2s^22p^5$ 18.9984032(5)	10 Ne 氖 $2s^22p^6$ 20.1797(6)	L K
3	+1 11 Na 钠 $3s^1$ 22.989770(2)	+2 12 Mg 镁 $3s^2$ 24.3050(6)											+3 13 Al 铝 $3s^23p^1$ 26.981538(2)	−4 +2 +4 14 Si 硅 $3s^23p^2$ 28.0855(3)	−3 −2 +1 +3 +5 15 P 磷 $3s^23p^3$ 30.973761(2)	−2 +2 +4 +6 16 S 硫 $3s^23p^4$ 32.065(5)	−1 +1 +3 +5 +7 17 Cl 氯 $3s^23p^5$ 35.453(2)	18 Ar 氩 $3s^23p^6$ 39.948(1)	M L K
4	+1 19 K 钾 $4s^1$ 39.0983(1)	+2 20 Ca 钙 $4s^2$ 40.078(4)	+3 21 Sc 钪 $3d^14s^2$ 44.955910(8)	−1 +2 +3 +4 22 Ti 钛 $3d^24s^2$ 47.867(1)	±1 +2 +3 +4 +5 23 V 钒 $3d^34s^2$ 50.9415	−3 ±1 ±2 +3 +4 +5 +6 24 Cr 铬 $3d^54s^1$ 51.9961(6)	−2 ±1 +2 ±3 +4 +5 +6 +7 25 Mn 锰 $3d^54s^2$ 54.938049(9)	−2 ±1 +2 +3 +4 +5 +6 26 Fe 铁 $3d^64s^2$ 55.845(2)	±1 +2 +3 +4 +5 27 Co 钴 $3d^74s^2$ 58.933200(9)	±1 +2 +3 +4 28 Ni 镍 $3d^84s^2$ 58.6934(2)	+1 +2 +3 +4 29 Cu 铜 $3d^{10}4s^1$ 63.546(3)	+1 +2 30 Zn 锌 $3d^{10}4s^2$ 65.409(4)	+1 +3 31 Ga 镓 $4s^24p^1$ 69.723(1)	+2 +4 32 Ge 锗 $4s^24p^2$ 72.64(1)	−3 +3 +5 33 As 砷 $4s^24p^3$ 74.92160(2)	−2 +2 +4 +6 34 Se 硒 $4s^24p^4$ 78.96(3)	−1 +1 +3 +5 +7 35 Br 溴 $4s^24p^5$ 79.904(1)	+2 +4 36 Kr 氪 $4s^24p^6$ 83.798(2)	N M L K
5	+1 37 Rb 铷 $5s^1$ 85.4678(3)	+2 38 Sr 锶 $5s^2$ 87.62(1)	+3 39 Y 钇 $4d^15s^2$ 88.90585(2)	+1 +2 +3 +4 40 Zr 锆 $4d^25s^2$ 91.224(2)	±1 +2 +3 +4 +5 41 Nb 铌 $4d^45s^1$ 92.90638(2)	±1 ±2 +3 +4 +5 +6 42 Mo 钼 $4d^55s^1$ 95.94(2)	±1 +2 +3 +4 +5 +6 +7 43 Tc 锝▲ $4d^55s^2$ 97.907+	+1 ±2 +3 +4 +5 +6 +7 +8 44 Ru 钌 $4d^75s^1$ 101.07(2)	±1 +2 +3 +4 +5 +6 45 Rh 铑 $4d^85s^1$ 102.90550(2)	+1 +2 +3 +4 46 Pd 钯 $4d^{10}$ 106.42(1)	+1 +2 +3 47 Ag 银 $4d^{10}5s^1$ 107.8682(2)	+1 +2 48 Cd 镉 $4d^{10}5s^2$ 112.411(8)	+1 +3 49 In 铟 $5s^25p^1$ 114.818(3)	+2 +4 50 Sn 锡 $5s^25p^2$ 118.710(7)	−3 +3 +5 51 Sb 锑 $5s^25p^3$ 121.760(1)	−2 +2 +4 +6 52 Te 碲 $5s^25p^4$ 127.60(3)	−1 +1 +3 +5 +7 53 I 碘 $5s^25p^5$ 126.90447(3)	+2 +4 +6 +8 54 Xe 氙 $5s^25p^6$ 131.293(6)	O N M L K
6	+1 55 Cs 铯 $6s^1$ 132.90545(2)	+2 56 Ba 钡 $6s^2$ 137.327(7)	57~71 La~Lu 镧系	+1 +2 +3 +4 72 Hf 铪 $5d^26s^2$ 178.49(2)	±1 +2 +3 +4 +5 73 Ta 钽 $5d^36s^2$ 180.9479(1)	±1 ±2 +3 +4 +5 +6 74 W 钨 $5d^46s^2$ 183.84(1)	±1 +2 +3 +4 +5 +6 +7 75 Re 铼 $5d^56s^2$ 186.207(1)	+1 +2 +3 +4 +5 +6 +7 +8 76 Os 锇 $5d^66s^2$ 190.23(3)	±1 +2 +3 +4 +5 +6 77 Ir 铱 $5d^76s^2$ 192.217(3)	+2 +3 +4 +5 +6 78 Pt 铂 $5d^96s^1$ 195.078(2)	+1 +2 +3 +5 79 Au 金 $5d^{10}6s^1$ 196.96655(2)	+1 +2 +3 80 Hg 汞 $5d^{10}6s^2$ 200.59(2)	+1 +3 81 Tl 铊 $6s^26p^1$ 204.3833(2)	+2 +4 82 Pb 铅 $6s^26p^2$ 207.2(1)	−3 +3 +5 83 Bi 铋 $6s^26p^3$ 208.98038(2)	−2 +2 +3 +4 +6 84 Po 钋 $6s^26p^4$ (208.98)+	±1 +5 +7 85 At 砹 $6s^26p^5$ (209.99)+	+2 86 Rn 氡 $6s^26p^6$ (222.02)+	P O N M L K
7	+1 87 Fr 钫▲ $7s^1$ (223.02)+	+2 88 Ra 镭 $7s^2$ (226.03)+	89~103 Ac~Lr 锕系	104 Rf 𬬻▲ $6d^27s^2$ (261.11)+	105 Db 𬭊▲ $6d^37s^2$ (262.11)+	106 Sg 𬭳▲ $6d^47s^2$ (263.12)+	107 Bh 𬭛▲ $6d^57s^2$ (264.12)+	108 Hs 𬭶▲ $6d^67s^2$ (265.13)+	109 Mt 鿏▲ $6d^77s^2$ (266.13)+	110 Ds 𫟼▲ (281)+	111 Rg 𬬭▲ (281)+	112 Cn 鿔▲ (285)+	113 Nh 鿭▲ (284)+	114 Fl 𫓧▲ (289)+	115 Mc 镆▲ (289)+	116 Lv 𫟷▲ (293)+	117 Ts 鿬▲ (294)+	118 Og 鿫▲ (294)+	Q P O N M L K

★ 镧系	+3 57 La★ 镧 $5d^16s^2$ 138.9055(2)	+2 +3 +4 58 Ce 铈 $4f^15d^16s^2$ 140.116(1)	+3 +4 59 Pr 镨 $4f^36s^2$ 140.90765(2)	+2 +3 +4 60 Nd 钕 $4f^46s^2$ 144.24(3)	+3 61 Pm 钷▲ $4f^56s^2$ 144.91+	+2 +3 62 Sm 钐 $4f^66s^2$ 150.36(3)	+2 +3 63 Eu 铕 $4f^76s^2$ 151.964(1)	+3 64 Gd 钆 $4f^75d^16s^2$ 157.25(3)	+3 +4 65 Tb 铽 $4f^96s^2$ 158.92534(2)	+3 +4 66 Dy 镝 $4f^{10}6s^2$ 162.500(1)	+3 67 Ho 钬 $4f^{11}6s^2$ 164.93032(2)	+3 68 Er 铒 $4f^{12}6s^2$ 167.259(3)	+2 +3 69 Tm 铥 $4f^{13}6s^2$ 168.93421(2)	+2 +3 70 Yb 镱 $4f^{14}6s^2$ 173.04(3)	+3 71 Lu 镥 $4f^{14}5d^16s^2$ 174.967(1)
★ 锕系	+3 89 Ac★ 锕 $6d^17s^2$ (227.03)+	+3 +4 90 Th 钍 $6d^27s^2$ 232.0381(1)	+3 +4 +5 91 Pa 镤 $5f^26d^17s^2$ 231.03588(2)	+2 +3 +4 +5 +6 92 U 铀 $5f^36d^17s^2$ 238.02891(3)	+3 +4 +5 +6 +7 93 Np 镎 $5f^46d^17s^2$ (237.05)+	+3 +4 +5 +6 +7 94 Pu 钚 $5f^67s^2$ (244.06)+	+2 +3 +4 +5 +6 95 Am 镅▲ $5f^77s^2$ (243.06)+	+3 +4 96 Cm 锔▲ $5f^76d^17s^2$ (247.07)+	+3 +4 97 Bk 锫▲ $5f^97s^2$ (247.07)+	+2 +3 +4 98 Cf 锎▲ $5f^{10}7s^2$ (251.08)+	+2 +3 99 Es 锿▲ $5f^{11}7s^2$ (252.08)+	+2 +3 100 Fm 镄▲ $5f^{12}7s^2$ (257.10)+	+2 +3 101 Md 钔▲ $5f^{13}7s^2$ (258.10)+	+2 +3 102 No 锘▲ $5f^{14}7s^2$ (259.10)+	+3 103 Lr 铹▲ $5f^{14}6d^17s^2$ (260.11)+